本书受到国家重点研发计划“绿色宜居村镇技术创新”重点专项项目“村镇聚落空间重构数字化模拟及评价模型”（2018YFD1100300）支持

村镇聚落空间重构规律与设计优化研究丛书

城乡融合背景下县域镇村共生单元划定与空间格局优化

李和平　谢　鑫　著

科 学 出 版 社
北　京

内 容 简 介

面对制约城乡融合发展和多镇统筹发展的瓶颈问题，本书以“镇村共生单元”为切入点，系统研究县域镇村空间格局优化的理论和技术方法。通过单元划定，打破行政区划界限，探索县域内经济区与行政区适度分离的镇村空间发展模式，针对不同类型的镇村共生单元，制定差异化发展路径，并从等级体系、空间结构、功能布局和设施配套等四个方面提出镇村空间格局优化方法，为我国城乡融合发展提供新思路。

本书可以为空间规划、村镇规划、乡村地理等研究领域的科研人员、设计人员、管理者以及对城乡融合发展和镇村空间规划感兴趣的读者提供理论、方法和实践参考。

审图号：GS 京(2024)2097 号

图书在版编目(CIP)数据

城乡融合背景下县域镇村共生单元划定与空间格局优化 / 李和平，谢鑫著. -- 北京 : 科学出版社，2024. 9. -- (村镇聚落空间重构规律与设计优化研究丛书) . --ISBN 978-7-03-079501-4

Ⅰ. K92；TU984. 2

中国国家版本馆 CIP 数据核字第 2024HP8600 号

责任编辑：李晓娟 / 责任校对：樊雅琼
责任印制：徐晓晨 / 封面设计：美 光

科 学 出 版 社 出版
北京东黄城根北街 16 号
邮政编码：100717
http://www.sciencep.com
北京建宏印刷有限公司印刷
科学出版社发行 各地新华书店经销
*
2024 年 9 月第 一 版 开本：787×1092 1/16
2025 年 1 月第二次印刷 印张：14 1/2
字数：350 000

定价：188. 00 元

(如有印装质量问题，我社负责调换)

“村镇聚落空间重构规律与设计优化研究丛书”编委会

总　　序

村镇聚落是兼具生产、生活、生态、文化等多重功能，由空间、经济、社会及自然要素相互作用的复杂系统。村镇聚落及乡村与城市空间互促共生，共同构成人类活动的空间系统。在工业化、信息化和快速城镇化的背景下，我国乡村地区普遍面临资源环境约束、区域发展不平衡、人口流失、地域文化衰微等突出问题，迫切需要科学转型与重构。由于特有的地理环境、资源条件与发展特点，我国乡村地区的发展不能简单套用国外的经验和模式，这就需要我们深入研究村镇聚落发展衍化的规律与机制，探索适应我国村镇聚落空间重构特征的本土化理论和方法。

国家“十三五”重点研发计划“绿色宜居村镇技术创新”重点专项项目“村镇聚落空间重构数字化模拟及评价模型”，聚焦研究中国特色村镇聚落空间转型重构机制与路径方法，突破村镇聚落空间发展全过程数字模拟与全息展示技术，以科学指导乡村地区的经济社会发展和空间规划建设，为乡村地区的政策制定、规划建设管理提供理论指导与技术支持，从而服务于国家乡村振兴战略。在项目负责人重庆大学李和平教授的带领和组织下，由 19 家全国重点高校、科研院所与设计机构科研人员组成的研发团队，经过四年努力，基于村镇聚落发展“过去、现在、未来重构”的时间逻辑，遵循“历时性规律总结—共时性类型特征—实时性评价监测—现时性规划干预”的研究思路，针对我国村镇聚落数量多且区域差异大的特点，建构“国家—区域—县域—镇村”尺度的多层级样本系统，选择剧烈重构的典型地文区的典型县域村镇聚落作为研究样本，按照理论建构、样本分析、总结提炼、案例实证、理论修正、示范展示的技术路线，探索建构了我国村镇聚落空间重构的分析理论与技术方法，并将部分理论与技术成果结集出版，形成了这套“村镇聚落空间重构规律与设计优化研究丛书”。

本丛书分别从村镇聚落衍化规律、谱系识别、评价检测、重构优化等角度，提出了适用于我国村镇聚落动力转型重构的可持续发展实践指导方法与技术指引，对完善我国村镇发展的理论体系具有重要学术价值。同时，对促进乡村地区经济社会发展，助力国家的乡村振兴战略实施具有重要的专业指导意义，也有助于提高国土空间规划工作的效率和相关政策实施的精准性。

当前，我国乡村振兴正迈向全面发展的新阶段，未来乡村地区的空间、社会、经济发展与治理将逐渐向智能化、信息化方向发展，积极运用大数据、人工智能等新技术新方法，深入研究乡村人居环境建设规律，揭示我国不同地区、不同类型乡村人居环境发展的地域差异性及其深层影响因素，以分区、分类指导乡村地区的科学发展具有十分重要的意义。本丛书在这方面进行了卓有成效的探索，希望宜居村镇技术创新领域不断推出新的成果。

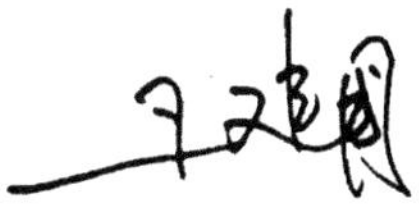

2022 年 11 月

前　言

党的十九大以来，我国提出“城乡融合发展”战略，要求形成“工农互促、城乡互补、全面融合、共同繁荣”的新型工农城乡关系。2020 年 12 月，中央农村工作会议中提出“要把县域作为城乡融合发展的重要切入点”。自此，从县域层面开展城乡融合发展的相关研究，成为地方政府和学界关注的重点。县域镇村空间格局是县域范围内社会、经济、文化、产业等多项发展内容在镇村空间中相互作用的物质空间表现，是各类发展要素的空间组织形式或空间分布形态。县域镇村空间格局是否合理，直接影响到区域资源整合、城乡要素流动、产业设施布局等，对城乡融合发展至关重要。因此，本书开展县域镇村空间格局的优化研究对实施乡村振兴和城乡融合发展战略具有重要的现实意义。

为了更好地统筹资源配置，优化空间布局，国家层面和部分省市层面均提出“以几个乡镇为单元编制乡镇级国土空间规划”的政策要求，镇村发展的思路开始由单镇单村发展转向多镇共生发展。基于上述背景，本书以“镇村共生单元”为视角，切入“县域镇村空间格局优化方法”的研究，试图通过镇村共生单元的划定实现乡镇之间的“共建、共享、共赢”，进而更好地推动城乡融合发展。由于县域之间城乡融合发展水平不同，不同县域的镇村共生单元划定结果必然存在差异。因此，有必要在镇村共生单元划定之前对县域类型进行判别，针对不同类型县域的镇村共生单元划定结果进行比较分析，进而提炼出单元划定的差异化标准。

本书以成渝地区为例开展研究，借鉴共生理论，构建城乡融合共生系统，从区域、县域、单元三个尺度建立“城乡融合共生模式判别—镇村共生单元划定—镇村空间格局优化”的多尺度镇村空间格局研究框架。区域尺度，对城乡融合发展的外部动力和内部动力进行评价，解析城乡融合共生系统发展的动力差异特征，以此为依据将区域范围内的县域划分为不同类型的城乡融合共生模式；县域尺度，对乡镇之间的功能关系、等级关系、邻近关系等融合共生关系进行识别，根据识别结果将县域范围内的乡镇划定为若干个不同类型的镇村共生单元；单元尺度，针对不同类型的镇村共生单元，制定差异化的镇村发展路径，并从等级体系、空间结构、功能布局和设施配套等四个方面对镇村空间格局进行优化。该理论框架在不同空间尺度之间搭建起镇村空间格局优化的纵向传导机制，可以有效指导镇村发展内容的逐级细化。本书研究成果对完善县域镇村空间重构理论体系和指导成渝地区多镇连片发展具有重要的研究价值。

本书依托国家“十三五”重点研发计划“绿色宜居村镇技术创新”重点专项项目“村镇聚落空间重构数字化模拟及评价模型”（2018YFD1100300）开展研究，是该项目的重要研究成果之一。在城乡融合和乡村振兴的宏观背景下，我国各地都在探索镇村空间格局转型重构的发展路径和技术方法，本书的探索只是一种尝试，难免存在诸多不足，敬请读者批评指正。

李和平

2024 年 3 月于山城重庆

目　录

第1章 绪　　论

1.1 研究背景

1.1.1 以县域为单位推进城乡融合发展的要求

2017年，党的十九大提出实施乡村振兴战略与城乡融合发展，要求加快形成“工农互促、城乡互补、全面融合、共同繁荣”的新型工农城乡关系，自此，我国城乡关系进入了新的阶段[1]。2019年12月，《国家城乡融合发展试验区改革方案》发布，综合考虑我国东、中、西部城乡发展差异，公布了11个城乡融合发展试验区名单，作为研究和探索我国城乡融合发展模式的先行区，四川成都西部片区和重庆西部片区的部分县（市、区）位列其中。2020～2022年国家发展和改革委员会连续发布以“新型城镇化和城乡融合发展重点任务”为主题的政策文件，要求深入推进城乡融合发展。

县域是我国行政区划中相对独立、完整的经济行政区域，在我国城乡发展中发挥着不可替代的作用[2]，是促进城乡融合、推动乡村振兴的重要研究对象[3-5]。截至2020年底，我国共有1495个县、387个县级市，县城常住人口达到2.4亿，容纳了我国大约三分之一的城镇常住人口，贡献了大约四分之一的国内生产总值（gross domestic product，GDP)。2021年2月，中央一号文件《中共中央 国务院关于全面推进乡村振兴加快农业农村现代化的意见》中强调加快县域内城乡融合，提出“把县域作为城乡融合发展的重要切入点，……统筹县域产业、基础设施、公共服务、基本农田、生态保护、城镇开发、村落分布等空间布局……”。

1.1.2 城乡融合背景下县域镇村空间格局重构需求

城乡融合发展的本质是改变以往传统“城乡二元”理论的影响，促进资金、技术、人口等多类发展要素在城乡之间的自由流动，实现城乡同步发展，在此背景下，乡村地区的生产、生活方式将发生较大改变[6-8]，乡村价值将进一步凸显，城镇对乡村的需求不再局限于为其提供基本生活保障的农产品，乡村优美的自然风光与生态环境使其成为城市居民向往诗意田园生活的栖息地，乡村的休闲娱乐、康养度假等多元非农功能得以体现。同时，伴随网络化、信息化变革，电子商务驱动下的淘宝村、淘宝镇不断涌现，打破了原有的城乡二元壁垒，镇村空间格局逐渐呈现“网络化、扁平化”发展态势[9]。

可以看出，在城乡融合发展的背景下，有必要对县域镇村空间格局展开系统性的研究，调整镇村发展路径，优化镇村空间布局，统筹城乡资源、产业、设施等要素的合理配置[10]，使镇村空间格局在城乡关系由城乡二元转向城乡融合的过程中，能更好地适应城乡融合发展的需求。

1.1.3　国土空间规划体系下多镇共生发展的要求

2019年，《中共中央 国务院关于建立国土空间规划体系并监督实施的若干意见》提出“各地可因地制宜，以几个乡镇为单元编制乡镇级国土空间规划”和“以一个或几个行政村为单元，编制‘多规合一’的实用性村庄规划”的建议和要求。在国家政策要求的基础上，2021年11月，四川省在统筹推进乡村国土空间规划编制和两项改革“后半篇”文章工作会议中提出“打破县域内行政区划和建制界限，以片区为单元编制乡村国土空间规划”“按实际划分片区，按片区编制规划，按规划优化布局、配置资源”。2022年11月，重庆市在《重庆市区县（自治县）国土空间总体规划（分区规划）编制导则（2022年修订）》中也提出要“探索以功能单元引导土地利用发展的管控方式”。由此可见，多镇连片规划是未来乡镇国土空间规划编制的主要形式，未来的城乡融合发展将遵循由“单镇发展”转向“多镇共生发展”的趋势。

虽然现有政策提出了“以几个乡镇为单元编制乡镇级国土空间规划”的乡镇连片规划要求，为县域镇村空间格局的研究提供了一种破除行政单元边界，从区域视角统筹与整合镇村发展的思路。但由于国土空间规划的探索是一个新的工作，在各个层级全面铺开仍需要一段时间，目前主要集中在省[11,12]、市县层面[13,14]，而在乡镇层面尚未全面开展，导致乡镇单元划定的研究与实践还处在探索阶段，对于乡镇单元的类型划分、范围划定等内容的理论与方法研究还需要进一步探索[15]。因此，“将哪些乡镇划定在一起，划定在一起后又如何统筹多镇发展路径，优化镇村空间格局”成为当前亟需解决的关键问题。

1.2　相关概念与研究对象

1.2.1　相关概念

1. 城乡融合发展

2017年，党的十九大提出要坚持城乡融合发展，加快形成“工农互促、城乡互补、全面融合、共同繁荣”的新型工农城乡关系。与城乡融合相近的概念还有城乡统筹、城乡一体化。从相关学者的研究来看，不同学者和不同行业对城乡融合概念的理解不尽相同。部分学者认为城乡融合是城乡关系演进的一种高级阶段，是一种新型城乡关系[16,17]，也有学者认为城乡融合是城乡互动的一种状态或水平，这种状态体现在城乡产业的协作联合、城乡制度的平等认同和城乡生态的良性循环等多方面[18,19]。还有一些学者认为城乡融合是改进城乡关系，促进城乡协同发展的一种举措、路径或模式[20-22]。

2. 镇村共生单元

“镇村共生单元”是借鉴共生理论提出的一种乡镇集合单元的概念，1879年，德国真菌学家德贝里提出“共生”的概念，强调了生物之间的共同发展，指出不同生物密切生活在一起会形成共生系统。“共生单元”是共生系统的核心要素，是“多个生物体之间按照共生联系组合形成的生物单元”。借鉴共生理论中“共生”和“共生单元”的概念，“镇村共生单元”是指根据资源禀赋与发展条件的相似程度，将地域空间范围内多个镇村合并在一起，形成的功能完整、产业协同、结构合理的空间发展单元。目前，关于镇村共生单元类似的提法有城乡共生单元、乡村群、城乡融合发展单元、城乡融合编制单元、乡村地理单元等[23-27]（表1.1）。

表1.1　镇村共生单元的相关概念

名称	研究学者	概念定义
城乡共生单元	段德罡，张志敏（2012）	具有相似规模、不同资源特征、彼此发展互动性较强的城乡共生单元，单元组织模式包括组合单元模式、城乡互动区模式和空间转移模式三种
乡村群	叶红，李贝宁（2016）	分布在一定乡村地域内，基于资源、产业而存在一定关联的、不同形态规模的村庄所组成的地域综合体
城乡融合发展单元	陈建滨，高梦薇，付洋，等（2020）	基于地域相邻、人缘相亲、资源禀赋相近等因素，以主要交通骨架和服务配套为依托，以统一规划、统一管理为保障，以中心镇为核心，带动周边农业园区、产业园区或景区，乡村社区，林盘聚落发展，形成的功能完整、结构合理、辐射周边的镇村基本单元
城乡融合编制单元	王军良（2020）	具有相同农业特征和经济发展问题的乡村组团，由“1个中心村+1～3个特色村/重点村+n个一般村”构成
乡村地理单元	朱静怡，陈华臻，薛刚，等（2021）	分布在一定乡村地理空间环境内，基于资源、产业、设施而存在一定关联性、不同空间形态规模的村庄所组成的地域综合体。它在空间上具有相对明显的边界特征，单元内部村庄具有一定的层级、分工、联系

资料来源：根据参考文献[23-27]整理。

各类单元在功能、地域和空间上存在明显的共性特征：①主导功能相同。主导功能是镇村资源禀赋条件所决定的区别于其他乡镇的发展方向，如城镇发展、农业生产和生态保育等，不同主导功能镇村的发展路径千差万别，只有主导功能相同的镇村才能通过单元内产业链的横向拓展或纵向联系形成发展合力。②地域区位相邻。地域区位相邻是镇村共生单元形成的客观条件，只有在空间上相邻的镇村才能被划在同一个单元内。③空间联系紧密。要素流动是功能与产业融合发展基础，只有在空间上靠近并且紧密联系的镇村才能促进发展要素在各镇村之间的自由流动，实现真正意义上的融合。

3. 城乡融合共生

根据我国镇村发展的政策要求，一方面，要把县域作为城乡融合发展的重要切入点，以县域为单位合理安排建设用地规模、结构、布局以及配套公共服务设施、基础设施。另一方面，要以乡镇单元为载体编制乡镇国土空间规划，统筹多镇共生发展。基于上述“县域城乡融合”和“多镇共生发展”的政策要求，本书借鉴共生理论，提出“城乡融合共生”的概念，即将“县域城乡融合”和“多镇共生发展”整合在一起，把镇村共生单元作为实现县域城乡融合发展这一目标的有效手段。最终，在县域范围内建立城乡融合共生系统，划定镇村共生单元，通过乡镇之间的协调、合作、互补等相互作用方式，推动整个系统不断演进，进而实现城乡融合的发展目标。因此，“城乡融合共生”是指在县域范围内，以镇村共生单元为载体推进城乡融合发展的一种理论方法。其中，县域是统筹镇村发展的基本单位，城乡融合是镇村发展的主要目标，镇村共生单元是推进城乡融合发展的一种有效的载体形式（图 1.1）。

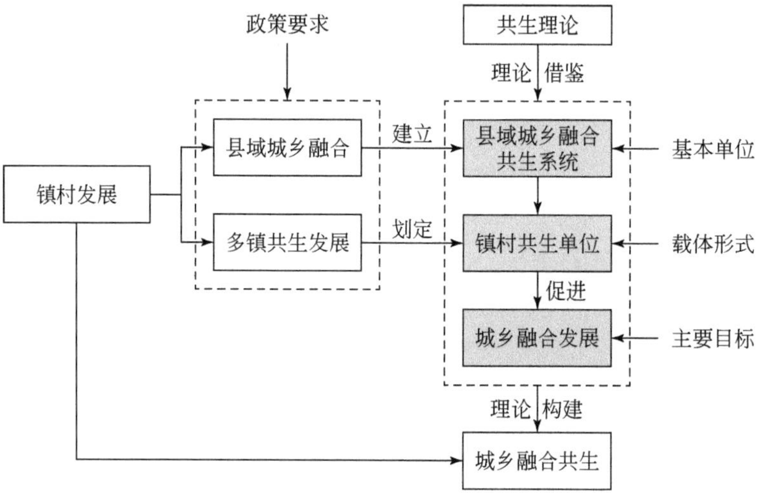

图 1.1　城乡融合共生的发展思路

4. 镇村空间格局

镇村空间格局是指在特定的历史、社会、经济、文化和自然背景下，镇村空间结构、功能和组织形态的总体表现。镇村空间格局决定了镇村发展的方向、方式和效果，对镇村经济、社会和环境的可持续发展具有重要的影响。与镇村空间格局相似的概念还有镇村社会经济格局、镇村发展格局等。镇村空间格局在不同的学者和学科中有不同的理解和表达。在人文地理学中，镇村空间格局更倾向于“镇村社会经济空间格局”的内涵，即被视为镇村社会、经济和文化的空间表现，强调社会、经济、文化的多样性和复杂性对镇村发展的影响，研究尺度偏宏观[28-32]。在城乡规划学中，镇村空间格局则更倾向于“镇村物质空间格局”的内涵，即更加注重镇村空间的组织和分布，强调镇村体系、土地利用、交通、基础设施和公共服务等空间要素的影响，研究尺度偏中微观[33-34]。

本书研究的镇村空间格局是镇村社会、经济、文化、生态和产业等多方面内容在空间中相互作用所形成的物质空间表现，是特定区域内镇村实体与镇村要素的空间组织形式与分布特征，属于城乡规划学视角的“镇村物质空间格局”。本书按照“有限求解”和“有效求解”的原则，将其内容限定在镇村等级体系、镇村空间结构、镇村功能分区和镇村配套设施等四个方面（图 1.2），以便聚焦研究内容，解决当下镇村发展亟待解决的问题。

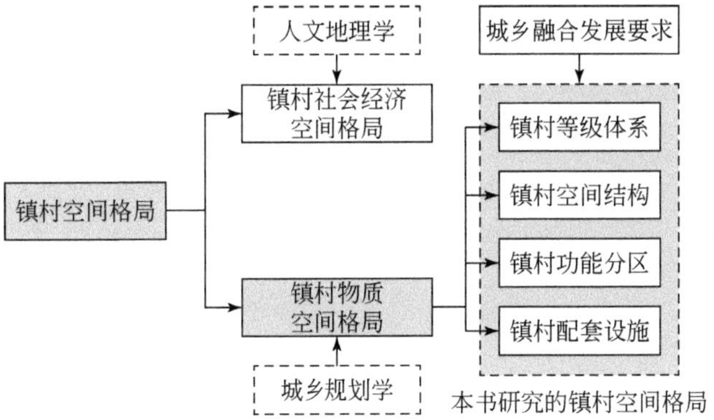

图 1.2　本书对镇村空间格局的概念界定

1.2.2　研究对象

十九大报告提出“以城市群为主体构建大中小城市和小城镇协调发展的城镇格局”。城市群作为空间毗邻和功能紧密相关的地域空间载体，是区域城乡空间转型发展的重要研究对象[35-36]。本书的研究对象为成渝地区双城经济圈（以下简称成渝地区），作为中国内陆重要的增长极，其城乡发展水平相对滞后于东部沿海地区。2020 年 1 月，中央提出“成渝地区双城经济圈”目标，并于 2020 年 10 月审议了《成渝地区双城经济圈建设规划纲要》，该纲要提出要探索经济区与行政区适度分离改革，共同推动城乡融合发展。自此，成渝地区的城乡融合发展备受政府和学术界共同关注。

成渝地区包括重庆市 29 个县（区、市）和四川省 15 个市，共 142 个县（区、市），其中，成都市成华区、金牛区、锦江区、青羊区和武侯区 5 个区，重庆市渝中区、沙坪坝区、南岸区、江北区和大渡口区等 5 个区的城镇化率均超过 95%，基本实现全域城镇化，不宜作为探讨城乡融合和镇村发展研究的研究样本。因此，本研究将其剔除，研究对象最终确定为 132 个县（市、区），其中四川地区为 108 个县（市、区），重庆地区为 24 个县（市、区）（图 1.3）。成渝地区的县域镇村发展体现了独特地形地貌、资源禀赋和区位条件等地域特征影响下西南地区镇村发展的共性，对于管窥西南地区的县域镇村空间格局研究具有一定的代表性。同时，从历年来的建设用地变化情况来看，2000 ~ 2018 年，成渝地区城乡建设用地由 3049km² 增加至 7080km²①，说明成渝地区的镇村空间转型重构剧烈，对于研究县域镇村空间格局具有典型性。

① 根据土地利用数据计算所得，土地利用数据来源于中国科学院地理科学与资源研究所 30m 分辨率数据。

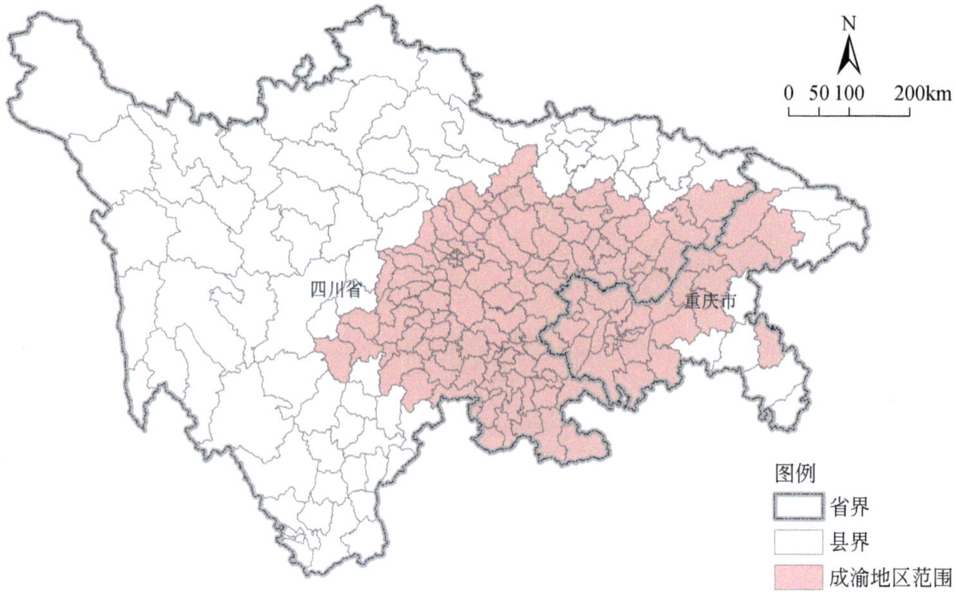

图 1.3 成渝地区在四川省和重庆市的位置

1.3 城乡融合发展与镇村空间格局的研究现状

1.3.1 国外相关研究综述

1. 城乡融合发展的理论研究

国外较早开展了关于城乡融合发展的理论探索，由于理论流派众多、研究范式各异，各学派的研究重点与结论也不尽相同。即便如此，相关学者还是达成了共识，即随着社会经济的发展，城乡关系最终会从二元走向一元，城乡发展会从“城市偏向”走向“城乡平等”[37]。相关研究存在“拐点论”和“阶段论”两种视角[16]，从“拐点论”的视角来看，1954 年，刘易斯在《劳动力无限供给下的经济发展》一文中，从城乡之间劳动力供给和边际效应产出的关系变化趋势分析中，提出了发展中国家的“二元经济模型”[38]。该模型认为在城乡发展的早期，城乡结构为二元结构，这时乡村存在大量剩余劳动力，城镇收入高于乡村收入，城镇只需要保持一个固定的“制度工资率”便可以吸引乡村劳动力无限转移到城镇中去。随着劳动力流出，乡村边际劳动生产力上升，城乡关系会逐渐发生变化，当农业边际产出等于“制度工资率”时，劳动力供给出现短缺，劳动力供给曲线出现第一个拐点[39]。随着农业产出边际继续上升，乡村地区的收入趋于与城镇持平，劳动力供给曲线出现第二个拐点。这时的城乡经济不再因劳动力的转移而提升，城乡发展需要通过资本和技术的投入来促进，城乡二元结构被打破，城乡关系最终融为一元关系[40]。从

“阶段论”的视角来看，马克思、恩格斯从辩证唯物历史观中揭示了城乡关系发展的必然趋势，即在社会主义迈向共产主义时期，人类将自觉采取各种措施，从城乡统一走向城乡对立，最终走向城乡融合发展过程。在国外的诸多阶段性划分理论中，较有影响力的有“刘易斯-拉尼斯-费景汉”的三阶段模型[41]、钱纳里的“六个时期、三个阶段”理论、库兹涅茨的“五阶段”理论、霍夫曼的“四阶段”理论等[42]，城乡发展理念逐渐从“城市偏向”走向“城乡融合”[43-44]。

2. 城乡融合发展的典型模式

美国、德国、日本、韩国等不同国家的城乡融合发展模式呈现出不同的特点[45]，其发展策略也不尽相同（表 1.2）。经过分析发现，美国主要通过“县域统筹”“多镇共享”等手段实现城乡一体[46-48]；德国主要通过“土地综合整治”“基础设施建设”等手段促进城乡等值[49-53]；韩国主要依托“新村运动”“小城镇培育”等手段缩小城乡差距[54-59]；日本主要采取“町村整合”“一村一品”等手段提升乡村活力[60-66]。

表 1.2　国外城乡融合发展的典型模式

典型代表	时间	特点	发展策略
美国模式	20 世纪 90 年代	通过“县域统筹”“多镇共享”实现城乡一体	县域协同的产业体系；多镇共享的配套设施；多方共营的生态资本化
德国模式	20 世纪 50 年代	通过“土地综合整治”“基础设施建设”促进城乡等值	开展农地整理，实现农业规模化与非农化发展；实施基础设施更新，构建城乡同等的服务体系
韩国模式	20 世纪 70 年代	依托“新村运动”“小城镇培育”缩小城乡差距	以新村运动为基础，逐步实现农业农村现代化转型；以小城镇培育为纽带，逐步缩小城乡差距
日本模式	20 世纪 50 年代、80 年代	通过“町村整合”“一村一品”提升乡村活力	开展“町村整合”运动，实现就地城镇化；开展“一村一品”运动，提升乡村竞争力

资料来源：作者根据参考文献[46-66]整理。

3. 镇村空间格局的优化研究

国外关于镇村空间格局的经典理论有中心地理论[67]、增长极理论[68]、“核心-边缘”理论[69]等。这些理论在较长一段时间里对镇村空间格局优化研究起到了很好的指导作用。

国外学者普遍认为城乡不能分立对待，镇村空间应该按照有机结合的方式形成城乡共同体统筹布局[70-72]。1915 年，盖迪斯提出区域规划理论，建立了“城乡发展整体观”[73]。1975 年，洛斯乌姆提出“区域城市结构模型”，将区域城市结构由内到外划分为城市核心区、城市边缘区、城市影响区和乡村腹地四个区域[74]。1987 年，加拿大城乡规划学者麦基在针对亚洲地区的城乡交接地带的研究中，提出了“Desakota”（在印尼语中，desa 是村庄，kota 是城市）的城乡发展模式[75]，构建了一种农业和非农业并存、城镇和乡村并存的城乡地域组织结构。同年，日本学者岸根卓郎在《迈向 21 世纪的国土规划——城乡融合设计》一书中提出了“城乡融合系统设计”的概念[76]，他强调应该从城乡融合的视角构建农业、工业协调发展的“农工一体复合社会系统”[71]。另外，还有部分学者提出采取“乡村群”的模式解决乡村地区必要的经济社会条件和地方适宜性等问题[77-79]。

1.3.2 国内相关研究综述

1. 城乡融合发展的理论研究

国内城乡融合发展的理论研究主要集中在发展阶段划分、发展水平测度和发展类型划分等方面[80-83]。发展阶段划分方面，国内学者赵民等人认为我国城乡关系的演进与城镇化率水平存在一定的关联性，当城镇化率处于50%以下时，城乡关系处于不平衡发展阶段，当城镇化率超过50%时为城乡统筹阶段，当城镇化率超过70%时为城乡一体化阶段[16,17]。武廷海[84]基于新马克思主义城镇化理论的基础提出我国城乡关系要经历“乡村关系—城市关系—新型城乡关系”三个阶段。发展水平测度方面，主要采用经济、社会、人口等统计数据，利用城乡融合度、城乡发展耦合度等模型对城乡融合水平进行评价，作为区域差异化发展分类的依据，张海朋等[85]从经济发展、社会生活和生态环境三个方面构建城乡融合系统的评价指标体系，在此基础上对环首都地区的城乡融合系统的耦合协调度进行了测度，根据测度结果划定不同耦合水平和协调水平的区域。李玉恒等[86]从乡村经济韧性的视角构建“压力-状态-响应”模型，对城乡融合发展的水平进行了测度并提出发展建议。发展类型划分方面，我国学者普遍认为，受地理区位、地形条件、发展水平等差异的影响，不同城市之间需要采取分类发展的模式推进城乡融合差异化发展[23,83,87-90]（表1.3）。

表1.3　我国相关学者关于城乡融合发展类型的探讨

研究学者	城乡融合发展	适用地区
刘荣增（2008）	都市区辐射带动型	一定规模以上的中心城市的周边区域
	经济廊道带动型	城市工业走廊或经济走廊两侧一定范围
	小城镇带动或乡村自发型	小城镇周边区域
赵群毅（2009）	城市带动型	城市发达、农村落后的区域
	乡村综合发展型	农业基础条件好，农业较为发达，或主要农业产业带等地域
	城乡融合发展型	大城市的近郊区或城市群的覆盖区等较为发达的地域范围
	网络化发展型	开放条件下的区域城乡发展互动，适用地域较为广泛
段德罡，张志敏（2012）	组合单元型	针对欠发达地区城乡一体化发展中普遍存在核心城镇规模过小、辐射带动能力不足等问题，提出的一种快速扩大城镇规模、提升城镇区域竞争力以及城乡辐射带动能力的方式
	城乡互动型	针对生产共生单元之间空间分离，城乡发展在某一专业性资源上高度关联而提出的一种强化专业性资源要素双向流通的空间发展模式
	空间转移型	适合生态敏感、交通不便，且具备明确生态移民政策条件的山区或具有防灾减灾需求的生态敏感区域

续表

研究学者	城乡融合发展	适用地区
赵四东，杨永春，万里，等（2012）	城市主导型	以发展城市经济为核心，利用城镇对乡村的辐射和牵拉作用，以城带乡分类引导农民进入各级城镇，快速壮大城镇实力
	乡村主导型	在城市带动有限的背景下，推动农业现代化、产业化及乡村适度工业化，培育乡村自主发展能力
	城乡一体型	视城乡为统一主体，通过政府和市场有机协作，达成城乡发展空间整合和产业耦合
赵秋成，孙佳伶，杨秀凌（2018）	以城带乡型	借助城市优势的知识、技术、文化、观念和资本，带动农村发展，适用于农村自我发展水平较低的地区
	以乡促城型	适用于农村经济和农村生产力高度发达的区域
	城乡同动型	适用于城乡势能的级差很小，城乡结构的二元性不明显的地区
杜姣（2020）	吸附型	乡村作为一个功能板块服务于城市的经济社会发展，适用于适合发展都市农业和乡村旅游的区域
	融合型	乡村已经成为城市的一部分，适用于乡村经济去农化和工商化程度较高的区域，如珠三角地区、苏南地区
	并立型	城市和乡村相对独立，适用于乡村仍以农业生产为主的区域，如中西部地区

资料来源：作者根据参考文献［23，83，87-90］整理。

2. 城乡融合发展的典型模式

国内城乡融合发展相比国外起步较晚，但东南沿海地区的大部分城市和中西部少数省会城市也逐步进入到了融合发展的加速期，形成了一些可供其他城市借鉴的典型发展模式（表1.4）。例如，浙江以强镇扩权为手段壮大经济体量，以美丽村镇为依托实现差异发展，形成了城镇化与特色村镇的联动发展模式[91-93]；苏南以乡镇企业为主导推动就地城镇化，以特色田园乡村为载体激发乡村活力模式，形成了乡镇企业与特色田园乡村互促模式[94-100]；成都模式以功能为导向构建城乡融合总体格局，以片区为单位系统谋划城乡协同发展，形成了功能差异引导的区域协调模式[25]。

表1.4　国内城乡融合发展的典型模式

典型代表	特点	发展策略
浙江模式	城镇化与特色村镇的联动发展模式	以强镇扩权为手段壮大经济体量；以美丽村镇为依托实现差异发展
苏南模式	乡镇企业与特色田园乡村互促模式	以乡镇企业为主导推动就地城镇化；以特色田园乡村为载体激发乡村活力
成都模式	功能差异引导的区域协调模式	以功能为导向构建城乡融合总体格局；以片区为单位系统谋划城乡协同发展

3. 镇村空间格局的优化研究

国内关于镇村空间格局优化的研究主要涉及影响因素与发展动力、镇村共生单元、镇村空间格局优化等方面。影响因素与发展动力方面，国内学者普遍认为自然资源环境是影响镇村空间格局的基础性因素，社会经济发展是主要驱动因素，而民俗文化、政策引导等因素也在一定程度上影响了镇村空间格局[101-107]。镇村发展动力由内部动力、外部动力两个子系统共同构成，并且具有地域差异性和时间演变性[108-110]。外部动力主要包括工业化、城镇化、农业现代化、投资带动等城市拉力作用，内部动力主要包括乡村资源禀赋和治理水平等[111-121]。镇村共生单元方面，部分学者近年来提出以“镇村单元”的形式统筹布局多镇村之间的生产要素、资源优势、服务设施等内容，推动镇村协同发展，为我国镇村空间格局的优化提供了新的视角，相关研究包括镇村单元划分方法和基于单元的镇村发展路径等[25,122-123]。在镇村单元理论研究的指导下，我国东南沿海的先发地区积极开展了“镇村单元发展”的实践探索（表 1.5），典型代表包括广州“美丽乡村群”、上海“城镇圈”、浙江“美丽城镇群”等[124-126]。镇村空间格局优化方面，已有研究针对不同地域功能、产业类型、经济水平的乡村，按照“分类优化、组团联动”的思路提出多元化镇村发展路径[4,96,127-129]、镇村体系布局[130-132]和镇村空间格局优化方法[133-135]。

表 1.5　我国先发地区的“镇村单元发展”探索

典型代表	单元模式	主要内容与方法
广州 “美丽乡村群”	主从式乡村群；并列式乡村群；互补式乡村群	形成“县域城乡发展体系+美丽乡村群建设规划”的镇村规划编制体系，乡村空间组织体系突破线性“中心地”的村镇体系组织模式，创新地采用网络型“乡村群”空间组织模式
上海 “城镇圈”	综合发展型；整合提升型；生态主导型	以“城镇圈”统筹公共服务设施配置，促进城镇圈内产城融合、职住平衡、资源互补、服务共享，实现地区组团式统筹发展、城乡发展一体化；城镇圈内部强化交通网络支撑、共享公共服务设施、促进环境品质提升、注重空间规划引导；城镇圈类型分为 3 类：综合发展型城镇圈、整合提升型城镇圈和生态主导型城镇圈
浙江 “美丽城镇群”	“1+X”龙头引领型美镇圈；“1+1>2”强强互补型美镇圈；“1+1+1”均衡发展型美镇圈	以 1 个都市节点型城镇为中心，多个特色型美丽城镇组合形成的“1+X”龙头引领型美镇圈；以“安昌-瓜沥美镇圈”为代表的“1+1>2”的强强互补型美镇圈；以及建德市乾潭镇、桐庐县富春江镇、浦江县虞宅乡互动互融，共同打造浙西地区旅游精品目的地的“1+1+1 均衡发展型美镇圈

1.3.3　研究评述

国外关于城乡融合发展和镇村空间格局的研究起步较早，基本已经形成了较为成熟和全面的理论研究和实践探索，为本书积累了宝贵的研究基础。国内相关研究整体起步较晚，在 2000 年提出社会主义新农村建设以后才开始早期的研究[136]，党的十九大提出城乡融合发展以后，相关理论研究和实践探索才进入快速推进的研究阶段。总体而言，国内的镇村空间格局研究呈现出研究内容不断深入、研究方法多元复合、研究尺度不断完善的特点。

理论研究方面：①城乡融合发展具有阶段性与差异性，镇村发展要针对不同城乡融合阶段、水平、模式的县域采取差异化的发展路径。②镇村发展的影响因素包括自然环境、社会经济、政策文化等多方面，按照作用方式可以分为外部动力和内部动力两种类型，空间计量、神经网络、机器学习等定量分析方法的普及可以进一步提高动力识别的科学性。③我国镇村空间格局需要解决地区差异发展、乡村分类发展、单元统筹发展等问题。伴随城镇化、信息化和农业现代化的发展，相关学者提出镇村空间呈现出“扁平化”发展趋势，为本书开展镇村空间格局的研究提供了参考。

实践探索方面：①虽然我国城乡融合发展的总体水平较低，但东南沿海和中西部部分大都市区的镇村也逐步进入融合发展的加速期，其发展实践可以为成渝地区的镇村发展提供参考。②浙江模式主要通过强镇扩权的手段，以美丽村镇为依托促进镇村联动发展，可以为成渝地区城镇化水平较高、乡村资源禀赋较好的县（区、市）提供借鉴；苏南模式主要以乡镇企业和特色田园乡村为载体，推动城乡互促发展，可以为成渝地区工业化水平较高、乡村资源禀赋较好的县（区、市）提供借鉴；成都模式通过功能片区的划分，提出不同类型乡村的差异化发展路径，可以为成渝地区地形地貌复杂、经济发展不平衡的县（区、市）提供借鉴。③我国先发地区开展的“镇村单元式发展”探索突破了单个镇村各自为政的弊病，从区域整合的视角提供了一种破除行政区划促进城乡融合的发展路径，实证研究了以“单元”为载体优化镇村空间格局的可行性与合理性。但我国“单元式”发展实践目前仍在探索阶段，尚未形成一套系统的理论方法。同时，“单元划定”是开展“单元式发展”的关键，已有的实践探索缺乏一套科学划定镇村单元的技术方法。

1.4　研究内容、方法与技术路线

1.4.1　研究内容

按照不同空间尺度所承担镇村发展任务的不同，研究内容主要有以下三个。

1. 区域尺度：城乡融合共生模式判别

区域尺度主要针对成渝地区的132个县（市、区），开展城乡融合共生模式判别的研究：评价成渝地区各县（市、区）的城乡融合发展动力水平；依据各县（市、区）内外动力水平差异划分城乡融合共生模式。

2. 县域尺度：镇村共生单元划定

县域尺度主要针对典型县域开展镇村共生单元划定的研究：识别县域内部各乡镇之间的融合共生关系；依据融合共生关系，划定不同类型的镇村共生单元，以此作为镇村空间格局优化的基本单位。

3. 单元尺度：镇村空间格局优化

单元尺度针对典型镇村共生单元开展单元内部镇村空间格局优化的研究：将“镇村共生单元”作为统筹镇村发展的基本单位，提出不同类型单元的镇村发展路径；基于发展路径，提出不同类型单元的镇村空间格局优化方法。

1.4.2 研究方法

基于不同尺度的研究内容，结合主观分析法和客观分析法的优缺点[137]，构建本书的方法体系（图 1.4）。其中，文献归纳方法与理论研究方法主要用于研究框架的构建；人工智能分析方法（BP① 神经网络模型）、层次分析法（analytic hierarchy process，AHP）与 GIS 空间分析方法（包括空间引力模型、出行 OD② 模型等）、案例分析方法分别用于区域尺度、县域尺度和单元尺度的内容研究；实证研究方法贯穿所有的研究尺度。

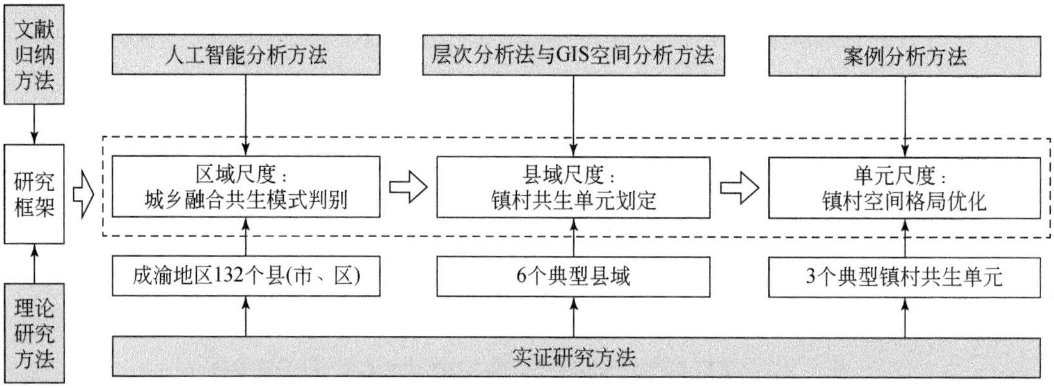

图 1.4 研究方法体系构建

1.4.3 技术路线

本书围绕“县域镇村空间格局优化方法”这一科学问题，遵循从理论框架到实证分析研究路径，以“研究背景—问题梳理—框架构建—城乡融合共生模式判别—镇村共生单元划定—镇村空间格局优化”为研究主线展开研究（图 1.5）。

① BP：反向传播，back propagation。

② OD：起点-终点，origin-destination。

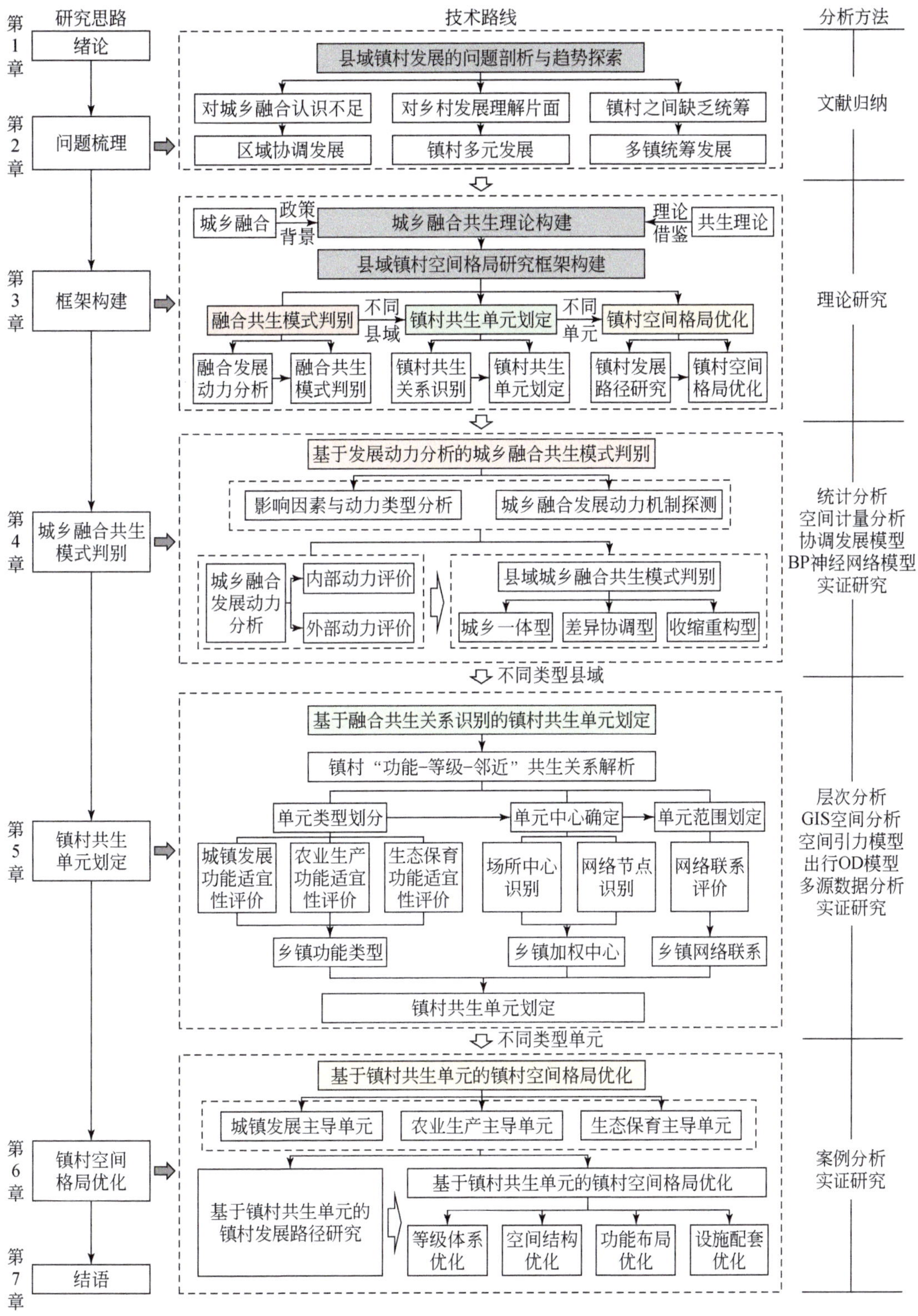
研究思路
技术路线
分析方法
第1章 绪论
第2章 问题梳理
第3章 框架构建
第4章 城乡融合共生模式判别
第5章 镇村共生单元划定
第6章 镇村空间格局优化
第7章 结语
县域镇村发展的问题剖析与趋势探索
对城乡融合认识不足
对乡村发展理解片面
镇村之间缺乏统筹
区域协调发展
镇村多元发展
多镇统筹发展
城乡融合
政策背景
城乡融合共生理论构建
理论借鉴
共生理论
县域镇村空间格局研究框架构建
融合共生模式判别
不同县域
镇村共生单元划定
不同单元
镇村空间格局优化
融合发展动力分析
融合共生模式判别
镇村共生关系识别
镇村共生单元划定
镇村发展路径研究
镇村空间格局优化
基于发展动力分析的城乡融合共生模式判别
影响因素与动力类型分析
城乡融合发展动力机制探测
城乡融合发展动力分析
内部动力评价
外部动力评价
县域城乡融合共生模式判别
城乡一体型
差异协调型
收缩重构型
不同类型县域
基于融合共生关系识别的镇村共生单元划定
镇村“功能-等级-邻近”共生关系解析
单元类型划分
单元中心确定
单元范围划定
城镇发展功能适宜性评价
农业生产功能适宜性评价
生态保育功能适宜性评价
场所中心识别
网络节点识别
网络联系评价
乡镇功能类型
乡镇加权中心
乡镇网络联系
镇村共生单元划定
不同类型单元
基于镇村共生单元的镇村空间格局优化
城镇发展主导单元
农业生产主导单元
生态保育主导单元
基于镇村共生单元的镇村发展路径研究
基于镇村共生单元的镇村空间格局优化
等级体系优化
空间结构优化
功能布局优化
设施配套优化
文献归纳
理论研究
统计分析
空间计量分析
协调发展模型
BP神经网络模型
实证研究
层次分析
GIS空间分析
空间引力模型
出行OD模型
多源数据分析
实证研究
案例分析
实证研究

图 1.5　技术路线

第2章 县域镇村发展的问题剖析与趋势探索

新中国成立以来，我国城乡关系发生了剧烈变化，城乡发展的重点逐渐从“重城轻乡”“重工轻农”过渡到党的十九大以后的“农业农村优先发展”。2017年，党的十九大提出城乡融合发展战略，要求形成“工农互促、城乡互补、全面融合、共同繁荣”的新型工农城乡关系，自此我国城乡关系进入城乡融合发展的新阶段，导致传统镇村发展模式与镇村空间格局无法适应当前城乡融合发展的需求。基于此，本研究以问题和目标为导向，对县域镇村发展问题和城乡融合发展趋势进行梳理，以此作为本研究的出发点，为后续县域镇村发展路径的研究与镇村空间格局的优化提供方向。

2.1 我国城乡关系演进的历史过程

城乡关系广泛存在于城市与乡村之间，两者之间相互依存、相互制约、相互促进、相互影响[138]。我国城乡关系具有独特的历史阶段特征，从新中国成立初期“以重工业为中心”到党的十九大以后“农业农村优先发展”，我国城乡关系逐渐由二元的“城乡对立”向一元的“城乡融合”转变。系统梳理城乡关系演化历程不仅可以描绘我国城乡建设的大体脉络和阶段规律，还可以通过比对过去和现在，帮助深刻理解城乡统筹、城乡一体、城乡融合的历史渊源和内在原因，让人们在处理城乡融合发展的相关命题时有更全面的认识。县域镇村空间格局是城镇与乡村在社会、经济、文化等多方面因素影响下在县域范围内呈现出来的空间分布差异，与城乡关系密切相关。县域镇村空间格局的研究不能就乡村论乡村，而需要“跳出乡村”，从更大的城乡区域视角来统筹考虑城镇与乡村的发展关系[127,139]。因此，在研究镇村空间格局的相关内容前，有必要对城乡关系的发展历程进行梳理，建立完整的城乡发展脉络，为未来城乡融合发展的总体趋势与方向提供历史依据。

目前关于我国城乡关系历程划分的研究较多[140-143]，研究结论尚未达成一致，如有学者将我国城乡关系划分为“强制性以乡促城”“市场化以乡促城”“以城带乡”三个阶段[87]，也有学者将其划分为“城乡分化”“城乡对立”“城乡融合”“城乡一体”四个阶段[82]，还有学者将其划分为“城乡初始”“城乡起飞”“城乡不平衡发展”“城乡统筹发展”“城乡一体化发展”五个阶段[16]。我国城乡关系的发展受宏观政策环境的影响显著，政府在城乡发展中扮演着重要角色[140]。“城乡发展政策”是政府部门在不同时期针对当前城乡发展面临的主要任务和问题提出的宏观调控手段，对城乡人口转化、城乡规模控制、城乡产业转型有着极其重要的影响。因此，“城乡发展政策”是解读城乡关系的关键钥匙。

作者对 1949 年以来的相关城乡发展政策文件进行了梳理，文件类型包括“五年计划（规划）”“全国代表大会报告”“中央一号文件”等综合性政策文件，以及人口、产业、土地、税收、经济等专项类政策文件。从国家政策变迁来看，1949 年新中国成立以后，受苏联工业化模式的影响，重工业发展受到特殊重视，依靠农业剩余支撑工业优先发展形成了“城市导向”“工业导向”的城乡经济发展模式[81]，自此城乡二元结构逐步形成。同时，为了缓解粮食供应紧张等问题，国家通过施行“土地改革”“农业生产合作化”“人民公社化”等方式建立计划经济体制，提高粮食生产效率，并出台了“统购统销”“限制人口盲流”“户口登记”等一系列政策限制农产品和人口等要素自由流动，进一步固化了“城乡二元”的城乡关系。1978 年改革开放后，社会主义市场经济逐渐建立，国家通过工农产品“剪刀差”“征收农业税”“鼓励乡镇企业发展”“户籍制度改革”等方式促进资金、乡村剩余劳动力等要素向城镇转移，城乡差异逐渐增大，形成了“城乡竞争”的城乡关系。2002 年党的十六大提出“城乡统筹”的概念，城乡二元结构开始出现松动，随后深化土地改革、免除农业税、建设社会主义新农村等政策出台，鼓励资金、技术等进入农村地区，将农村发展提到与城市相同的重要地位，2007 年党的十七大又提出“城乡一体化”的要求，可见这一阶段的城乡关系属于“城乡统筹”的探索时期。2017 年党的十九大提出“城乡融合发展”要求，随后“乡村振兴”战略规划、“新型城镇化”建设重点任务、“城乡融合发展试验区”改革方案等纷纷强调要“加快形成工农互促、城乡互补、全面融合、共同繁荣的新型工农城乡关系”，自此我国城乡关系进入了“城乡融合”的新阶段（图 2. 1）。与此同时，我国经济体制经历了“计划经济”（1954 年）到“市场经济”（1993 年）的转型，城乡户籍制度经历了“二元户籍制度建立”（1958 年）到“松动”（1984 年）再到“改革”（1997 年）的过程[142]，农产品流通经历了“统购统销”的制定（1953 年）与取消（1985 年），农业税也经历了“征收”（1958 年）到“免除”（2005 年）。在此过程中，人口、资本、技术等城乡要素也经历了“乡村限制流动—乡村流向城市—城市流向乡村—城乡双向自由流动”的过程（图 2. 1）。

可见，新中国成立以后我国城乡关系随时间发展而不断演化，整体上呈现出一种由自发走向有序、由城乡二元走向城乡融合，由低水平走向高水平城乡协同的发展演变规律。城乡关系的转型历程大致可以分为“城乡二元—城乡竞争—城乡统筹—城乡融合”四个大的阶段[144-147]。

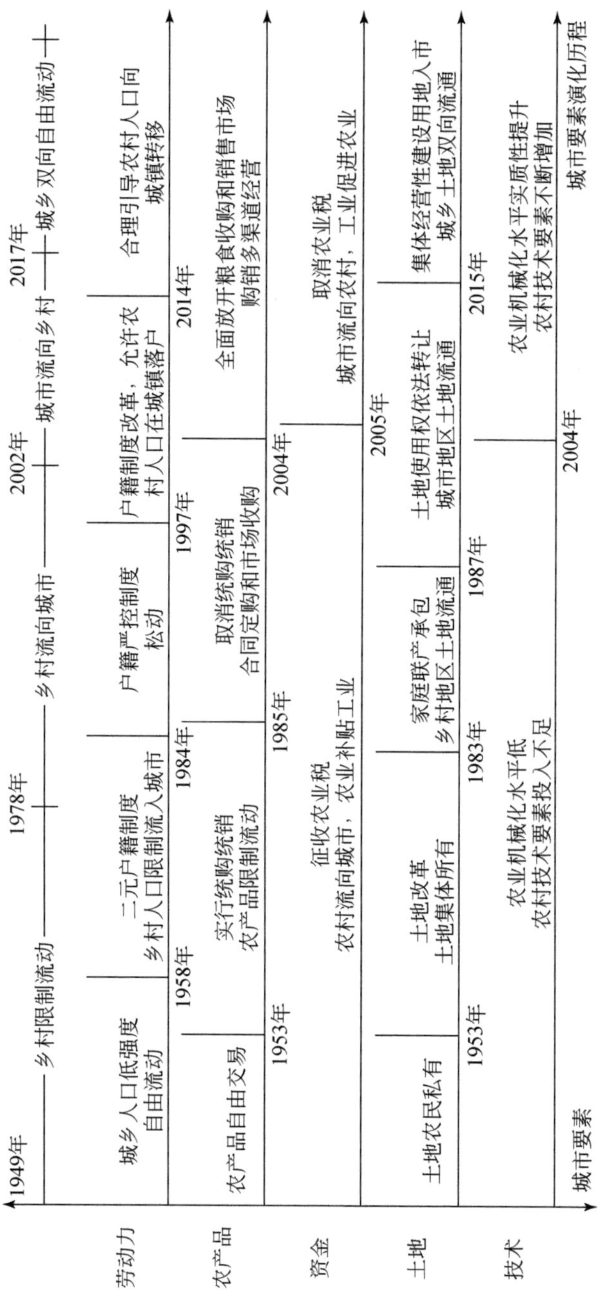

图 2.1　我国城乡发展要素流动的变迁历程

2.2 我国县域镇村发展存在的问题

虽然我国城乡关系已经进入城乡融合发展的阶段，相关政策也提出了城乡融合发展的总体要求。但在各地镇村发展实践的过程中，仍然存在对城乡融合认识不足、对乡村发展理解片面、镇村之间缺乏统筹等问题，给我国深入推进城乡融合发展带来困难。

2.2.1 对城乡融合的阶段性和差异性认识不足

从城乡关系演化历程来看，城乡融合发展具有阶段性[81]。我国城乡关系先后经历了“城乡二元”“城乡竞争”“城乡统筹”“城乡融合”四个阶段，不同阶段之间的更替并没有明确的分界点。从一定程度上来讲，城乡融合既是一个目标，也是一个城乡关系由自发走向有序、分离走向融合、低水平走向高水平的过程[87]。

另外，城乡融合发展存在地区差异性。从城乡关系的发展历程来看，为了推行城乡之间的协调发展，我国先后提出“城乡统筹”“城乡一体”“城乡融合”三个城乡改革发展的概念，并提出三个概念的示范区建设（表 2.1），2007 年“全国统筹城乡综合配套改革试验区”确定为重庆和成都，2010 年“城乡发展一体化综合配套改革试点”确定为苏州。可以看出，虽然“城乡统筹”和“城乡一体”是全国性的命题，但在实施操作层面均没有全面推开。2019 年，《国家城乡融合发展试验区改革方案》公布了 11 个“城乡融合发展试验区”，覆盖我国东部、中部、西部、东北 4 个不同经济发展水平和地形地貌差异的地区。综上，“城乡统筹”是针对经济发展水平较低的城市所提出的城乡发展导向，主要适用于我国中西部地区；“城乡一体”则是针对经济发展水平较高地区提出的城乡发展要求，主要适用于东部沿海及内陆“先发地区”[16,17]；而“城乡融合”则是针对我国不同地

表 2.1 我国城乡改革试验区（试点）

名称	文件（时间）	试点城市/片区
全国统筹城乡综合配套改革试验区	国家发展和改革委员会《关于批准重庆市和成都市设立全国统筹城乡综合配套改革试验区的通知》（2007 年 6 月）	重庆、成都
城乡一体化发展综合配套改革试点	国家发展和改革委员会办公厅《关于将苏州市城乡一体化发展综合配套改革试点列为我委改革联系点的复函》（2010 年 8 月）	苏州
国家城乡融合发展试验区	十八部门联合印发《国家城乡融合发展试验区改革方案》（2019 年 12 月）	东部地区：浙江嘉湖片区、福建福州东部片区、广东广清接合片区、江苏宁锡常接合片区、山东济青局部片区 中部地区：河南许昌、江西鹰潭 西部地区：四川成都西部片区、重庆西部片区、陕西西咸接合片区 东北地区：吉林长吉接合片区

区、不同经济水平城市提出的一种综合的城乡发展模式，其内涵更全面、多元与丰富。

虽然城乡融合发展具有阶段性和差异性，但在具体实践过程中，却较少在开展城乡融合发展之前对城乡发展阶段进行评判，也没有对城乡发展的地区差异进行科学分析，而是仅仅从城乡设施布局、城乡要素流动、城乡产业发展等方面提出一些原则性、普适性的发展要求。例如，《2022 年新型城镇化和城乡融合发展重点任务》提出从公共服务、基础设施等方面加强推进城乡融合发展；《四川省新型城镇化和城乡融合发展 2022 年重点任务》提出从城乡融合试点、城乡要素、公共资源等方面推进城乡融合发展；《2023 年重庆市新型城镇化和城乡融合发展重点任务》中提出要从城乡要素、基础设施和公共服务等方面推进城乡融合发展（表 2.2）。上述国家层面和地方层面的城乡融合发展重点任务中均没有提及不同阶段、不同地区的城市要采取差异化的发展模式。这便导致我国镇村发展模式单一，无法满足不同地区、不同阶段的城乡融合发展需求。同时，不同镇村之间还容易形成同质发展的弊端。

表 2.2　国家与地方的城乡融合发展重点任务

文件名称	部门	城乡融合发展重点任务
《2022 年新型城镇化和城乡融合发展重点任务》（2022 年 3 月）	国家发展和改革委员会	推进城镇公共服务向乡村覆盖；推进城镇基础设施向乡村延伸；稳步推进改革试验；推进巩固拓展脱贫攻坚成果同乡村振兴有效衔接
《四川省新型城镇化和城乡融合发展 2022 年重点任务》（2022 年 5 月）	四川省新型城镇化工作暨城乡融合发展工作领导小组办公室	开展城乡融合发展试点试验；促进城乡要素自由流动；促进城乡公共资源均衡发展；推动农村一二三产业融合发展；进一步缩小城乡收入差距
《2023 年重庆市新型城镇化和城乡融合发展重点任务》（2023 年 5 月）	重庆市发展和改革委员会	畅通城乡要素流动；推进城镇基础设施和公共服务向乡村延伸覆盖

1）单一发展模式的地域适应性不足

对于不同发展阶段、不同地区差异的城市而言，其城乡融合发展的特征与动力不同，必然也存在多种不同的镇村发展模式和路径。因此，单一的、相同的城乡融合发展模式难以满足不同县域的发展需求。例如，苏南地区利用其乡村工业和乡镇企业的发展基础，走出了一条乡村工业化、就地城镇化的城乡融合发展路径。然而，这种依靠内生动力发展的“苏南模式”和“新苏南模式”并不适合西南地区乡镇产业基础差、仍处于低水平工业化和城镇化的城市的镇村发展，这些城市往往需要借助外力才能获得有效发展[94]。然而，在实际的镇村发展过程中，不同功能类型的区县却普遍按照国家相关政策的统一要求，将乡村划分为相同的几种类型，采取相同的发展模式发展（图 2.2）。而较少根据城乡发展阶段和地区差异进一步对乡村振兴和城乡融合发展的要求进行因地制宜的细化与调整，寻求不同区县之间的差异化发展模式。

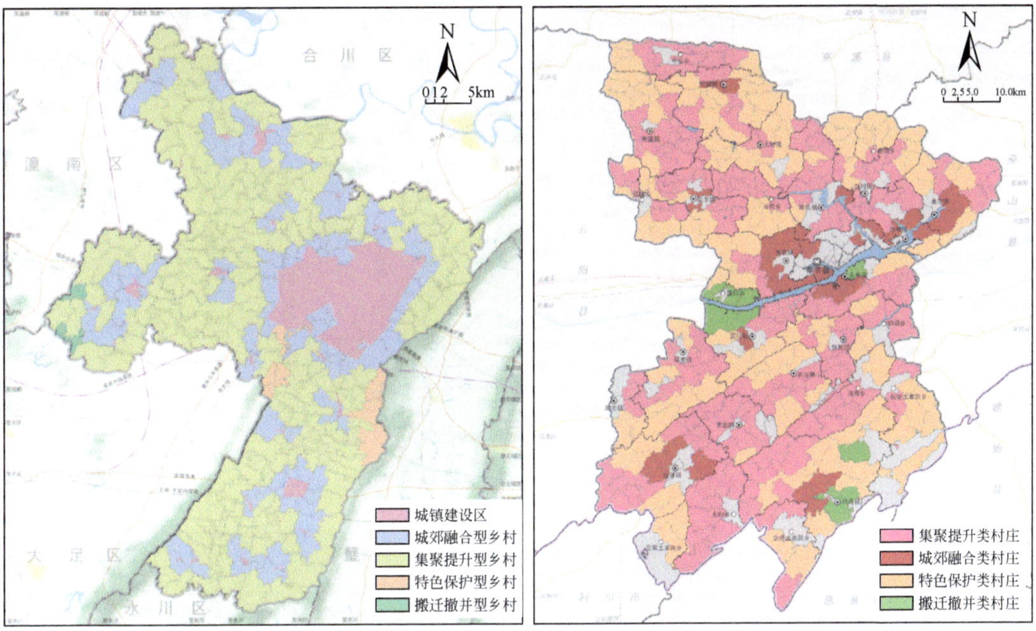

(a)重庆市铜梁区乡村分类发展规划图　　(b)重庆市奉节县乡村分类发展规划图

图 2.2　重庆市县域乡村发展模式示意

资料来源：(a)《重庆市铜梁区国土空间总体规划》(2021～2035 年) 过程稿；
(b)《重庆市奉节县国土空间总体规划》(2021～2035 年) 过程稿

2）不同镇村之间存在同质竞争弊端

由于对城乡融合发展的阶段性和地区差异性特征认知不足，不同县域、镇村按照相同或相似的模式与路径进行发展，这便使得镇村之间往往盲目“模仿”与“跟从”，即使是区位与资源条件存在差异的镇村，也常常存在相似的产业植入、设施配套、项目建设等现象，造成了区域范围内镇村之间产业同质发展、配套同质建设等问题。以乡村旅游发展为例，近年来，随着乡村消费需求的不断增加，乡村旅游成为促进广大农村地区转型发展的重要路径[148]。面对乡村旅游热潮，部分乡村不顾旅游业只适合少数具有区位优势和特色资源的乡村的客观事实，在不具备发展条件的基础上盲目发展乡村旅游产业，建设“农家乐”“购物”“民俗体验”“仿古街”等旅游项目和旅游服务设施，在偏离农业发展主旨的同时与其他乡村形成同质竞争[135,149]。由于高估自身吸引游客的能力，乡村发展不具有区域竞争力，带来了乡村低效建设、产业缺乏支撑、发展动力不足的现实问题。例如，重庆市永川区板桥镇凉风垭村和大坪村，各自的村规划均提出要发展休闲农业和有机农业，两村之间既存在同质竞争，又缺乏产业体量，难以形成乡村品牌优势（图 2.3）。

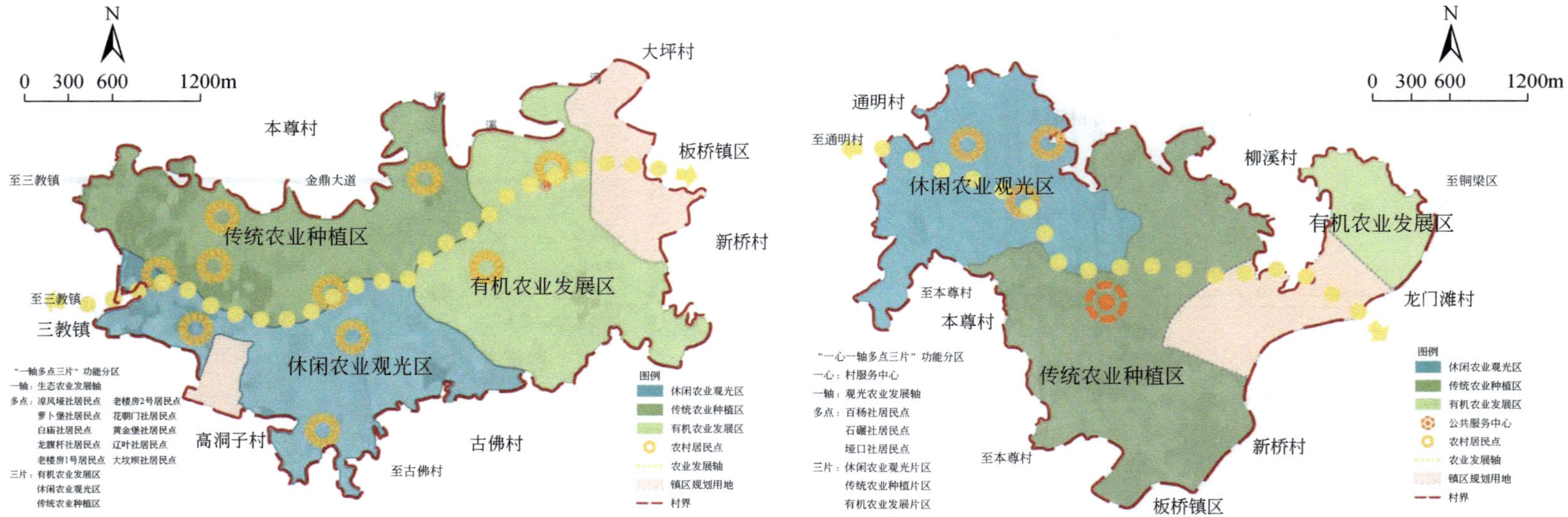

(a)重庆市永川区板桥镇凉风垭村功能分区

(b)重庆市永川区板桥镇大坪村功能分区

图 2.3　重庆凉风垭村和大坪村产业同质发展示意

资料来源：《重庆市永川区板桥镇凉风垭村村规划》、《重庆市永川区板桥镇大坪村村规划》，永川区规划和自然资源局

2.2.2 对乡村的发展定位和多元价值理解片面

城乡融合发展强调将城市与乡村看作有机统一的共同体，逐步消除城乡生产、生活质量差别，促进城乡经济、社会协调发展。其核心在于要把乡村放在与城市同等重要的位置，通过生产要素的投入和公共资源的配置实现城乡等值化发展，以及充分挖掘乡村特色资源价值，与城市功能优势互补，实现城乡差异化发展[80]。

然而，受早期城乡关系中“重城轻乡”“重工轻农”的惯性思维[150]，以及 2007 年以前《中华人民共和国城市规划法》和《村庄和集镇规划建设管理条例》所确定的城乡二元规划编制体系存在的“城市导向”规划建设观念的影响[151]，部分地区对城乡融合发展中的乡村发展定位和乡村多元价值理解存在误区。一方面，体现为采用城镇发展的逻辑去思考乡村发展的问题，认为乡村振兴就是按照城镇化的发展路径对乡村地区进行升级改造，忽略了城乡“等值但不同类”的发展本质[19]，进而形成一种“去乡村化”的城乡融合发展误区。另一方面，体现为对乡村多元价值的认知不足，认为乡村主要承担农业生产功能，而对乡村生态、景观优势转化为生态价值、景观价值，进一步转化为经济价值的探索不足。这样，在城乡融合发展的过程当中，城市对乡村的反哺主要体现在对农业发展的直接投入上，而忽视了对乡村多元价值的挖掘以及非农功能的培育，导致乡村内生动力不足[152]。出于上述乡村发展的认知误区，部分地区普遍存在城乡发展不平衡、乡村发展不充分的问题。

1）重城轻乡观念导致城乡发展不平衡

虽然近年来国家出台了一系列惠农政策支持乡村发展，取得了一定的成效，但受“重城轻乡”理念的长期影响，乡村发展的重视程度仍然不及城市地区，我国城乡发展不平衡的问题仍然非常突出[6,110]。自 2017 年我国提出城乡融合发展以来，到 2020 年，我国城镇居民人均可支配收入从 36 396. 2 元增至 43 833. 8 元，增加了 7437. 6 元。与此同时，农村居民人均可支配收入从 13 432. 4 元增至 17 131. 5 元，增加了 3699. 1 元①。可以看出，虽然乡村居民的收入得到了一定程度的提升，但相比城镇而言，城乡收入的差距进一步加大。

从成渝地区来看，城乡发展的内容一直以来也更加重视中心城区、县城城区、乡镇镇区等城镇建成区内部的用地、功能和交通等方面，而忽视了乡村地区的功能、产业、用地等内容[153,154]。例如，重庆市永川区历版城市总体规划的编制重点均集中在县城的建设用地、交通设施、绿地系统、公服设施等内容上，镇村层面的研究内容也只是侧重中心镇、一般镇的人口规模与城镇职能划分，而行政村、自然村的规划布局在县域层面缺失（图 2.4）。又如，在《郫县城市总体规划（暨郫县卫星城总体规划）》（2014 ~ 2020 年）中，规划侧重于对郫都区县域范围内的城镇体系进行安排，明确出“卫星城—小城市—特色镇—一般镇”的等级规模结构，以及中心城区和各乡镇镇区各类建设用地的布局，而对村庄建设用地和产业用地的布局几乎不涉及（图 2.5）。在上述发展观念的影响下，城乡要

---

① 数据来源于《中国统计年鉴》。

素由乡村单向流入城镇，使得乡村地区的人口大量流失、资金投入不足、产业空间缺乏、资源利用低效[155]，进而导致城乡差距日益增大，城乡发展不平衡。2017～2020 年，成都城镇居民人均可支配收入从 38 918 元增至 48 593 元，增加了 9675 元。农村居民人均可支配收入从 20 298 元增至 26 432 元，增加了 6134 元①；重庆城镇居民人均可支配收入从 32 193元增至 40 006 元，增加了 7813 元。农村居民人均可支配收入从 12 638 元增至 16 361元，增加了 3723 元②。可以看出，成渝地区的城乡融入差距仍在继续加大。

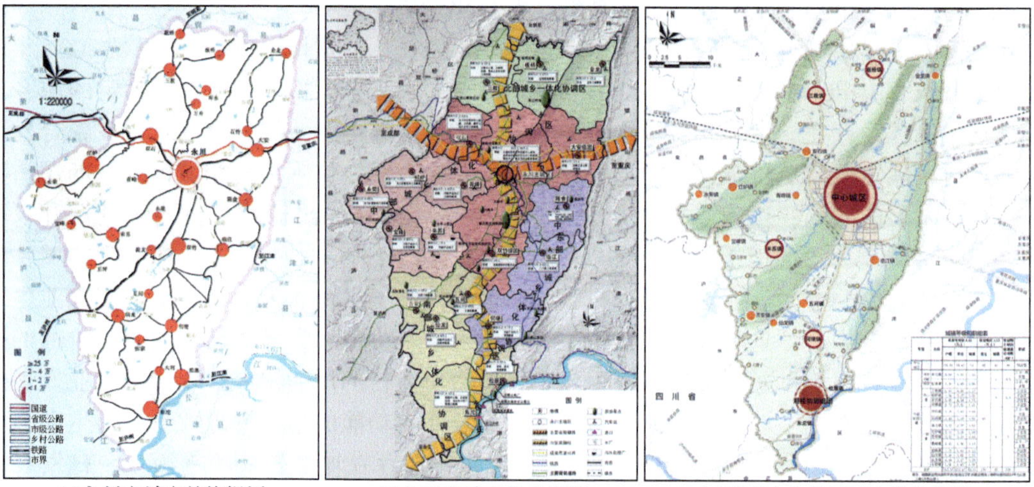

(a)永川市城市总体规划 (1993~2010年)　(b)永川市城市总体规划 (2004~2020年)　(c)重庆市永川区城乡总体规划 (2013年)

图 2.4　重庆永川区历版城市总体规划的城镇体系规划图

资料来源：《永川市城市总体规划》（1993 年）、《永川市城市总体规划》（2004 年）、《重庆市永川区城乡总体规划》（2013 年）

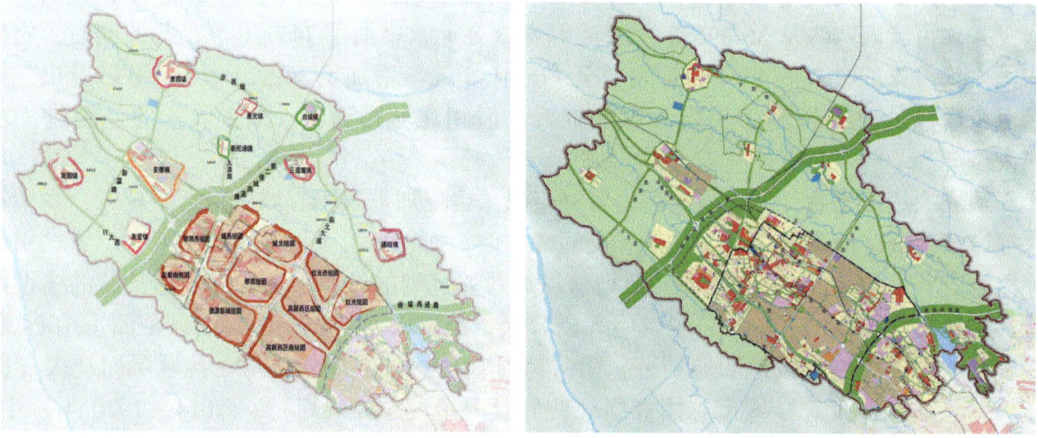

(a)成都郫都区城镇体系规划图　(b)成都郫都区总体布局规划图

图 2.5　成都郫都区城市总体规划内容

资料来源：《郫县城市总体规划（暨郫县卫星城总体规划）》（2014～2020 年）

① 数据来源于《成都统计年鉴》。

② 数据来源于《重庆统计年鉴》。

2）忽视乡村价值带来乡村发展不充分

乡村地区具有农业、腹地、家园等多元价值，除了农业生产以外，还兼具农业观光、农事体验、休闲康养等有别于城市的其他复合功能[156]。因此，在镇村发展需要兼顾生态、生活、生产等多方面的需求，积极拓展除了农业价值以外的生态价值、景观价值、休闲娱乐价值。然而，社会对乡村价值的认知类型单一，认为乡村发展的主要目的局限于生产更多的粮食以解决人民的温饱问题，或为城市工业化提供基本的农产品和原材料，以及为城镇建设用地扩张提供拓展空间等[157]。这种认识将乡村发展视为一个简单的线性过程，忽略了乡村在生态服务、优质环境等方面的特色优势[158]。由于人们对乡村价值的认识不到位，常常忽略乡村地区的非农产业培育，便难以充分把握乡村发展的多元化路径，最终导致乡村在休闲旅游、文化娱乐、度假康养等方面发展不充分，乡村地区的多种发展可能受到限制，难以形成乡村可持续发展的内生动力。例如，《重庆市农业农村委员会关于印发重庆市乡村休闲旅游业“十四五”规划的通知》（渝农发〔2021〕129 号）中提到，重庆地区的乡村旅游发展仍然存在对农耕文化、民俗文化挖掘不够、乡土特色不鲜明、旅游产品缺乏，以及尚未构建起完善的旅游体系等问题。2017～2020 年，重庆乡村休闲旅游业经营收入由 510 亿元增至 658 亿元，占第三产业生产总值的比例由 4.9% 增至 5.0%，接待游客人次由 300 亿人次增至 312 亿人次，年均增长率为 4.0%（图 2.6）。可以看出，虽然我

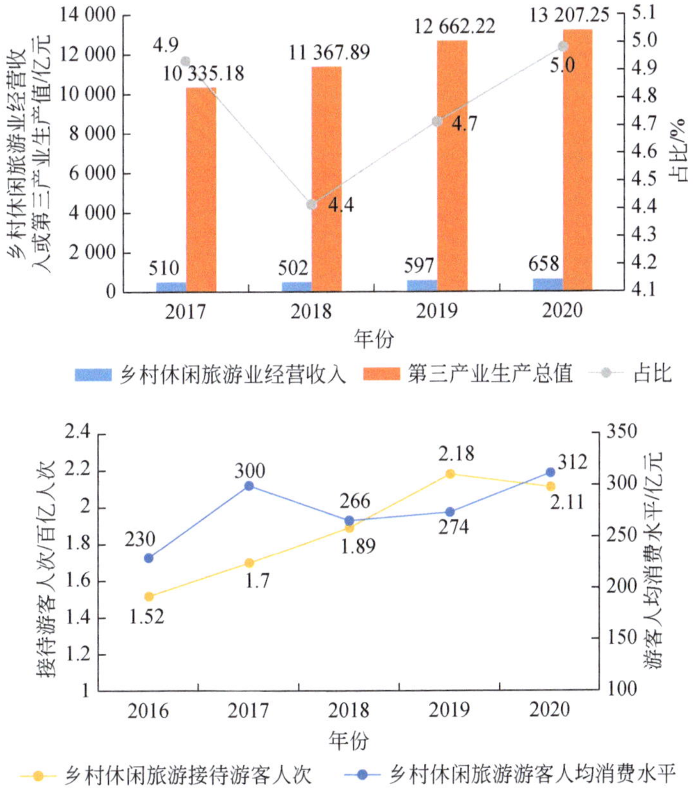

图 2.6　2016～2020 年重庆乡村休闲旅游发展情况

资料来源：《重庆市农业农村委员会关于印发重庆市乡村休闲旅游业“十四五”规划的通知》《中国统计年鉴》

国早在2017年便已经提出了乡村振兴和城乡融合发展战略，但乡村地区目前仍然存在特色价值挖掘不够、内生动力培育不足、乡村发展不充分的问题。

2.2.3 镇村之间缺乏跨区统筹发展

以行政区划为边界，按照单个乡镇或单个乡村独立发展的模式推进镇村发展是我国最普遍的现象。虽然这样便于管理，但由于行政区划的分割，这种“就乡镇论乡镇、就乡村论乡村”的模式往往各自为政，缺乏从大区域角度对镇村发展进行统筹安排[24]，难以形成生产资源的有效整合。同时，“就乡村论乡村”最主要的特点是平均发力，即投入相同的人力、物力与财力，平均地去建设基础设施、产业布局，这样，在经费有限的情况下，往往导致镇村建设品质不高。

1）独立发展导致生产资源难以整合

我国乡镇规模普遍较小，辐射带动能力较弱，空间分布也较为分散。若采取“就城镇论城镇、就乡村论乡村”方式发展，镇域范围内的用地布局、功能结构、产业策划等内容与其他乡镇往往衔接不畅，缺乏统筹，进而导致生产资源难以整合，乡村产业低效发展。例如，重庆永川区朱沱镇和松溉镇是紧邻的两个乡镇，也是港桥工业园区所在的位置，工业园区的发展对周边的镇村具有较强的辐射带动作用。然而，在编制和制定镇村规划时，朱沱镇与松溉镇以各自为单位分别编制，在一定程度上影响了园区的统筹布局（图2.7）。

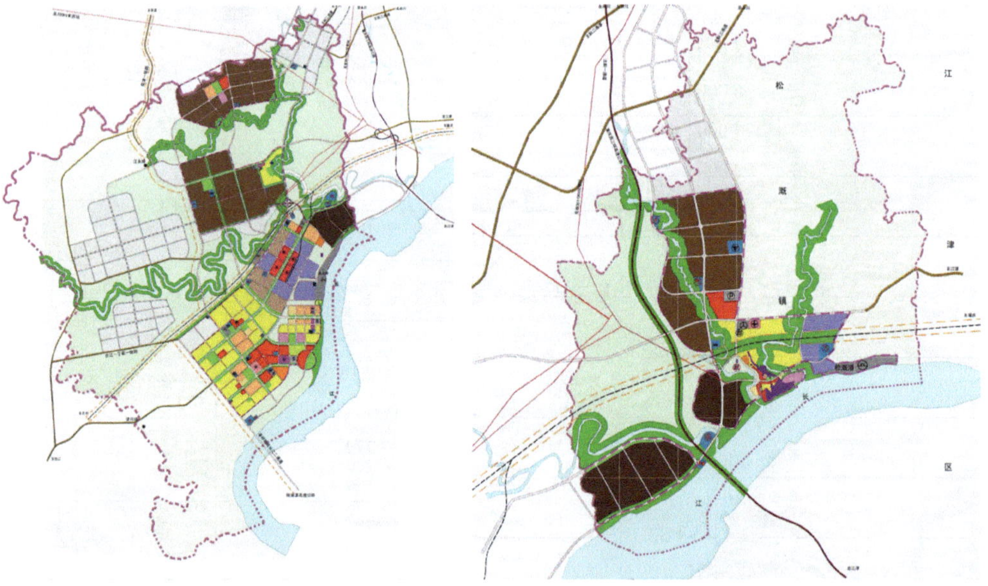

(a)重庆永川区朱沱镇土地利用规划图　　(b)重庆永川区松溉镇土地利用规划图

图2.7 “就乡镇论乡镇”模式导致工业园区发展缺乏统筹

资料来源：《重庆市永川区朱沱镇总体规划（修编）》（2010～2030年）、《重庆市永川区松溉镇总体规划（修编）》（2010～2030年）

2）平均发力带来乡村建设品质不高

平均发力是“就城镇论城镇、就乡村论乡村”的另一个典型特征，即平均地去建设基础设施、产业布局、人居环境等。然而，要对所有的镇村进行建设，势必造成财政资金投入量大却分散，基础设施重复建设且品质不高的问题。这样，虽然在各个镇村之间实现了统一配套，体现了均等性，但将涉农投入多头分散既加重了基层政府的负担，又满足不了日益铺开的乡村基建建设与运营的要求，以致乡村建设项目落地困难[124]。以村庄规划的编制为例，2019 年 1 月，中央农办、农业农村部、自然资源部、发展改革委、财政部出台《关于统筹推进村庄规划工作的意见》，要求推进村庄规划的编制工作。基于此，部分市县提出了限期内村庄规划编制全覆盖的要求。对于财政经费本已紧张的县（区、市），若要覆盖所有的村庄，则只能削减单个村庄规划的编制费用，这样便导致村庄规划的成果质量较低，实用性、针对性不足，对乡村建设的指导低效无用[159]。以重庆市乡村规划编制为例，2006 年，应国家“新农村建设”要求，启动了全市新农村规划工作。2009 年，按照新的地方《村规划编制办法》《村规划技术导则》要求，启动了全市村规划的“全覆盖”编制。2017 年，重庆市出台《重庆市村规划编制审批办法（试行）》，在全市范围内大力推动“两规合一”下的村规划编制工作，又带来了新一轮的规划全覆盖。回顾重庆市乡村规划编制的既有实践，几乎每次都是以单个村开展乡村规划全覆盖的编制工作[160]。这样，便带来了乡村规划编制成果质量参差不齐、千篇一律的问题，对乡村建设的实践指导作用较弱。

2.3　我国县域镇村发展的主要趋势

2.3.1　区域协调发展趋势

针对现行镇村发展存在的对城乡融合的阶段性和差异性认识不足的问题，对于不同发展阶段、不同区位条件的镇村，其城乡融合发展路径不能一概而论。在未来镇村发展的研究中，根据城镇化水平、乡村发展水平、地理区位、产业基础、功能定位、资源禀赋的不同，科学评判区域范围内各个县域的城乡融合发展阶段与类型，分类分区引导县域镇村发展。例如，2019 年广东珠三角、粤东、粤西、粤北地区的城镇化率分别为 86.28%、60.38%、45.81%和 50.80%，社会经济发展水平的空间差异决定了广东地区的城乡融合发展需要因地制宜[80]。2022 年 5 月，中共中央办公厅、国务院办公厅印发的《关于推进以县城为重要载体的城镇化建设的意见》中提出要科学把握功能定位，分类引导县城发展方向，加快发展大城市周边县城、积极培育专业功能县城、合理发展农产品主产区县城、有序发展重点生态功能区县城以及引导人口流失县城转型发展。可见，区域协调发展是未来城乡融合发展的重要趋势之一。

成渝地区地域空间广阔，各区县地形地貌、河流水系等自然条件以及社会经济发展水平存在显著的地区差异。不同区县范围内的镇村所处的经济发展阶段和面对的发展机会不同，呈现出不同的自然属性、经济属性、社会属性、文化属性。例如，成渝地区外围区县的生态保护重要性高于中部区县，农业生产适宜性低于中部区县，位于成都都市圈和重庆都市圈周边区县的城镇建设适宜性较高（图 2.8）。因此，位于都市圈附近城镇化率较高、城乡发展水平较好的发达区县，可以参照大城市，实行城乡一体化发展路径，推动镇村功能互补、设施共享，着力将乡村建设为与城市具有同等生活水平的地区；具有工业基础、交通优势的区县，可以通过培育发展特色农产品加工业，提高就业吸纳能力，提升人口集聚能力，带动乡村发展；渝东南、渝东北城镇化率较低、城乡水平较差、生态约束较大、人口流失严重的欠发达区县，应突出生态保护，通过严控城镇建设用地增量、盘活存量，促进人口和公共服务资源适度集中，有序引导人口向邻近的经济发展优势区域转移。

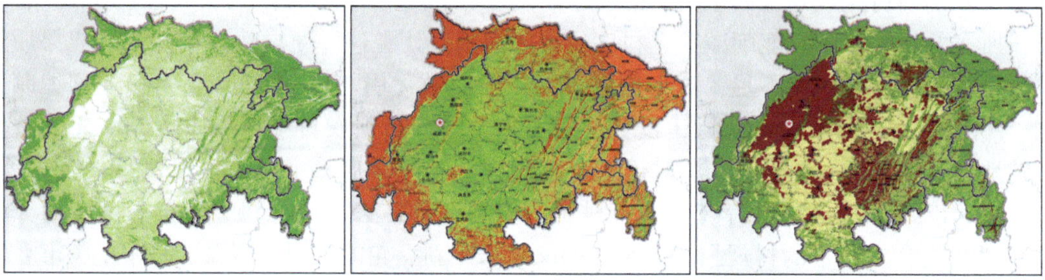

(a)生态保护重要性评价图　　(b)农业生产适宜性评价图　　(c)城镇建设适宜性评价图

图 2.8　成渝地区的生态保护、农业生产、城镇建设空间差异

资料来源：《成渝地区双城经济圈国土空间规划（2021～2035 年）》

2.3.2　分类多元发展趋势

针对乡村发展定位和多元价值理解片面，导致城乡发展不平衡、乡村发展不充分的问题，未来的镇村发展要基于镇村自身的发展条件与特色价值着力探索差异化、多元化的发展路径。由于地形地貌、现状基础和资源禀赋条件等的差异，不同镇村之间的设施水平、主导功能、优势产业等往往存在差异，其面临的城乡发展矛盾和问题也不一样[81,127,161]。2018 年，中央一号文件《中共中央 国务院关于实施乡村振兴战略的意见》中提出："乡村振兴规划建设需要避免一哄而上、'一刀切'，宜根据各地发展的现状和需要分类有序推进乡村振兴"[162]。因此，镇村发展不能理想化，而要从现实出发，综合考虑自身独特的资源条件、发展水平、产业优势等，明确合适的发展类型与发展方向，进而对不同镇村采取"分类指导、精准施策、因地制宜"的差异化、多元化发展模式[12]。

成渝地区地形复杂，即使是同一县域内的不同乡镇，其资源分布情况和镇村发展条件也往往存在较大差异。例如，成都市新津区各乡镇之间的资源分布情况具有明显差异，其中稳定耕地主要集中在兴义镇、宝墩镇、安西镇；建设用地和工业资源主要分布在五津、花源、花桥、普兴四街道和永商镇；森林资源主要集中在永商镇、普兴街道；湿地公园和风景区主要分布在花桥、普兴、五津三街道和永商镇、兴义镇沿河区域。不同乡镇需要按照各自的资源特色推进乡村振兴，即兴义镇、宝墩镇、安西镇以都市农业发展为主导方向，花源、花桥街道以现代服务业带动乡村发展为主导方向，永商镇以文创旅游和现代服务业综合带动乡村发展为主导方向，普兴街道以先进制造业带动乡村发展为主导方向（图 2.9）。又如，成都市郫都区内部乡镇之间的镇村社会经济发展条件和设施建设情况也存在较大的空间差异，镇村之间也需要根据不同的发展水平，采取多元化的模式进行发展（图 2.10）。

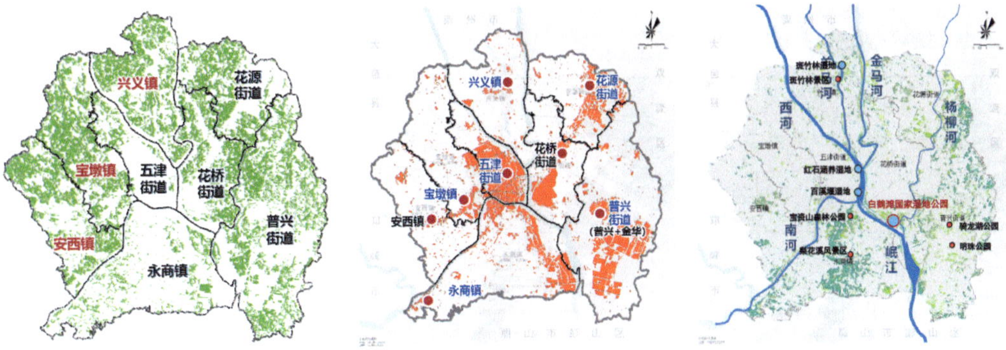

(a)稳定耕地分布示意图 (b)建设用地情况示意图 (c)生态资源分布示意图

图 2.9 成都市新津区稳定耕地、建设用地、生态资源分布示意

资料来源：《成都市新津区城乡融合发展片区划分方案研究》

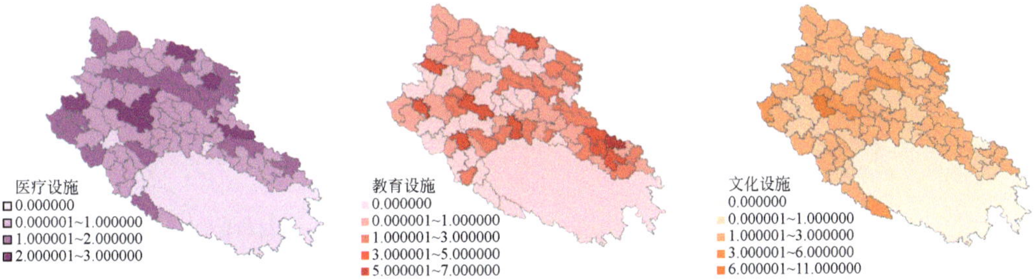

(a)郫都区乡村医疗设施分布图 (b)郫都区乡村教育设施分布图 (c)郫都区乡村文化设施分布图

图 2.10 成都市郫都区乡村发展水平空间差异

资料来源：《郫都区城镇村体系规划研究（2022）》

2.3.3 多镇统筹发展趋势

针对镇村独立发展带来生产资源难以整合和乡村建设品质不高的问题，未来的镇村发展要基于地理区位、功能类型、空间联系等采取多镇统筹的发展模式。在县域范围内的广大城乡地区，存在着大量地理区位相邻、产业功能相似、空间紧密联系的乡镇，这些乡镇具有连片发展的趋势[123]。因此，需要打破行政区划，通过“镇村连片发展”的形式将多镇村联系在一起形成有机统一的整体，实现区域资源高效整合、配套设施统筹调配和生产要素双向流动（图 2.11）：首先，多镇村连片发展可以更经济、系统和高效地引领资源要素集约节约配置，实现经济区与行政区的适度分离，促进乡村振兴与新型城镇化在一个更大的地理范围内整合建设用地、资金投入和公共设施等资源[151]。其次，多镇村连片发展

将功能相近、产业相似的镇村整合起来在县域范围内形成农业型、旅游型、生态型等不同类型的发展组团，有利于根据组团类型统筹布局差异化的生活、生产、旅游设施，避免相邻镇村重复建设公共服务设施带来的浪费资源。另外，多个镇村聚在一起抱团发展可以打破城乡圈层结构[163]，改变“城市虹吸效应”带来的要素从乡村单向流入城市的现状情况，进而形成发展要素在城乡之间的双向自由流动，使镇村在为城市提供生态服务的同时，也能承接城市功能的外溢[25]。

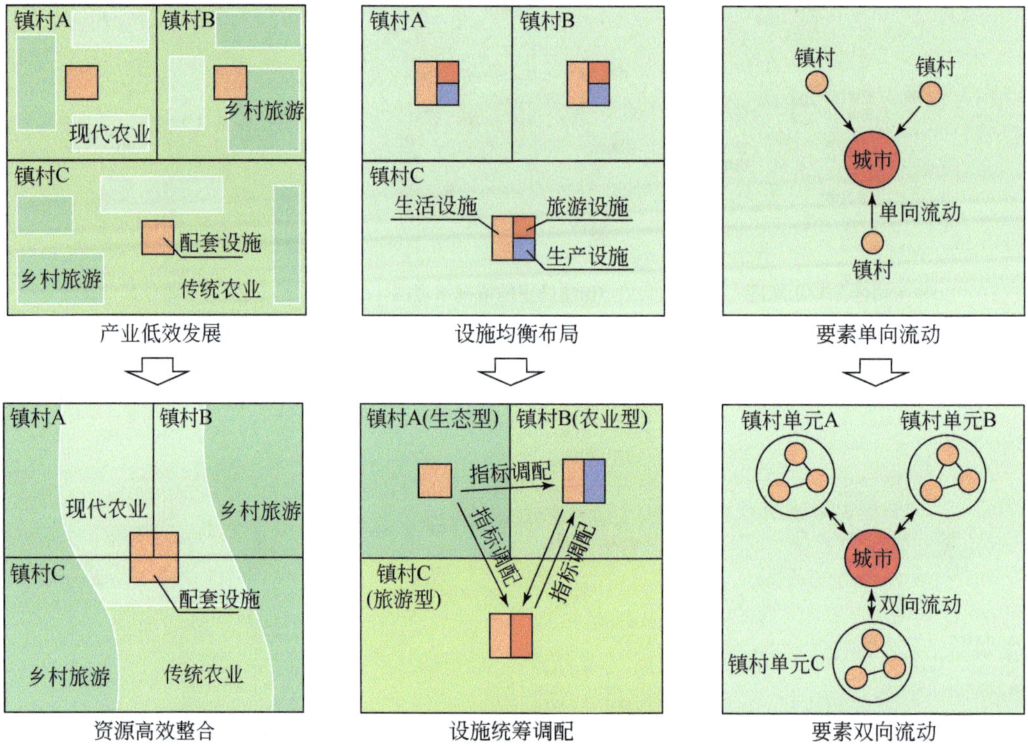

图 2.11　镇村连片发展的趋势示意

近年来，成渝地区开展了一系列城乡融合发展的探索，2018 年成都编制《成都市“乡村振兴”战略空间发展规划》，提出了“5 大区域+5 条乡村振兴走廊+97 个城乡融合发展单元”的全域乡村振兴发展格局，通过“城乡融合发展单元”打破乡镇之间的行政限制，探索多镇协同发展。例如，崇州市将县域范围内的乡镇划分为城区带动发展、都市农业城乡融合发展、现代服务发展和生态康养旅游发展四个片区，成都新建区将县域范围内的乡镇划分为天府牧山数字新城现代服务业、梨花溪文创旅游现代服务业、天府智能制造先进制造业和天府农博都市农业片区四个片区，以“片区”的形式来统筹县域城乡各类资源的配置。单元内部，各镇村则围绕相同的发展目标相互整合，协同发展。例如，成都市崇州市白头都市农业片区围绕“国家级精品粮油复合产业示范基地，成都最具乡韵稻香农旅目的地”的总体发展目标，对片区内的镇村发展路径和发展类型进行细化，将白头镇打造为以农旅服务为主的综合服务核心，将廖家镇打造为农商服务核心，同时，隆兴镇、道明镇和观胜镇分别发展农业加工、农旅产业和农商产业（图 2.12）。值得一提的是，虽然成渝地区近年来已经开展了部分“单元式发展”“连片式发展”的多镇统筹发展探索，但目前尚处于试点阶段，相关理论基础与技术方法尚不成熟。

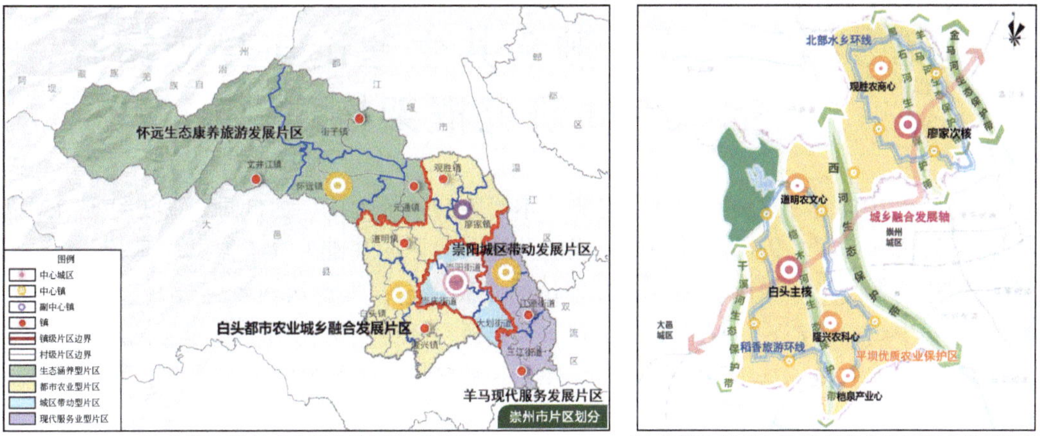

(a)成都崇州市城乡融合发展片区划分　　(b)成都崇州市白头都市农业片区产业发展格局

图 2. 12　崇州市多镇统筹发展探索示意

资料来源：《崇州市白头都市农业城乡融合发展片区规划》

2. 4　本章小结

本章对城乡关系的演化历程进行了梳理，明确了城乡融合发展的基本方向。在此基础上对现行镇村发展存在的问题和未来镇村发展的趋势进行了总结。

新中国成立以来，我国城乡关系经历了城乡二元、城乡竞争、城乡统筹和城乡融合等不同历史阶段。城乡发展的重点逐渐从“重城轻乡”“重工轻农”过渡到党的十九大以后的“工农互促、城乡互补”。在这样的背景下，需要从城乡融合发展的背景去重新审视我国镇村发展面临的新问题与趋势，进而对县域镇村空间格局作出调整与优化。虽然城乡融合发展对我国各地的镇村发展提出了新的要求，但在具体实践过程中，仍然存在对城乡融合认识不足、对乡村发展理解片面、镇村之间缺乏统筹等问题，进而带来了镇村发展模式单一、发展类型同质、城乡发展不平衡、乡村发展不充分、生产资源难以整合和乡村建设品质不高等一系列的弊端。与此同时，在城乡融合发展背景下，镇村发展呈现出区域协调发展、镇村多元发展和多镇统筹发展的趋势。

当前镇村发展存在的问题和未来的发展趋势是本研究的出发点，为后文探索县域镇村空间理论方法、制定镇村发展路径和优化镇村空间格局明确了方向。

第3章 城乡融合共生理论与县域镇村空间格局研究框架构建

面对现行县域镇村发展的问题与趋势，本研究对系统理论、协同理论和共生理论等基础理论进行梳理，在分析比较各理论内涵的共性与差异的基础上，选取共生理论作为本研究框架构建的主要指导理论。借鉴共生理论的发展逻辑，本章从城乡融合共生系统构建、城乡融合共生模式判别、镇村共生单元划定和镇村空间格局优化四个方面尝试建立城乡融合共生理论。进一步，基于城乡融合共生理论，从区域、县域和单元三个尺度构建县域镇村空间格局的研究框架，为后续各章内容的开展提供理论指导。

3.1 城乡融合发展的相关理论

城乡融合是指打破城乡二元结构，将城镇与乡村作为一个整体，实现两者之间相互协调、共同发展。因此，应该采取强调整体性、综合性和协同性的思维方式来看待城乡融合发展过程中的复杂系统问题。本研究通过对系统理论、协同理论和共生理论等基础理论的内涵进行分析（表3.1），比较不同理论之间的共性与差异，进而选择出最适合城乡融合发展的基础理论，为后文的理论构建和研究框架建立提供借鉴。

表3.1 城乡融合发展的相关理论及其核心思想

理论名称	理论的提出	核心思想
系统理论	1952年由美籍奥地利生物学家路德维希·冯·贝塔朗菲提出	系统是由若干要素以一定结构形式连接构成的有机整体，系统中存在要素与要素、要素与系统以及系统与环境三种基本关系，系统具有“整体功能大于部分之和”的特性
协同理论	1975年由德国理论物理学家赫尔曼·哈肯提出	将一切研究对象看成由不同子系统构成的系统，子系统之间的协同可以形成优于各部分运动之和的整体宏观运动形式，从而发挥“1+1>2”的协同效应
共生理论	1879年由德国真菌学家安东·德贝里提出	不同种属的共生体在一定的环境中按照某种共生关系生活在一起，相互补充、相互促进，从而发挥“1+1>2”的共生效应

3.1.1 系统理论

1952年，美籍奥地利生物学家路德维希·冯·贝塔朗菲（L. V. Bertalanffy）提出“抗体系统论”，标志着系统理论的正式诞生。1973年，他又提出一般系统论原理，将系统定义为“处在一定联系中与环境发生关系的各组成部分的整体”，强调任何系统都是一个有机的整体，它不是各个部分的简单相加或机械组合。系统中的各个要素通过相互作用，促进或阻碍系统的发展，系统的整体功能是各要素在孤立状态下所没有的性质。可以看出，系统理论具有以下几个方面的特点[146,164]：①整体观是系统论的核心思想，即强调“整体功能大于部分之和”；②系统论中除了系统以外，存在要素、结构和功能三个基本概念；③系统的存在必须依赖于特定的环境。因此，在系统中存在三种基本关系，即要素与要素、要素与系统以及系统与环境间的关系。

从系统论的视角来看，城市（镇）、乡村这两类异质地域通过各种关系密切相联，与其周边环境共同组成城乡地域系统。在这个系统中，城乡发展要素在城与城之间、乡村与乡村之间、城乡之间以及城乡与环境之间通过各种关系形成不同的结构，显示出不同的功能，进而推动城乡融合发展。例如，刘彦随等提出区域系统是由乡村系统和城镇系统两大子系统构成，它们相互融合、交互叠加，形成一个独特的城乡融合系统[109,165]，城乡融合系统是全新认识和理解现代城乡关系的理论依据[6]。袁莉[166]提出城乡融合系统是城镇与乡村两个子系统及其组成要素相互作用、共同进化形成的统一体，城乡融合发展是城镇与乡村作为一个整体的优化，并指出城乡融合系统具有共生性、开放性、非线性、主体适应性和自组织性等特征。段锴丰等[167]从系统论的视角出发，指出城乡融合系统本质上是区域内包含城市与乡村两种子结构的人地关系地域系统，提出“要素-功能-结构”的城乡融合系统机制模型。许洁和秦海田[168]在系统论的基础上提出了城乡空间超系统的概念，认为城乡空间超系统不是单纯地超越城市、农村，而是城市和乡村通过竞争、合作获得超越城乡单系统的更高层次可持续发展的系统（表 3.2）。

表 3.2　系统理论在城乡融合发展中的应用

分类	系统理论的应用研究
刘彦随等	城镇与乡村两个子系统相互融合、交互叠加，形成城乡融合系统
袁莉	城乡融合系统是城镇与乡村两个子系统及其组成要素相互作用、共同进化形成的统一体，城乡融合发展是城镇与乡村作为一个整体的优化
段锴丰、施建刚、吴光东等	从系统论的视角出发，提出“要素-功能-结构”的城乡融合系统机制模型
许洁、秦海田	在系统论的基础上提出了城乡空间超系统的概念，将其作为城乡空间融合发展的主要载体

资料来源：作者根据相关文献［109，165-168］整理。

3.1.2　协同理论

协同理论是德国物理学家赫尔曼·哈肯（Harmann Haken）于 1977 年提出的，该理论是以系统论、控制论、信息论等为基础，解决了驱使有序结构形成的自组织理论的问题，使得协同学正式发展为一门新兴学科[169]。协同理论是系统理论的深化和发展，该理论在系统论的基础上，重点对系统中各平衡与开放的子系统如何合作进行研究，以形成宏观的空间结构、功能结构或时间结构。同时，协同论提出系统内各子系统间的相互协同能够产生比单个子系统运动之和更优的整体宏观运动形式，即在系统层级产生微观个体层级所不具备的新质结构和特征，进而起到“1+1>2”的协同效应。有学者认为，协同理论的主要内容是研究为实现系统总体演进的目标，各子系统或各元素之间相互协作、相互配合、相互促进而形成的一种协同作用，这种协同作用也就是系统的自组织能力，即系统借此使自己发展为一个统一的整体并向更为完善的形式进化[170,171]。因此，协同理论的主要观点有：①协同以实现系统总体的演进目标为目的，没有系统总体研究的目标，就无需各子系统之间的相互协作；②协同需要全面掌握、科学划分总体系统中的子系统或子事务，形成多层次、多方面协同体系；③协同是以各子系统之间的关系为条件的，如果没有认识各子系统之间的关系，就无法组织协调或构成一个整体；④协同是正确处理各子系统间、各项工作间存在的各种关系，这种关系表现为数量规模相互适应、发展速度相互配合、工作进度相互促进等。

从协同论的视角来看，城乡作为一个高度复杂的自组织系统，城与乡之间存在着众多功能之间的动态联系[172]。城乡融合发展需要处理好这些高度复杂的多系统协同关系，充分发挥“城”和“乡”这两个子系统各自的优势，通过二者优势资源的流动和互补，推动实现“城”和“乡”各自的繁荣和整个社会的和谐发展[173,174]。例如，罗彦等[151]按照协同理论的指导，将城乡作为一个协同整体，从城乡用地协同、城乡空间管制协同、城乡居住点体系协同、城乡产业协同及设施协同等五个方面构建了城乡统筹的协同规划模型，尝试推进城乡统筹规划的系统发展。祝春敏等[175]将协同理论的理念运用到我国当前的规划协调中，对协同规划的内涵进行了研究，在此基础上从思想层面、技术方法层面和实施层面等三个方面构建了协同规划的理论体系。杨忍等[176]参考城乡协同发展的理念内涵，从城乡系统要素非农转型的视角探索了城乡关系转型过程中人口、土地、产业转型的空间耦合协同机制。耿健等[177]基于“协同配置”的理念，从“类型协同”和“区域协同”两个方面对镇村公共服务设施的布局提出了改进建议（表3.3）。

表3.3　协同理论在城乡融合发展中的应用

分类	协同理论的应用研究
罗彦、杜枫、邱凯付	将城乡作为一个协同整体，从城乡用地协同、城乡空间管制协同、城乡居住点体系协同、城乡产业协同及设施协同等五个方面构建了城乡统筹的协同规划模型
祝春敏、张衔春、单卓然等	以协同论为理论基础，从思想层面、技术方法层面和实施层面等三个方面构建了协同规划的理论体系，通过建立规划协同平台，使得规划过程不断实现协调、优化与整合
杨忍、刘彦随、龙花楼	从城乡系统要素非农转型的视角探索了城乡关系转型过程中人口、土地、产业转型的空间耦合协同机制
耿健、张兵、王宏远	基于“协同配置”的理念，从“类型协同”和“区域协同”两个方面对镇村公共服务设施的布局提出了改进建议

资料来源：作者根据相关文献整理。

3.1.3　共生理论

“共生理论”起源于生物学的群落共生的概念并随之发展而来，1879年，德国真菌学家德贝里首次提出“共生”的概念，他指出共生的本质就是不同生物密切生活在一起[178]。之后，随着生物学家对“共生”认识不断深化，共生概念得到了进一步拓展。植物学家斯科特在《植物共生学》一书中提出共生是“两个或多个生物，在生理上相互依存程度达到平衡的状态”[179]。美国微生物学家马古利斯从细胞共生学说的视角[180]，提出“共生是不同生物种类在不同生活周期中重要组合部分的联合”[181]。此外，道格拉斯对共生的内在本质进行了阐释，认为“共生体本质上是生物体从其共生伙伴处获得一种新的代谢能力，从而逐渐与其他生物走向联合，共同适应复杂多变的环境，并各自获取一定利益的生物间的相互关系”[182]。可以看出，早期生物学中的“共生”概念意指不同种属的生物体在长期进化的过程中，逐渐与其他生物体联合，并在一定的共生环境中按照某种形式共同生活形成的共生联系。20 世纪中期以后，共生思想开始受到其他学科的关注，共生理论逐渐应用于生态学[183,184]、社会学[185,186]、经济学[187]等领域，提出了“城市共生论”“社会共生论”等概念，用于研究复杂系统内各个子系统之间的竞合关系，并取得了开创性的成果。共生理论的主要观点有：①强调共生不是自身性质的丧失，而是继承与保留，共生虽然存在竞争，共生系统内部通过竞争获得合作发展，在不同种群之间建立相互补充、相互促进的共生关系；②将共生系统中具有共生联系的生物体整合在一起形成共生单元促进共同发展；③共生单元可以通过优化共生环境和共生界面来实现共生发展。

21 世纪，共生理论开始在城乡规划学领域进行应用，相关学者主要借鉴其多系统共生发展的理念开展区域统筹与城乡融合等相关命题的研究（表 3.4）。日本建筑和城市规划学者黑川纪章[188]提出 21 世纪的世界新秩序是“共生的秩序”，共生思想不只是包括艺术、文化、经济等领域，共生概念还涉及人与自然的共生、城市与乡村的共生、开发与保护的共生等，他提出了一种基于“生命原理”的“共生城市”的设计方法[189]。曲亮和郝云宏[190]将城市与乡村视为两个具有复杂相关关系的生物种群，通过分析二者的共生单元、共生模式、共生环境和共生界面，提出了城乡统筹的运作机理及可行对策，同时，他还提出共生单元的特征包括共生度、关联度和共生密度等。陈绍愿等[191]运用共生理论对城市群的共生发展进行了探讨，重点对城市共生的发生条件、行为模式和基本效应进行了阐述。赵英丽[192]将共生理论作为城乡统筹发展的理论基础，认为城乡本互为共生单元，并从共生单元、共生关系、共生环境和共生界面四个方面剖析了共生理论与城乡统筹之间的关系。刘荣增[193]对东中西部区域协调发展的共生单元、共生模式和共生机制进行了剖析，并从共生理论的视角，研究了城乡统筹发展的评价体系与发展策略[194,195]。朱俊成[196]认为共生普遍存在于区域协调和可持续发展的进程之中，是解决区域发展问题，实现区域共赢和效益最大化的有效“竞争-合作”方式，区域共生根据模式的不同可以分为纵向嵌套共生、横向关联共生和纵横交错共生等。段德罡和张志敏[23]借鉴共生理论，对城乡一体化空间的共生发展特征进行了分析，以此为基础提出了组合单元模式、城乡互动区模式和空间转移模式等三类城乡一体化空间发展模式，分别适用于欠发达地区、专业化发展地区和生态敏感地区。赵曼丽[197]借鉴共生理论，对县域农村公共服务的共生关系、共生模式、共生界面等内容进行了剖析，在此基础上提出了县域农村公共服务协同供给的发展策略。

表 3.4　共生理论在城乡融合发展中的应用情况

相关学者	共生理论的应用研究
黑川纪章	提出了一种基于“生命原理”的“共生城市”规划设计方法
曲亮、郝云宏	分析了城乡共生单元、共生模式、共生环境和共生界面，提出了城乡统筹的运作机理及可行对策
陈绍愿、张虹鸥、林建平等	阐述了城市共生的发生条件、行为模式和基本效应
赵英丽	从共生单元、共生关系、共生环境和共生界面四个方面剖析了共生理论与城乡统筹之间的关系
刘荣增	对区域协调发展的共生单元、共生模式和共生机制进行了剖析，建立了基于共生理论的城乡统筹发展评价体系
朱俊成	区域共生根据模式的不同可以分为纵向嵌套共生、横向关联共生和纵横交错共生等
段德罡、张志敏	将城乡空间共生发展模式分为组合单元模式、城乡互动区模式和空间转移模式三类
赵曼丽	构建了“共生关系判定-共生度分析-共生模式分析-共生界面分析-共生关系进化原理指导”的共生分析框架

资料来源：作者根据相关文献［23，188-197］整理。

3.1.4　系统理论、协同理论和共生理论的对比分析

从系统理论、协同理论和共生理论的理论内涵来看，上述三个理论的贡献既具有共性之处，也存在差异。从共性来看，它们均强调把研究对象视为一个有机的“系统”，强调“整体功能大于部分之和”的基本特点，即“1+1>2”的系统效应。从差异来看，系统理论的贡献在于提供了一种从系统的角度去认识事物的方法，并提出了系统的概念；协同理论的贡献在于对系统理论进行了细化和拓展，进一步提出了系统内部各子系统之间的协同要求和协同机制；共生理论的贡献在于针对共生系统提出了以“共生单元”为载体促进系统整体发展的形式，并从共生关系、共生单元、共生环境和共生界面等多个方面明确了系统发展的核心要素。对于城乡融合发展而言，上述三个理论的系统发展观均要求将“城镇”与“乡村”作为有机统一的整体进行发展，通过促进城乡协调、合作与竞争，优化城乡之间的关系，进而实现城乡整体的融合发展。不同的是，系统理论和协同理论虽然强调了城镇与乡村之间的系统融合发展关系，但相关理论指导内容还停留在概念层面和原则层面，对城乡融合发展的中微观实操环节的内容指导性不足。而共生理论在建立共生系统的基础上，进一步明确了共生模式、共生关系、共生单元、共生环境等多个方面的共生发展要素，可以对城乡融合发展能起到更为详细、具体的指导作用（图 3.1）。

另外，依据共生理论，除了“城镇”与“乡村”需要作为整体进行发展外，县域范围内相邻的多个乡镇之间需要以“单元”的形式进行共同发展。这与我国和地方政府明确提出“各地可因地制宜，以几个乡镇为单元编制乡镇级国土空间规划”“各地要以县域为单位，全域覆盖划分乡镇级片区”等要求不谋而合。共生理论中共生关系、共生单元、共生环境以及共生界面形成和运行的过程，正是未来城乡融合发展需要在县域范围内划定若

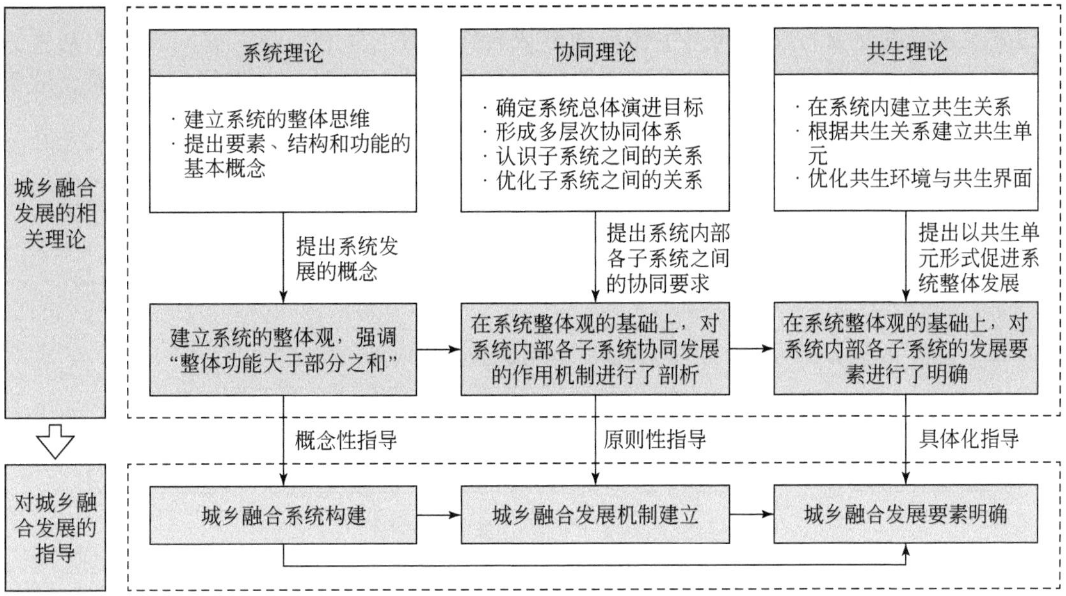

图 3.1　系统理论、协同理论和共生理论对城乡融合发展的指导比较

干个乡镇级单元，以单元为载体统筹考虑城乡发展问题的方向[190,198]。这恰恰说明共生理论作为一种经典理论工具，相较于系统理论和协同理论，可以更好地顺应我国未来县域范围内需要以多镇连片的方式推进城乡融合发展的趋势，解释其中的过程规律与发展机制，对城乡融合发展具有更好的适用性。

3.2　共生理论用于指导城乡融合发展的适用性分析

基于上述情况，本研究选取共生理论作为城乡融合发展的主要基础理论，试图为城乡融合发展的研究提供一套科学的理论分析范式。接下来，本研究从发展目标、发展过程和发展形式三个方面详细论证共生理论用于城乡融合发展的适用性。

3.2.1　发展目标一致："对称互惠共生"与"城乡全面融合"

2019 年 4 月，《中共中央　国务院关于建立健全城乡融合发展体制机制和政策体系的意见》提出要“促进城乡要素自由流动、平等交换和公共资源合理配置，加快形成工农互促、城乡互补、全面融合、共同繁荣的新型工农城乡关系”。2019 年 12 月，《国家城乡融合发展试验区改革方案》提出要“以缩小城乡发展差距和居民生活水平差距为目标，以协调推进乡村振兴战略和新型城镇化战略为抓手，以促进城乡生产要素双向自由流动和公共资源合理配置为关键，突出以工促农、以城带乡”。

可以看出，城乡融合发展的目标是打破城乡空间界限，把城镇和乡村看作一个有机统一的城乡融合系统，通过统筹城乡空间布局，促进城乡要素流动，实现“工农互促、城乡互补、全面融合、共同繁荣”的新型城乡融合关系[87]。而这一发展目标和共生理论强调通过共生系统的建立，在不同共生体之间形成合作互补、互利互惠、共同发展的共生关系，进而实现“对称互惠共生”的目标是一脉相承的[199]。因此，从发展目标来看，共生理论对城乡融合发展的研究具有较高的契合度和适用性（图 3.2）。

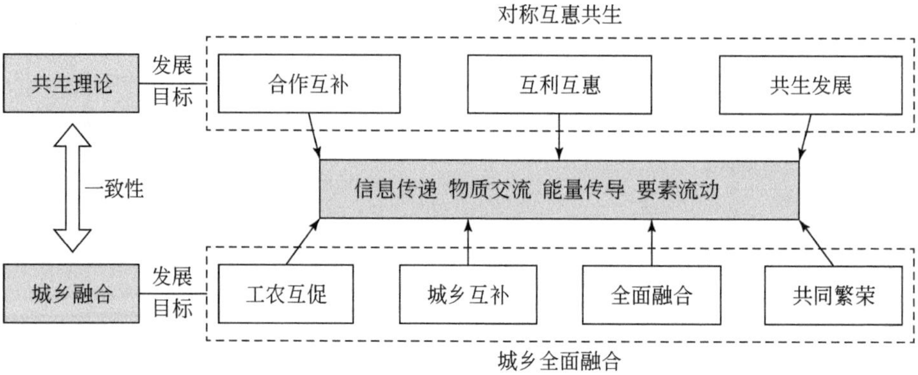

图 3.2　共生理论与城乡融合在发展目标方面的一致性分析

3.2.2　发展过程一致：“从病态到常态”与“从二元到融合”

我国城乡关系总体上经历了从新中国成立后的城乡二元到改革开放后城乡竞争，再到城乡统筹、城乡融合的过程[82,140]，在此过程中，镇村空间呈现出“小城小村—大城小村—中心外围—多中心网络”的过程特征[98,200]：①1949 年新中国成立以后我国城乡发展的重点是由落后的农业国转变成先进的社会主义工业国，城乡之间按照“以农促工”“农村支持城市”的方式形成了“城乡二元”的关系。此时的城乡要素按计划从乡村流入城市，这一时期的城乡建设发展缓慢，乡村居民点呈均质、点状分布，镇村空间呈现出“小城小村”的特征。②1978 年改革开放以后，我国实行户籍制度改革并逐步建立社会主义市场经济体制，城乡关系由单纯注重城市发展开始过渡为兼顾城乡的发展模式，但城市仍是发展的重点，在“重城轻乡”的方式下，城乡要素由乡村快速流向城市，我国城乡关系呈现出“城乡竞争”的两极分化状态。这一时期的乡村居民点建设仍然十分缓慢，规模较小，空间结构松散，镇村空间呈现出“大城小村”的特征[201]。③2002 年以后，为了应对乡村发展落后的问题，我国提出“统筹城乡发展”与“城乡一体化”的要求，通过免除农业税、社会主义新农村建设、新型城镇化建设等逐步实行“以工补农”的政策，此时的城乡关系为“城乡统筹”时期，城乡要素开始由城市流向乡村。这一时期的乡村得到了较好的发展，乡村数量众多，满天星式分散在城市周围，镇村空间逐步形成“中心外围”的特征[150]。④2017 年党的十九大以后，我国提出乡村振兴战略，系列政策不断出台以保证农业农村优先发展，促使我国城乡关系逐步走向“城乡融合”，此时的城乡要素强调双向自由流动。这一时期的乡村地区进一步受到国家层面的重视，乡村逐渐成为城乡建设的重点，城镇与乡村之间的联系加强，城乡二元结构逐渐被打破，镇村空间逐步形成“多中心网络”的特征。

可以看出，我国城乡关系从“城乡二元、城乡竞争、城乡统筹”转变为“城乡融合”的过程中，镇村空间经历了“小城小村、大城小村、中心外围”转变为“多中心网络”发展过程。这犹如共生理论的共生模式从“寄生关系、偏利共生关系、非对称互惠共生关系”进化为“对称互惠的共生关系”的过程中，共生发展呈现出“双边单向、双边双向、多边多向非同步”转变为“多边多向同步”的特征。因此，共生理论“从病态（偏态）到常态”的发展过程与城乡融合发展“从二元到融合”的发展过程的逻辑相似，两者之间存在一致性（图 3.3）。

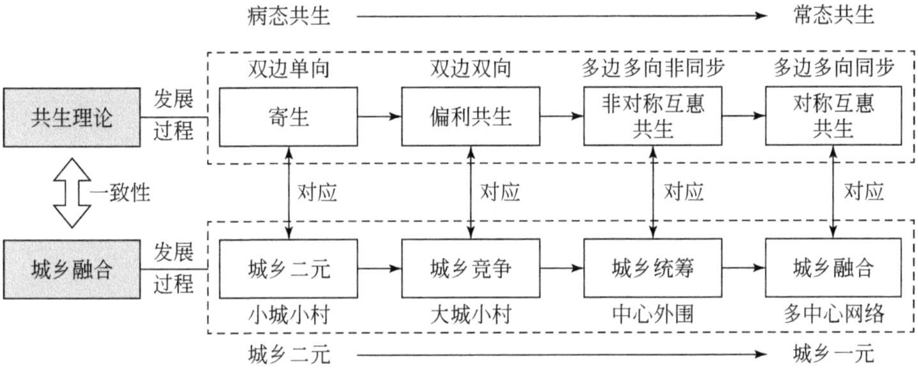

图 3.3　共生理论与城乡融合在发展过程方面的一致性分析

3.2.3　发展形式一致：“共生单元”与“镇村单元”

2020 年 12 月，中央农村工作会议中提出“要把县域作为城乡融合发展的重要切入点，赋予县级更多资源整合使用的自主权，强化县城综合服务能力”。2021 年 2 月，中央一号文件《中共中央 国务院关于全面推进乡村振兴加快农业农村现代化的意见》中强调加快县域内城乡融合，提出“把县域作为城乡融合发展的重要切入点……统筹县域产业、基础设施、公共服务、基本农田、生态保护、城镇开发、村落分布等空间布局”。2020 年 9 月，自然资源部发布《市级国土空间总体规划编制指南（试行）》，明确“城镇密集地区的城市要提出跨行政区域的都市圈、城镇圈协调发展的规划内容”。同时，地方层面也提出了与城镇圈相似的城乡融合发展概念，2022 年 4 月，成都市规划和自然资源局印发《成都市城乡融合发展片区建设项目规划管理技术规定及导则（试行）》中提出“城乡融合发展片区是由多个乡镇（街道）组成的地理区域，包括乡村和镇区”，并将城乡融合发展片区作为开展乡村国土空间规划编制的基础单元，以及进行生态保护、统筹资源要素、实施规划管理的基本单位。不难发现，自 2017 年党的十九大提出建立健全城乡融合发展体制机制以来，我国不断探索城乡融合发展的有效形式，经过一系列政策的不断细化与落实，县域镇村发展的要求逐渐明晰：一是明确了以县域为切入点推进城乡融合发展的总体要求；二是提出了以城镇圈、城乡融合发展片区等形式统筹多镇村协同发展的基本模式。

可以看出，未来的城乡融合发展鼓励在县域范围内打破乡镇行政区划限制，将各镇村单体在一定地域范围内相互组合形成镇村单元，实现抱团发展。这样，便形成了以县域“镇村单元”为载体的镇村发展模式。这一模式正好与共生理念强调将多个共生体组合形成共生单元的发展模式相契合。县域类似于共生理论的共生系统，镇村单元类似于共生理论的共生单元，镇村单体则类似于共生理论的共生体（图 3.4）。

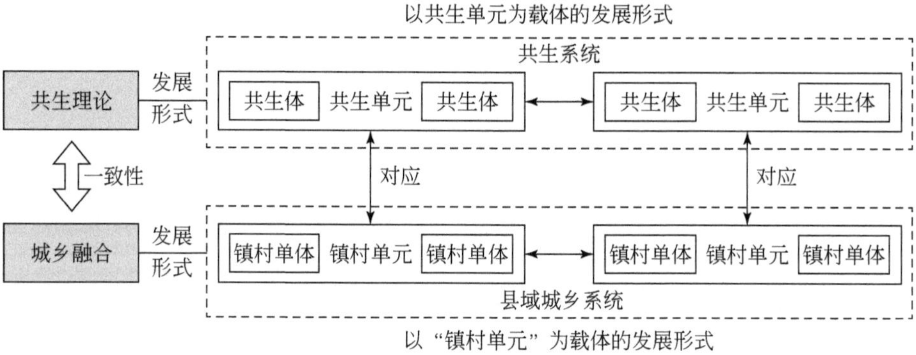

图 3.4　共生理论与城乡融合在发展形式方面的一致性分析

3.3　共生理论内涵解析及其对城乡融合发展的启示

由于共生理论对城乡融合发展具有较强的适用性，本节进一步对共生理论的内涵进行解析，试图通过对共生理论发展逻辑的提炼，将其运用到城乡融合发展的研究中，为后文构建城乡融合共生理论和县域镇村空间格局的研究框架提供借鉴。

3.3.1　共生系统的构成要素

共生理论强调不同生物密切生活在一起，相互依存形成共同发展的共生系统。共生系统是指面对复杂多变的环境，按照共生发展的理念，摒弃原来单个生物体独立发展的模式，重新按照某种特定的形式将多个不同种类的生物体组合在一起，相互之间建立合作、依赖、竞争的共生关系，进而在一定地域范围内形成多个共生单元并存的空间系统。

共生模式、共生关系、共生单元、共生环境和共生界面是构成共生系统的五大要素。其中，共生模式是共生系统的总体特征，也是共生系统区别于其他共生系统的重要依据；共生关系是关键；共生单元是基础；共生环境是重要的发展条件；共生界面是共生关系、共生单元、共生环境相互作用的媒介、通道或载体。

1）共生模式

依据共生理论，具有共同发展目标的生物体之间共同生活、发展，便会在一定环境中形成若干个可以相互合作、相互依赖、相互竞争的生物联合体，这些联合体组合在一起便形成了共生系统。从共生体之间的获利情况来看，共生系统存在寄生、偏利共生、非对称互惠共生、对称互惠共生四种类型的共生模式。其中，寄生、偏利共生是共生系统发展的早期模式，获利者往往只有一方。互惠共生是共生系统发展的后期模式，共生双方均可获利，同时，根据获利的对等与否，又可以区分为非对称互惠共生和对称互惠共生（图 3.5）。

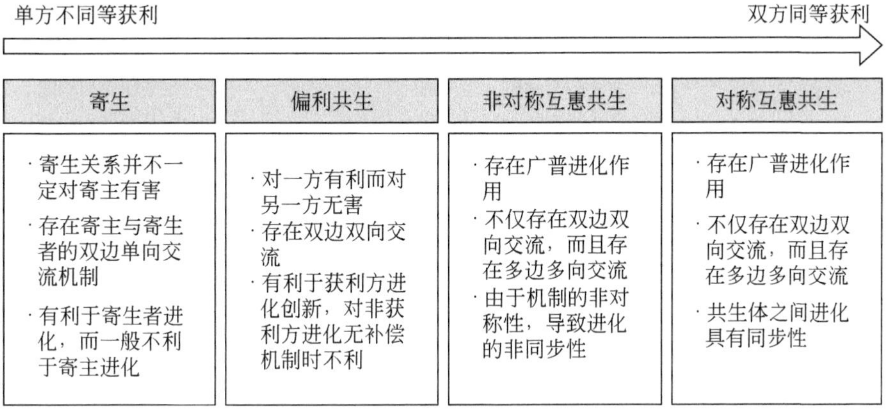

图 3.5　共生系统的共生模式分类

资料来源：根据参考文献[193]改绘

2）共生关系

共生关系是共生体在一定的环境中产生和发展的相互作用方式、强度以及能量交换情况。共生关系的形成由共生体的自身属性以及相互之间的共生强度决定，每一个共生体都具有外部属性和内部属性的双重属性特征，外部属性的衡量参数是象参量，内部属性的衡量参数是质参量。共生体之间要形成共生关系，首先需要质参量兼容，即不同的共生体之间至少有一组质参量能够相互表达。另外，共生体之间共生关系的紧密程度用共生度来表示，只有共生度超过一定的临界值，共生体才会在共生关系的作用下形成共生单元。

3）共生单元

共生单元由多个共生体按照一定的共生关系组合而成。共生单元根据共生体间共生关系的不同，其空间组织模式可以分为点共生、间歇共生、连续共生和一体化共生四种（图 3.6）。另外，共生单元内共生体数量的多少用共生密度表示，一般而言，即使共生单元具备所有的共生条件，单元内共生体的数量也不会无限增加，因为密度增加在带来共生能量的同时也会伴随损耗，因此共生密度一般会存在于一个均衡的状态。

4）共生环境

共生环境是共生体所处的生活、生存的外部环境，由共生体以外的所有因素构成。一般而言，共生环境对共生体的作用是通过促进或阻碍物质、能量、信息的流动来实现的，按照所起到的积极或消极作用，共生环境可以分为正向环境、中性环境和反向环境，反过来，共生体的存在对整个环境的影响也表现出正向作用、中性作用与反向作用三种类型[202]（表 3.5）。另外，共生环境除了对共生体产生直接的影响外，还对共生关系和共生单元的形成起到促进或抑制作用，如良好的共生环境有利于不同共生体之间相互交流、表达，产生紧密联系的共生关系，进而促进共生体相互合作，靠在一起形成共同发展的共生单元。

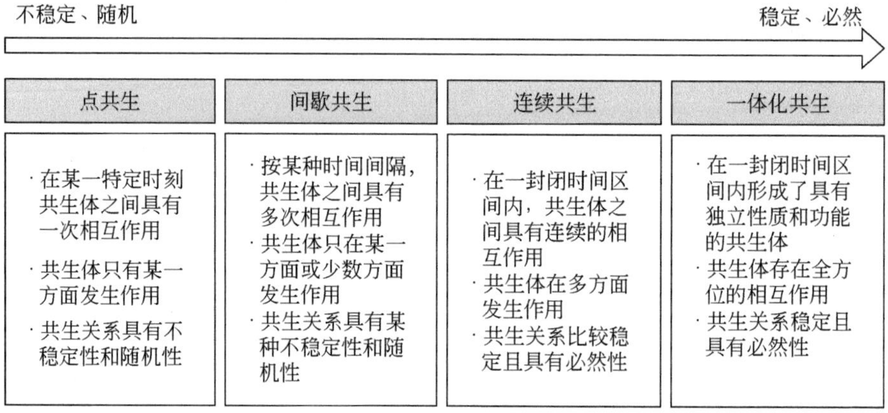

图 3.6　共生单元的空间模式分类

资料来源：根据参考文献[193]改绘

表 3.5　共生环境与共生体的相互作用

环境	共生体		
	正向	中性	反向
正向	双向激励	环境激励	共生反抗环境激励
中性	共生激励	激励中性	共生反抗
反向	环境反抗共生激励	环境反抗	双向反抗

资料来源：参考文献[202-203]。

5）共生界面

共生界面是共生体间进行物质、信息交流的媒介、通道、载体或平台[197]。根据共生体之间接触的方式不同，共生界面可以分为有介质和无介质两种，即有形界面和无形界面。对于有形界面而言，共生介质一般不是单一的，它往往是由一组共生介质共同组成，不同介质具有不同的媒介功能。无论是有形界面还是无形界面，共生界面都会影响共生系统内部的物质、信息和能量的传导[190]，只有当共生界面顺畅有序，才能有效推动共生关系良性发展，形成稳定的共生系统。

3.3.2　共生理论的分析方法

从共生理论的发展目标来看，共生理论强调以共生的视角来看待发展的问题，通过在共生体之间建立共生关系，形成共生单元，构建共生系统，进而实现共生效应。因此，共生理论分析的核心问题应该包括以下两个方面：第一，根据共生体的属性特征判别共生系统的发展模式，按照发展模式明确共生发展的主要方向。第二，分析共生系统内哪些共生体之间可以相互表达，形成共生关系。同时，判别共生关系的强弱程度，明确哪些共生体可以形成共生单元。因此，对应共生模式、共生单元两项核心内容，共生理论的分析方法主要包括象参量与质参量分析方法、质参量兼容分析方法与共生度分析方法等。

1）共生模式分析：象参量与质参量分析方法

象参量与质参量分析是判别共生系统模式的主要方法，象参量与质参量是反映共生体属性的两个核心参数，分别描述了共生体的外部属性和内部属性，共同决定着共生系统的行为模式。由于共生体在长期的进化过程中受到不同外部因素和内部因素的双重作用，呈现出来的象参量和质参量各不一样。因此，对于共生系统的模式，可以通过外部的象参量和内部的质参量分析得到。该方法可以为后文从内、外动力系统开展城乡融合共生模式的判别提供借鉴。

2）共生单元分析：质参量兼容分析方法与共生度分析方法

质参量兼容分析是判断共生体之间能否形成共生关系的主要方法之一，只有质参量兼容的共生体之间才有共生需求，才会形成共生关系。对于共生体而言，质参量往往不是唯一的，而是存在一组质参量，其中，在质参量中起主导作用的被称为主质参量。根据袁纯清的研究，假设共生体的主质参量为 Z，则 AB 两个共生体的质参量关系可以用（Z_i，Z_j）来表示，质参量兼容的方式用 $Z_i=f(Z_j)$ 来表示[204]。因此，要分析共生体之间是否可以形成共生关系，首先需要对共生体开展质参量兼容的分析。该方法可以为后文将相同主导功能的乡镇划分为同一个镇村共生单元提供借鉴。

共生度分析是判断共生体之间能否形成共生关系的另一个方法，共生度是识别共生体之间共生关系的主要指标，反映了两个共生体相互影响、相互联系的程度[202]。共生理论认为，在质参量兼容的基础上，共生体会优先选择能力强、匹配性好的候选共生体作为共生对象[190]，鉴于此，当共生体之间的共生度越高，共生关系越持久，共生单元越容易生成，共生度越低，共生关系越难持久且不稳固，共生单元不易生成。因此，要弄清哪些共生体可以形成共生单元，还需要在质参量兼容分析的基础上开展共生度分析。该方法可以为后文将空间联系紧密的乡镇划定为同一个镇村共生单元提供借鉴。

3.3.3 共生理论的发展逻辑及其对城乡融合发展的启示

基于前文对共生理论核心要素与分析方法的研究不难发现，共生理论存在一套基本的发展逻辑：首先，按照系统的发展思维，将共生模式、共生关系、共生单元、共生环境以及共生界面等要素联系在一起，建立共生系统；其次，对系统内部的研究内容进行设计，根据共生系统内部共生体之间的共生特征差异判别共生系统的共生模式类型，共生模式的差异将影响共生关系和共生单元的形成；再次，以共生的形式将有条件的共生体视为一个有机统一的整体，通过共生关系的识别建立共生单元，以单元的形式推动共生体之间的共生发展；最后，在共生单元建立以后，对单元内部的共生空间进行提升，通过共生环境的改善和共生界面的优化，为共生发展提供理想的条件。可见，共生理论的发展逻辑可以从“共生系统构建–共生模式判别–共生单元划定–共生空间优化”四个部分来进行分析（图3.7），为开展城乡融合发展研究提供了一套理论分析的研究框架范式。

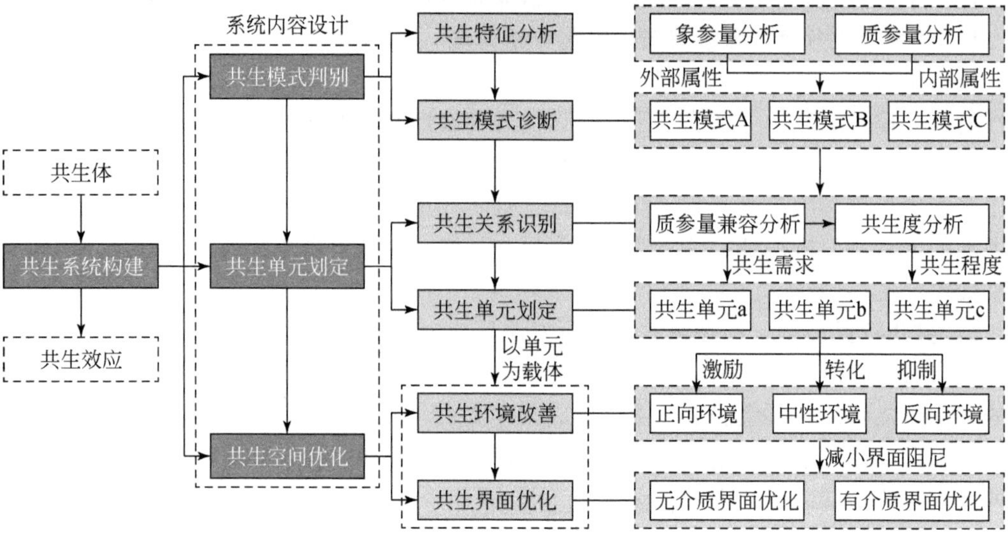

图 3.7　共生理论的发展逻辑

1）共生系统构建

在共生理论的发展逻辑中，“共生系统构建”是指面对复杂多变的环境，按照共生发展的理念，摒弃原来单个生物体独立发展的模式，重新按照某种特定的形式将多个不同种类的生物体组合在一起，相互之间建立合作、依赖、竞争的共生关系，进而在一定地域范围内形成多个共生单元并存的空间系统。

借鉴共生理论，城乡融合发展不是简单的城镇发展加乡村发展，而是从“系统”的视角，将城镇与乡村作为一个有机统一的整体，通过城乡之间的协调、合作、互补等相互作用方式，推动整个系统不断演进，进而实现共生理论强调的“对称互惠共生”的发展目标。换而言之，共生理论视角下的城乡融合发展需要通过构建县域“城乡融合共生系统”来促进城乡之间的整体发展[167]。

2）共生模式判别

在共生理论的发展逻辑中，“共生模式判别”主要是通过分析共生系统的共生特征来划分共生系统的模式类型。首先，从外部属性和内部属性两个方面，分别对共生系统内的共生体开展象参量分析和质参量分析，得到象参量和质参量的分析结果。例如，可以标记为 $\vec{S}$（$\vec{M}$，$\vec{P}$），$\vec{M}$为质参量的特征向量，$\vec{P}$为象参量的特征向量。其次，通过对象参量和质参量进行组合，可以得到共生系统的综合特征向量，根据综合特征向量的不同便可以划分出不同的共生模式。共生模式决定了共生发展的方向与目标。

在共生理论的指导下，县域城乡融合共生系统根据资源禀赋、发展条件、地理区位等属性特征的不同，其发展模式也会存在差异。为了满足不同区县之间的区域协调发展趋势，在开展县域镇村空间格局的研究之前需要对区域范围内各区县的“城乡融合共生模式”进行判别，构建一套科学、合理的“城乡融合共生模式判别方法”，根据判别结果明确县域镇村发展的总体方向。

3）共生单元划定

在共生理论的发展逻辑中，“共生单元划定” 主要是根据共生体的质参量兼容与否和共生度强弱程度识别共生关系，以此为依据形成共生单元。首先，对共生系统内不同共生体之间的共生关系进行识别，通过质参量兼容分析，筛选出质参量可以相互表达的共生体，作为共生单元形成的候选共生体。其次，在候选共生体中，对其相互之间的共生度进行评价，质参量兼容程度和共生度便构成了共生系统的共生关系。最后，将质参量兼容程度和共生度超过共生关系形成所需临界值的共生体划定在一起构成共生单元，这样，在共生系统中便形成了若干个共生单元。

在共生理论的指导下，为了更好地促进城乡融合发展，县域内部的多个乡镇之间需要打破行政区划的限制形成“镇村共生单元”，以单元的形式统筹镇村发展。这便要求县域镇村空间格局要通过镇村单元的形式进行重构，通过建构一套科学、系统的镇村单元划定技术方法，将有条件、有必要整合在一起共同发展的乡镇划在同一个镇村共生单元内。

4）共生空间优化

在共生理论的发展逻辑中，“共生空间优化” 主要是以共生单元为基础，对单元内部的共生空间环境和共生空间界面进行改善与优化，以此提高共生发展的效率。首先，以共生单元为载体，对共生环境进行改善，使其有利于共生体的共同发展，具体包括激励正向环境、转化中性环境和抑制反向环境等。其次，对共生界面进行优化，减小界面阻尼作用，满足共生体之间的协同、互补、合作需要，促进物质、信息和能量在共生体之间传导、交流和分配，最终实现共生效应。

借鉴共生理论，为了实现城乡融合发展的目标，镇村空间格局需要以镇村共生单元为载体，统筹分配和布局单元内各乡镇之间的空间资源和空间要素。这便要求镇村空间格局的优化需要转变以往“就乡镇论乡镇、就乡村论乡村” 的传统思路，在共生单元划定的基础上，建立一套“基于镇村共生单元的镇村空间格局优化方法”。

3.4 城乡融合共生理论构建

借鉴共生理论，城乡融合发展应该从系统的视角出发建立“城乡融合共生系统”，针对不同“城乡融合共生模式” 的县域，以“镇村共生单元” 为载体统筹优化单元内部多镇村之间的“镇村空间格局”，最终实现城乡全面融合的总体目标。基于此，本书尝试从城乡融合共生系统构建、城乡融合共生模式判别、镇村共生单元划定、镇村空间格局优化四个方面建立城乡融合共生理论（图 3.8），试图为开展县域镇村空间格局的研究提供理论依据。

3.4.1 城乡融合共生系统构建

城乡融合发展的要求是促进城乡物质、信息、能量等要素的自由流动，实现城镇与乡村的协调和同步发展。借鉴共生理论的发展逻辑，城乡融合发展首先需要在城镇与乡村之间建立相互适应、相互协调的城乡融合共生系统。基于上述情况，本节按照县域城乡融合

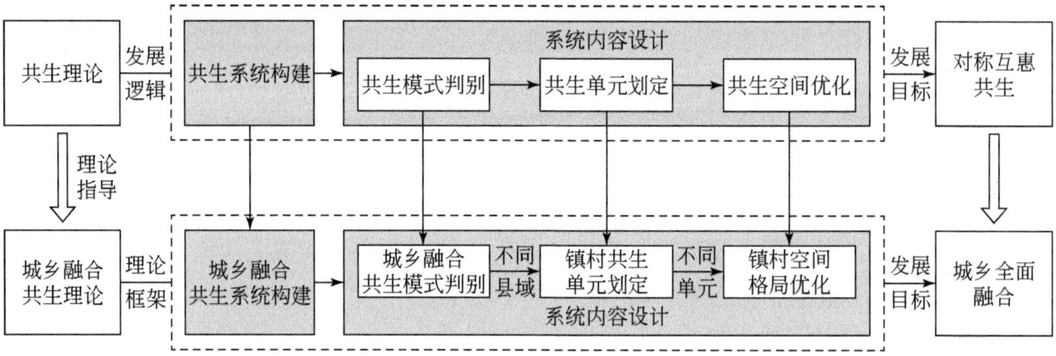

图 3.8　城乡融合共生理论的构建思路

发展的要求，将“县域”作为一个完整的城乡融合发展共生系统，统筹考虑县域镇村空间的总体布局。对于城乡融合共生系统而言，不同县域之间根据城乡融合发展动力的差异，可以划分为不同的城乡融合共生模式。县域范围内各乡镇单体便犹如共生理论中的共生体，乡镇之间的主导功能、等级规模和空间联系等关系便犹如共生理论中的共生关系，共生关系紧密的多个乡镇则组合形成镇村共生单元，单元内部的镇村发展条件便是共生环境，单元内部的镇村空间要素便是共生界面（图 3.9）。

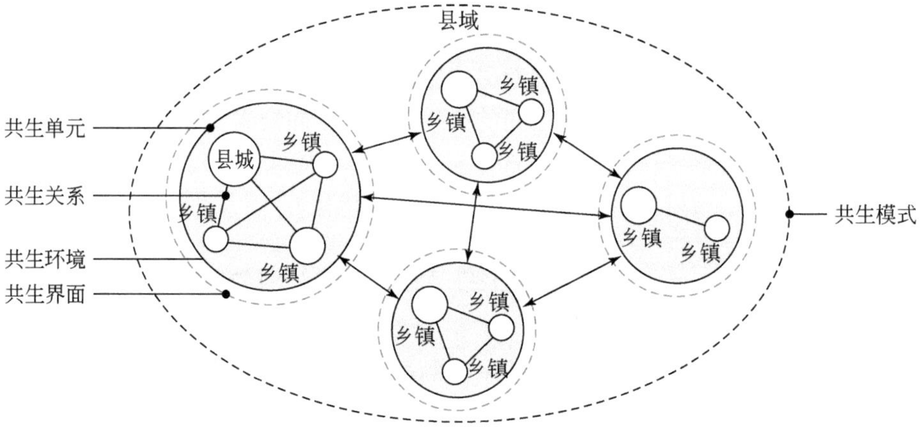

图 3.9　城乡融合共生系统示意

3.4.2　城乡融合共生模式判别

依据共生理论，共生系统根据象参量（外部系统属性）与质参量（内部系统属性）的差异，会呈现出不同的共生特征。同时，根据共生特征的不同，共生系统可以划分为不同的共生模式。对于城乡融合共生系统而言，已有研究表明其由外缘系统和内核系统两部分组成[109,205]，外缘系统是城乡融合发展的外部条件，如城镇化、工业化等。内核系统是城乡融合发展的内部条件，如自身的地形条件、乡村资源等。在内外系统的共同作用下，城乡融合共生系统的模式可以通过城乡融合发展的外部动力分析和内部动力分析得到。由于区域范围内县域之间的城乡发展条件存在差异，城乡融合共生系统所受到的内外动力强弱程度不一样，呈现出来的城乡融合共生特征也就不一样，城乡融合共生系统便可以划分为不同类型的城乡融合共生模式（图 3.10）。

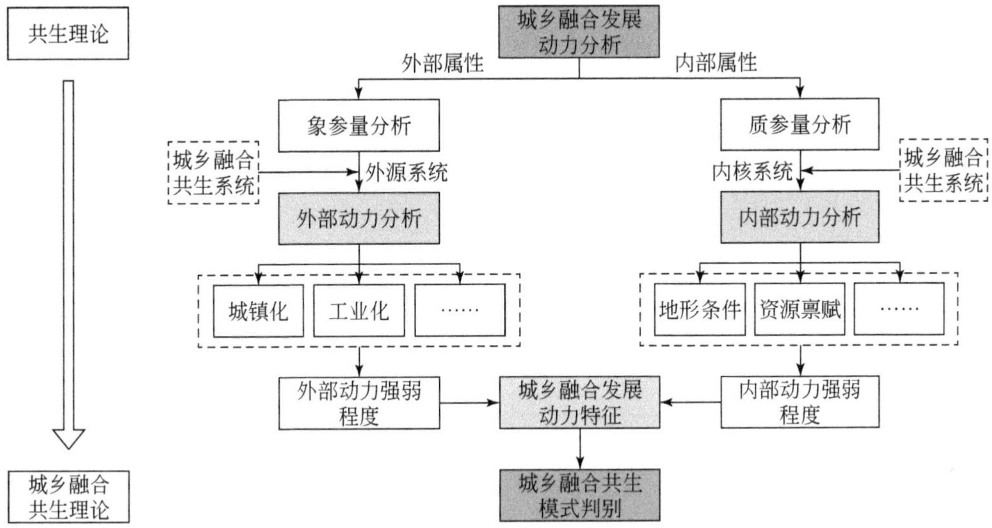

图 3.10　城乡融合共生模式判别思路

3.4.3　镇村共生单元划定

按照共生理论的发展逻辑，在共生系统建立和共生模式判别后，还需要进一步分析共生体之间共生关系，进而划定共生单元。因此，城乡融合共生理论构建的第三步是识别镇村之间的融合共生关系，以此为依据划定镇村共生单元。依据共生理论，共生关系的形成需要具备两个条件，一是不同共生体的质参量需要兼容，二是共生体之间的共生度不低于共生单元形成的临界值。对于城乡融合共生系统而言，镇村由于地理区位、自然资源、产业基础等差异，使得不同的镇村空间存在相应的主导功能，不同主导功能的镇村发展路径各不一样。因此，镇村功能类似于共生理论的质参量，只有主导功能兼容的镇村才能实现共生发展。邻近关系类似于共生理论的共生度，只有在地域上相邻且空间上相连的镇村才能形成紧密的融合共生关系。此外，除了上述共生单元形成的两个前提条件外，镇村之间由于社会、经济、产业等规模的不同，镇村融合共生关系还存在等级关系，等级越高，辐射带动其他镇村发展的作用越强。基于此，镇村融合共生关系可以从功能关系、等级关系、邻近关系三个维度进行分析（图 3.11）。功能关系方面，可以通过分析各镇村的自然资源、文化资源、生态资源、产业资源等得到，功能相同的镇村可以采取相似的发展路径实现联动式发展；等级关系方面，可以通过分析各镇村的社会经济、服务设施、人口分布情况等得到，根据等级关系的不同可以采取以强带弱、强强联合或优势互补等不同的方式进行发展；邻近关系方面，可以通过分析人口流动、交通联系、企业分支等情况得到，空间联系较强的镇村更容易突破行政边界，在空间上形成相互靠近、抱团发展的态势。

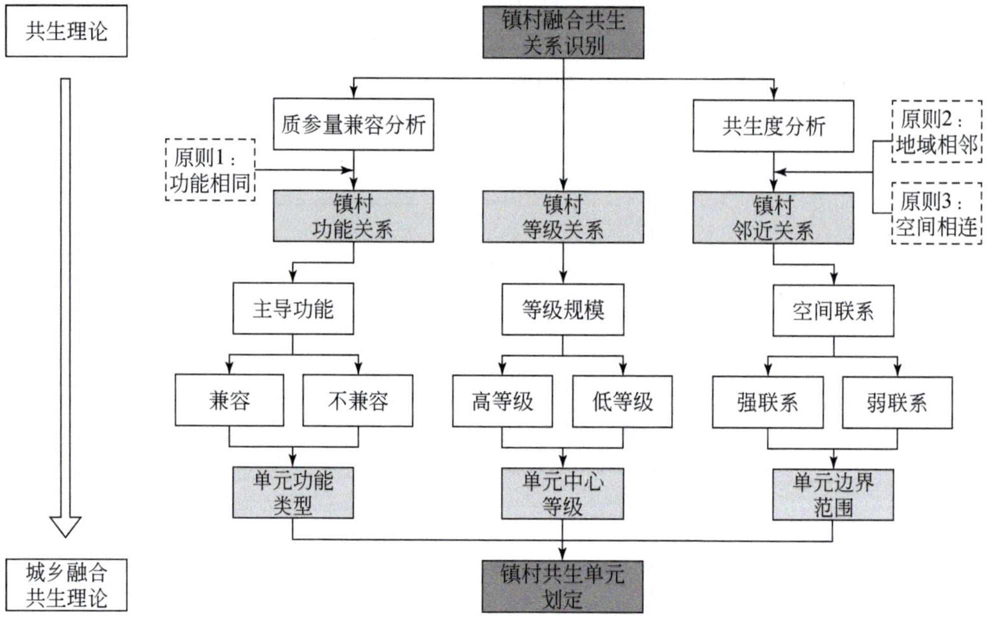

图 3.11　镇村共生单元划定思路

镇村融合共生关系识别以后，便可以将县域范围内功能相同、地域相邻、空间相连的镇村归并在一起，形成一个个共生单元，即“镇村共生单元”。镇村共生单元强调将若干个镇村作为一个整体，打破行政区域边界，统一规划、统一管理、共同发展。另外，由于镇村之间“功能-等级-邻近”关系存在差异，不同镇村共生单元的功能类型、中心等级和边界范围也不同。最终，依据“镇村共生单元”的划定思路，县域范围内将形成多个不同功能类型的镇村共生单元并存的空间组织模式（图 3. 12），单元内部将形成“中心镇—一般镇—乡村”的镇村等级体系。

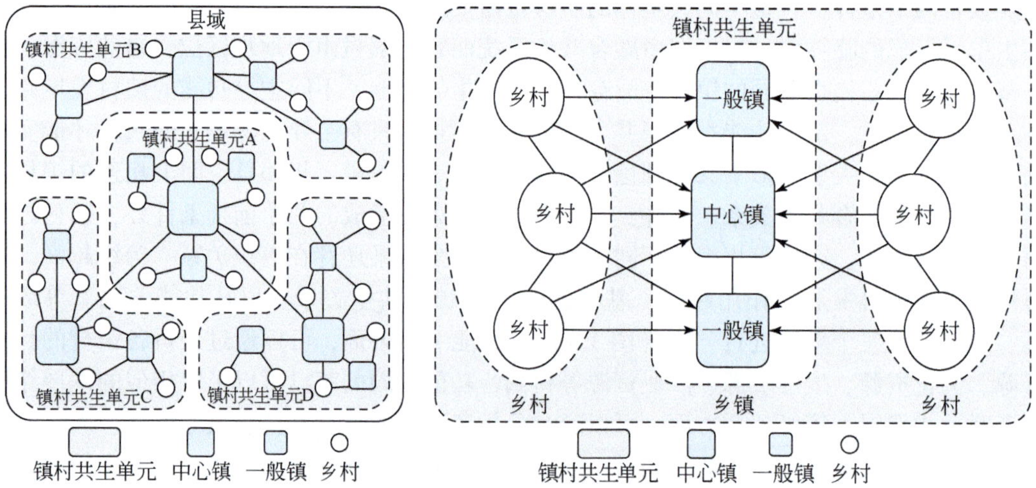

图 3. 12　镇村共生单元空间模式示意

值得说明的是，在实际的镇村融合共生关系当中，联系紧密的多个乡镇并不一定都属于同一个县域，也存在乡镇之间联系紧密但跨越县级行政区的特殊情况。但从近年来城乡融合发展的相关政策来看，以县域为基本单元推进城乡融合发展是未来的主要趋势，在此背景下，探讨县域内的镇村共生单元划分更具有现实意义。这样，既可以避免跨越县级行政区带来管理困难、流程烦琐的情况[122]，同时又能满足经济区与行政区适度分离的现实发展需求。因此，本书不建议跨越县级行政区，将不同县域的乡镇划定在同一个镇村共生单元内。

3.4.4 镇村空间格局优化

依据共生理论的发展逻辑，共生系统与共生单元建立以后需要对共生单元内部的共生空间进行优化，以便共生体之间形成“对称互惠共生”的发展模式，最终实现共生发展。因此，城乡融合共生理论构建的第四步便是以镇村共生单元为空间载体，对镇村空间格局进行优化。借鉴共生理论，单元内部共生空间的优化可以从共生环境与共生界面两个方面进行分析，对于城乡融合共生系统而言，共生环境的改善可以通过镇村发展路径的调整得以实现，共生界面的优化可以通过镇村空间要素的优化得以实现。因此，镇村空间格局优化的内容包括镇村发展路径制定和镇村空间要素优化两个方面。

从镇村发展路径来看，县域不同类型的镇村共生单元所处的城镇化水平、工业化水平、农地资源集聚水平等发展条件水平的高低对城乡融合发展起到促进或抑制作用(图 3. 13)。例如，城镇化水平和工业化水平较高的单元，可以通过发挥城镇承载能力和园区辐射能力，实现以城带乡发展；耕地集中、地势平坦的单元，可以通过农业规模化、产业化发展的方式延伸产业链条，将农业生产与农科研发、农产品加工等功能对接，实现

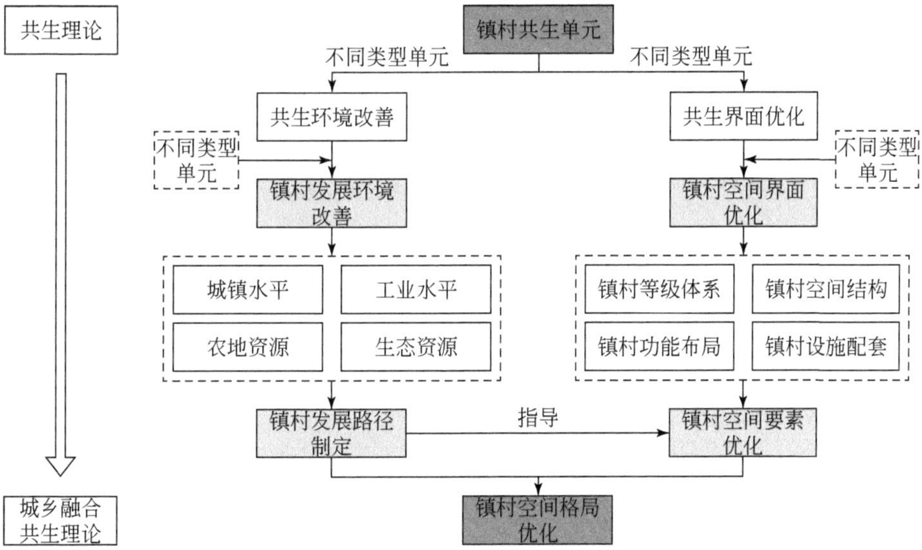

图 3. 13 共生理论视角下的镇村空间格局优化思路

农业农村现代化发展；生态资源、景观资源丰富的单元，具有较好的生态旅游、乡村旅游发展基础，单元内的乡村可以通过为城镇居民提供观光、娱乐、度假等服务，进而在城镇与乡村之间建立互补的功能关系，实现城乡互补发展。从镇村空间要素来看，不同类型的镇村共生单元由于发展路径不同，带来等级体系、空间结构、功能布局、设施配套等空间要素的布局方式也各不一样。

3.5 城乡融合共生理论下县域镇村空间格局的研究框架

基于本书构建的城乡融合共生理论，县域镇村空间格局的优化要在构建城乡融合共生系统的基础上，按照“城乡融合共生模式判别—镇村共生单元划定—镇村空间格局优化”的研究框架展开（图 3. 14）。同时，根据研究框架中具体研究内容的不同，县域镇村空间格局的优化存在区域尺度、县域尺度、单元尺度等多尺度特征，不同尺度解决的问题和承担的任务各不一样：区域尺度主要开展基于发展动力分析的城乡融合共生模式判别研究，通过城乡融合发展的外部动力和内部动力评价，解析城乡融合共生系统的动力差异，在此基础上，将区域范围内的县域划分为不同类型的城乡融合共生模式；县域尺度主要开展基于融合共生关系识别的镇村共生单元划定研究，通过对镇村之间的功能关系、等级关系、邻近关系等共生关系的识别，将县域范围内的乡镇划定为若干个不同类型的镇村共生单

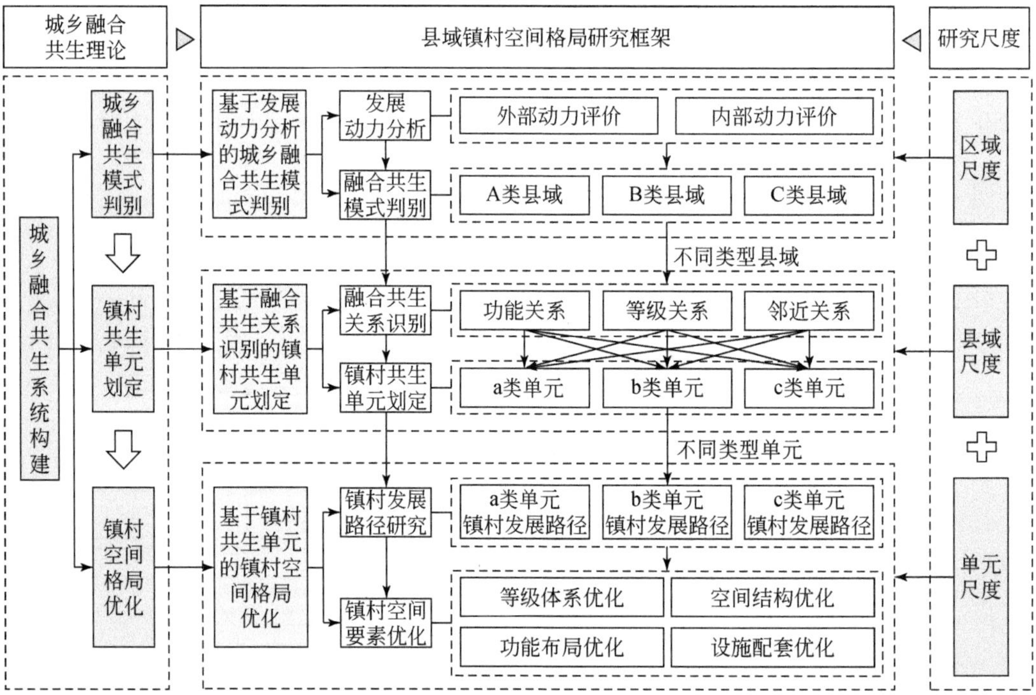

图 3. 14　基于城乡融合共生理论的县域镇村空间格局多尺度研究框架

元；单元尺度主要开展基于共生单元的镇村空间格局优化方法研究，针对不同类型的镇村共生单元，制定差异化的镇村发展路径，并从等级体系、空间结构、功能布局和设施配套等四个方面对镇村空间格局进行优化。

3.5.1 基于发展动力分析的城乡融合共生模式判别

县域之间城乡融合发展水平不同，不同县域镇村共生单元划定的结果必然存在差异。例如，城镇化工业化水平高或者经济发展条件好的县域，其镇村共生单元的类型应该和发展水平落后或者生态条件约束较大的县域有很大的差异。基于这种假设，有必要在镇村共生单元划定之前对县域类型进行判别，针对不同类型县域的镇村共生单元划定结果进行比较分析，进而提炼出单元划定的差异化标准，为规划管理部门制定差异化的镇村共生单元划定要求提供政策依据。因此，区域尺度需要根据地理区位条件、自然资源本底、经济发展水平等不同，研判不同县域的城乡融合共生模式类型，以此作为区域协调发展的依据。首先，深入分析县域自身社会条件、经济水平、生态环境和资源禀赋等条件建构县域城乡融合发展动力评价指标体系，研判不同县域的城乡融合发展动力差异。其次，根据不同县域城乡融合发展的内、外动力差异提炼出不同类型的城乡融合共生模式。

3.5.2 基于融合共生关系识别的镇村共生单元划定

县域范围内部分乡镇的经济发展水平相同，功能产业相似，镇村发展路径区别并不大。因此，需要在县域尺度打破这些乡镇各自为政的局面，按照融合共生的联系程度在县域范围内形成镇村共生单元，实现区域生产资源有效整合和城乡发展要素双向流动。首先，通过镇村功能适宜性评价、场所中心与网络节点识别、网络联系测度等分析手段，识别镇村之间的“功能—等级—邻近”融合共生关系，作为镇村共生单元划定的依据。其次，依据镇村之间的融合共生关系，将功能相同、空间相连的多个乡镇作为有机统一的整体，整合划定为一个镇村共生单元，分别确定镇村共生单元的功能、中心和范围，据此在县域范围内划定不同类型的镇村共生单元，进而在县域范围内形成不同类型单元的多元化发展格局。

3.5.3 基于镇村共生单元的镇村空间格局优化方法

根据镇村共生单元的划定结果，以单元为载体，统筹引导不同功能类型的镇村共生单元分类发展，协同布局各类空间要素。首先，结合单元的优势资源情况与城乡发展特点提出多元化镇村发展路径，明确不同单元镇村发展的方向与策略。其次，优化布局单元内部的镇村空间要素，针对不同类型的镇村共生单元，提出等级体系、空间结构、功能布局、设施配套等内容的优化方法，形成多镇村资源整合、区域共享、优势互补、共谋共建的镇村空间格局。

从上文构建的镇村空间格局研究框架的逻辑来看，虽然区域尺度的城乡融合共生模式判别对县域尺度的镇村共生单元划定没有太大影响，但本研究认为不同类型的县域，其内部镇村共生单元划定的结果必然存在差异。基于这种假设，本书认为有必要在镇村共生单元划定之前对县域的城乡融合共生模式进行判别，进而总结出不同类型县域的镇村共生单元划定的共性特征与差异特征，为规划管理部门制定乡镇单元划定的标准与要求提供政策依据，因地制宜地指导各地乡镇单元划定工作的开展。通过上述城乡融合共生模式判别、镇村共生单元划定、镇村空间格局优化三个部分的研究，区域范围内的区县被划分为不同类型的城乡融合共生模式，不同城乡融合共生模式的县域对应不同类型的镇村共生单元，不同镇村共生单元又对应不同的镇村空间格局优化方法。这样，镇村空间格局的研究便在区域、县域、单元三个空间尺度之间建立有效的纵向传导机制（图 3.15），有利于推动不同空间尺度的镇村发展内容逐级细化，最终实现因地制宜的城乡融合发展。

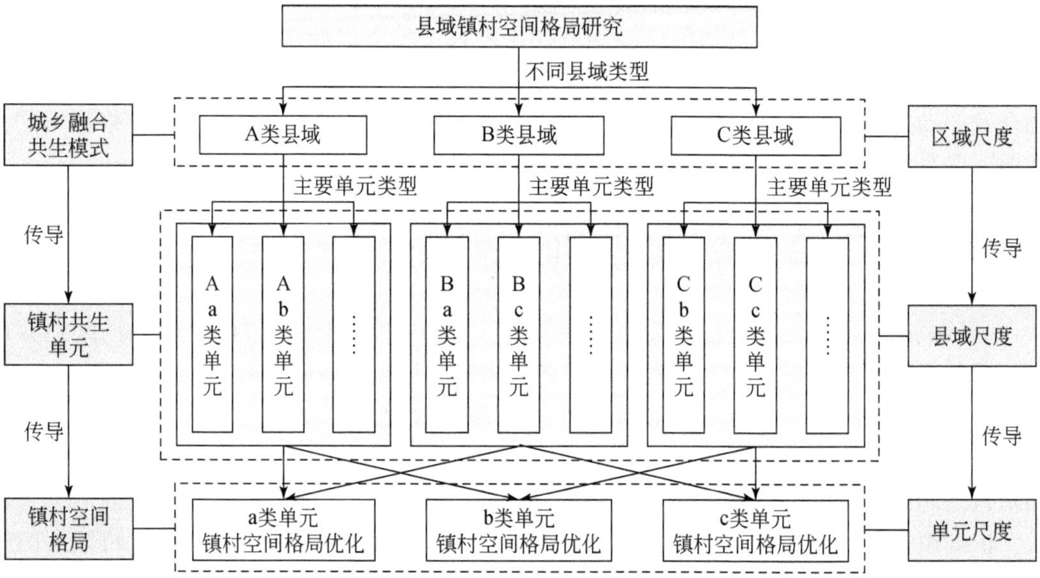

图 3.15　镇村空间格局优化的“区域—县域—单元”纵向传导机制示意

3.6　本章小结

本章针对现行镇村发展存在的问题和趋势，借鉴共生理论的发展逻辑，构建了城乡融合共生理论。在此基础上，从区域、县域、单元三个尺度构建了县域镇村空间格局的多尺度研究框架，为后文各项研究内容的展开提供了理论基础。

首先，对城乡融合发展的相关基础理论进行了对比分析，从发展目标、发展过程和发展形式等三个方面论证了共生理论用于指导城乡融合发展的适用性，在此基础上，对共生理论的构成要素和分析方法进行研究，提炼出共生理论“共生系统构建—共生模式判别—共生单元划定—共生空间提升”的发展逻辑及其对城乡融合发展的启示。其次，将共生理论的发展逻辑运用到城乡融合发展的研究之中，从城乡融合共生系统构建、城乡融合共生模式判别、镇村共生单元划定、镇村空间格局优化四个方面建立城乡融合共生理论，作为本研究研究的理论分析范式。最后，在理论建立的基础上，从区域、县域、单元三个尺度构建了城乡融合背景下县域镇村空间格局“城乡融合共生模式判别—镇村共生单元划定—镇村空间格局优化”多尺度研究框架。后文研究按照此框架展开，其中，第 4 章对应城乡融合共生模式判别的研究，第 5 章对应镇村共生单元划定的研究，第 6 章对应镇村空间格局优化的研究。

第4章 基于发展动力分析的城乡融合共生模式判别

根据前文构建的城乡融合共生理论和县域镇村空间格局研究框架，区域尺度需要开展城乡融合共生模式判别的研究，即通过县域城乡融合发展动力的研究，得到区域范围内各个区县的城乡融合共生模式，以此作为依据指导我国城乡融合的区域协调发展。

我国区县数量大、类型多，各区县城镇发展水平、农业生产水平以及生态资源条件存在较大程度的差异。在探索城乡融合发展的过程中，各区县不能一概而论[206]，而应该从区域尺度判别县域城乡融合发展的共生模式类型，明确不同县域的镇村发展重点与方向。本章基于城乡融合发展动力开展城乡融合共生模式的研究，主要研究内容包括影响因素与动力类型分析、城乡融合发展动力评价、城乡融合共生模式判别三个部分（图4.1）：首先，将自然地理、社会经济、建设开发和政策文化等城乡融合发展的影响因素，分为外部动力和内部动力两类，其中外部动力包括城镇化、工业化与区域政策三个方面，内部动力

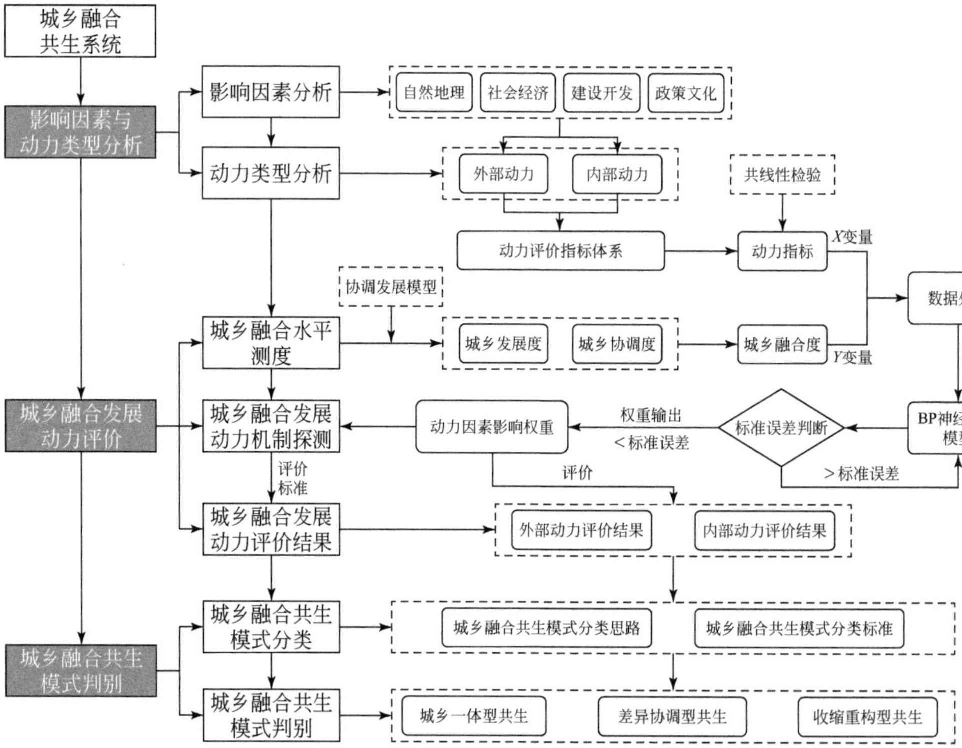

图4.1 基于发展动力分析的城乡融合共生模式判别技术路线

包括乡村要素集聚水平、自然地形条件和乡村资源禀赋三个方面。其次，基于上述动力因素分析构建城乡融合发展动力的评价指标体系，并将其与城乡融合发展水平相关联，运用 BP 神经网络模型探测各动力评价指标（X 变量）对城乡融合发展水平（Y 变量）的影响程度，得到各指标的影响权重。最后，根据影响权重评价得到成渝地区 132 个县（市、区）的城乡融合发展动力结果，进一步根据动力结果确定各县（市、区）的城乡融合共生模式，为成渝地区推进区域协调发展提供依据。

4.1 城乡融合发展的动力分析

4.1.1 城乡融合发展的动力因素分析

基于已有的研究成果，根据影响因素的类型和作用方式的不同，城乡融合发展的影响因素一般可以分为自然地理因素、社会经济因素、建设开发因素、政策文化因素等四个方面。

1）自然地理因素

自然地理因素是城乡融合发展的基础，特别是在早期农业发展水平较低的阶段，由于村民对自然改造的能力有限，自然条件对镇村发展起着决定性作用。高程、坡度、水系、生态环境、耕地资源等要素都会对镇村发展产生影响。例如，高程会带来气候条件的变化，进而影响农作物的生长和乡村居民点的分布；坡度会影响公共服务设施和基础设施的建设难度和建设成本，使得坡度越陡的区域设施水平越低、完备情况越差；耕地资源会影响镇村产业的类型和收益，耕地集中的区域农业机械化水平高，收益好。但随着生产力、科技水平和乡村功能的不断发展，自然地理因素对镇村发展的影响程度和重要性逐渐减弱，不再是镇村发展的决定性因素。

2）社会经济因素

社会经济因素对城乡融合发展具有显著的影响作用，城镇化水平、工业化水平、居民收入水平、涉农产业等都可以为镇村发展提供动力。例如，城镇化水平和工业化水平较高的地区，可以通过城镇发展和工业发展为乡村地区提供就业岗位，吸引乡村剩余劳动人口到城镇就业，进而实现乡村人口城镇化；居民经济收入的提高可以促进城镇居民进一步追求和向往乡村诗意的田园生活，为乡村旅游、乡村度假等非农产业的发展带来机遇，带来乡村产业结构的转型；涉农企业发展较好的乡镇可以为乡村地区提供农产品加工和农科技术研发服务，延伸农业产业链条，提升农产品附加值。

3）建设开发因素

建设开发因素对城乡融合发展具有虹吸作用与带动作用。改革开放以前我国城镇和乡村的公共交通、基础设施等普遍匮乏，镇村发展受到城镇公共交通、基础设施的带动作用尚不明显。改革开放之后，我国对城镇固定资产的投资远高于乡村，城镇的交通设施、基础设施、公共服务设施水平等相较于乡村具有绝对优势，不仅吸引了大量乡村人口转移至城镇，也对乡村地区的发展起到了明显的带动作用。例如，交通设施可以有效加强乡村与城镇的联系，促进城乡要素在城乡之间流动，进而出现了靠近交通干道的乡村一般情况比远离交通干道的乡村发展得更好的普遍规律，乡村居民点也呈现出趋于交通干道附近分布的趋势[207,208]；同理，距离城区、镇区更近的乡村拥有更多的发展机会，相比其他乡村一般情况下也发展得更好，乡村居民点的规模也呈现出距离城镇越近规模越大的空间分布特征[209,210]。

4）政策文化因素

政策文化因素包括政策制度因素和民俗文化因素两个方面。政策制度因素根据实施主体和具体政策类型不同，对城乡融合发展起到促进与抑制的双重作用。例如，“新农村建设”的相关政策，可以改变乡村人口的分布情况，重新整合乡村的人地关系，促进部分地区，尤其是平原地区的乡村农业规模化发展[211]；户籍制度可以直接影响城乡人口的流动情况，早期的城乡二元户籍制度对乡村发展起到了一定的抑制作用[212]；土地制度影响着乡村住宅用地、产业用地等建设用地的集聚化发展，“增减挂钩”“集体经营性建设用地入市”等相关制度的改革给镇村地区带来了新的发展机遇；民俗文化因素是镇村在长期发展过程中积淀形成的历史人文底蕴，对镇村特色化发展起到支撑作用；历史遗产、传统元素、建筑风貌、地方习俗等共同构成了乡村地区的特色文化资源，使其区别于其他乡村，具有独特的景观优势，进而为乡村地区的文化旅游、休闲度假等产业功能的发展提供条件。

4.1.2 城乡融合发展的动力类型分析

已有研究表明，城乡融合共生系统由外缘系统和内核系统两部分组成[205]。外缘系统，由影响和制约乡村发展的诸多外部性因素构成[109]，如外部的资金、技术投入、城镇发展、区域政策等，其运行受全球化、信息化和城镇化发展的影响。内核系统是由乡村内部的土地、水源、景观、气候和文化等在内的各种资源要素，以及乡村经济、社会发展水平等构成，其运行受特定的农村经营体制、机制和管理水平的直接影响。基于对乡村地域系统的理解，城乡融合发展的动力类型可以分为外部动力和内部动力两个方面（图4.2）。

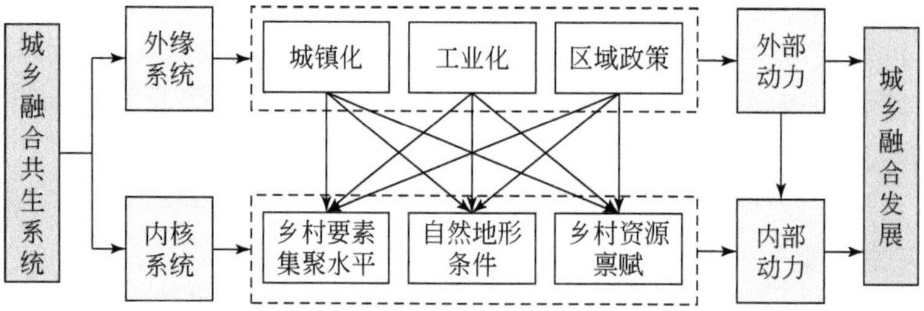

图4.2　城乡融合发展的动力类型

4.1.3 城乡融合发展的外部动力分析

城乡融合发展的外部动力主要包括城镇化、工业化和区域政策[213]，其中，城镇化与工业化是推动镇村外源发展的直接动力，区域政策是间接动力，其通过调整资金、技术、设施等要素的投入力度对乡村发展产生指向性影响。

1）城镇化

城镇化是特定区域内伴随城镇文明向外扩散，乡村人口向城镇集中，城镇规模不断扩大，非农产业占比不断增加的过程[214]。城镇是居民生活、生产、消费集聚的场所，是城乡经济发展的增长极，可以通过产业、技术的梯度转移，以及现代文化、信息的传播发挥扩散效应带动周边的广大农村地区发展[116]。城镇化水平越高，代表地区非农产业和人口的集聚程度越高，其辐射带动作用越强。因此，城镇化是城乡融合发展的重要外部动力之一，对于自身发展能力相差不大的镇村而言，城镇化水平越高，城镇带动镇村发展的辐射作用越强，镇村发展的综合动力则越大[109]。

2）工业化

受工农业收益差的驱动，工业是我国城乡经济发展和劳动力就业的主体，乡镇工业和乡村工业成为推动城乡发展的主要动力[215]。已有研究表明，城乡发展的核心是实现非农化[87]，工业化作为非农化的主战场，可以为乡村人口提供大量的就业岗位，进而有效带动农村剩余劳动力转移就业，推动农村经济大幅发展。我国苏南地区和珠三角地区是工业化带动乡村发展的典型代表，它们通过发展乡镇企业，将乡村剩余劳动力从农业中解放出来，为乡村人口提供了大量的非农就业机会，带动了乡村地区的经济增长和城镇化水平[216,217]。

3）区域政策

政策因素具有分配社会资源、规范人群行为的基本功能[218]，制度是对资源配置方式的一种人为规定。首先，政策和制度可以通过影响资源配置效率进而对城乡用地布局、要素配置、产业发展、基础设施配置，以及资本技术投入等内容产生影响。其次，在乡村外部条件发生变化，如市场需求推动乡村地域功能和经济形态不断发生演进和更替时，政府部门可以针对城乡融合发展过程中出现的新问题，如在乡村旅游发展的背景下，乡村地区出现了产业用地不足、配套设施缺乏等问题，运用政策手段进行干预和协调。因此，区域政策对城乡融合发展具有明显的外部调控作用。

4.1.4 城乡融合发展的内部动力分析

城乡融合发展的内部动力主要包括乡村要素集聚水平、自然地形条件、乡村资源禀赋等[219]。其中，要素集聚是镇村内生发展的核心动力，自然地形条件是基础性动力，对镇村发展起到制约作用，资源禀赋是镇村发展的本底条件，对镇村发展起到支撑作用。

1）乡村要素集聚水平

要素集聚水平是镇村内生发展的核心动力，农业规模化、产业集聚化、配套集约化等水平对乡村地区的发展起着至关重要的作用。尤其是西南山地的乡村受地形因素、地理区位的影响，耕地、人口、产业等资源要素分布较分散，乡村居民点数量多、规模小，给农业现代化生产、公服设施集约配套、人居环境整体打造带来了极大的困难，严重制约了乡村地区的发展[6,220]。有学者提出，乡村发展是乡村土地、产业、人口、设施等各类要素集聚与优化的过程，要素集聚是实现乡村现代化发展的前提条件[117]。因此，土地、产业、设施、道路等要素在空间上的集聚水平，对镇村内生发展起着重要的影响作用。

2）自然地形条件

自然地形条件是镇村发展的基础性动力，长期影响着镇村发展，尤其在早期聚落的空间分布中起着决定性作用[118]。例如，在高程越高、坡度越陡的地区，农作物生长越困难，种植难度越大，难以开展规模经营、形成具有竞争力的产业。同时，地形条件越复杂的区域，其交通设施完备情况、公服设施配套水平、农业机械化水平越低，导致乡村要素集聚水平越低，进一步影响了城乡融合发展。

3）乡村资源禀赋

资源禀赋是镇村发展的本底，根据类型可以分为耕地资源、生态资源和历史文化资源等多种类型[220,221]。耕地资源是乡村农业发展的基础，耕地资源丰富且集中连片的乡村适合农业规模化和农业现代化发展[222]；生态资源是乡村生产生活的环境本底，区域环境容量的有限性和生态脆弱性是山区县市推进快速工业化和城镇化的一大瓶颈，特殊的生态环境可以促进乡村走低碳生态的绿色发展道路[223]。历史文化资源指村域发展过程中长期积累、沿袭的生产技艺、思维方式、行为习惯等，在市场经济环境下彰显出乡村地区的非农价值，有助于乡村旅游、康养、度假等产业的发展。

4.2 成渝地区城乡融合发展动力评价

4.2.1 城乡融合发展动力评价体系构建

1）评价指标体系构建

围绕上文提出的六个方面的内、外部动力因素筛选县域城乡融合发展动力的评价指标。关于评价指标的选择，赵民等[45]采用城镇化率、非农就业率、非农业从业人员人均增加值等指标测度城镇化水平；裴进堂[224]采用城镇居民人均可支配收入、城镇化率、城市医疗卫生机构床位数等指标测度城镇化水平，采用规模以上工业增加值、第二产业产值、总资产贡献率等指标测度工业化水平，采用乡村发展相关政策文件数量、乡村发展投入资金测度区域发展政策；马历等[225]采用人口城镇化率测度城镇化水平，采用单位面积农业机械总动力测度农业机械化水平，进而测度乡村要素集聚水平；李鑫等[117]采用地均GDP、建设用地图斑大小、单位用地居住人口等指标测度乡村要素集聚水平；张海朋等[85]采用路网密度测度交通设施的集聚水平，采用绿化覆盖率测度生态资源禀赋情况；尹海伟等[226]采用植被、水域、农田等指标测度乡村资源禀赋情况，采用坡度和高程测度地形条件的情况。参考上述研究，城镇化水平可以用城镇化率、非农就业率、城镇居民人均可支配收入、城市医疗卫生机构床位数等指标进行测度；工业化水平可以用规模以上工业增加值、第二产业产值、总资产贡献率等指标进行测度；区域政策可以用乡村发展相关政策文件数量、乡村发展投入资金、城乡投资比等指标进行测度；乡村要素集聚水平可以用单位面积农业机械总动力、农林牧渔总产值、农林牧渔服务业产值、农村医疗卫生机构床位数、路网密度、地均 GDP、单位用地居住人口等指标进行测度；自然地形条件可以用坡度、高程等指标进行测度；乡村资源禀赋可以用绿化覆盖率、农田、植被、文化旅游设施等指标进行测度。

在已有研究的基础上，本章遵循科学性、系统性、可操作性等原则，为了便于获取和量化数据，采用城镇化率、人均 GDP、千人医疗卫生机构床位三个指标来测度城镇化水平；采用第二产业产值比重、非农从业人员人均产值、规模以上工业企业个数、规模以上工业总产值四个指标来测度工业化水平；采用农村人均固定资产投资、农村人均用电量两个指标来测度区域政策水平；采用单位面积农用机械总动力、设施农业用地占比、乡村服务业产值占比、公路网密度四个指标测度乡村要素集聚水平；采用地形坡度、地形起伏度两个指标测度自然地形条件；采用人均耕地面积、生态用地覆盖率、历史文化名村与传统村落数量测度乡村资源禀赋。总计评价指标 18 个，其中地形坡度、地形起伏度和生态用地覆盖率为负向指标，其余为正向指标。各指标属性、释义与计算方式如下（表 4.1）。

表 4.1 城乡融合发展动力评价指标体系

一级指标	二级指标	具体指标	指标释义	计算公式
外部动力	城镇化	城镇化率	表征农村人口向城镇人口的转移水平	城镇人口/常住人口
		人均 GDP	表征城镇化的综合发展实力	GDP 总产值/常住人口
		千人医疗卫生机构床位	表征城镇化质量水平	医疗卫生机构床位数/1000
	工业化	第二产业产值比重	表征城乡产业结构升级情况	第二产业增加值/GDP 总产值
		非农从业人员人均产值	表征第二、第三产业生产力	（GDP 总产值–第一产业增加值）/（第二产业从业人员+第三产业从业人员）
		规模以上工业企业个数	表征工业发展情况	—
		规模以上工业总产值	表征规模工业发展情况	—
	区域政策	农村人均固定资产投资	表征乡村资金投入的政策支持	固定资产投资/常住人口[①]
		农村人均用电量	表征乡村活动的用电情况，侧面反映地区对乡村建设活动、产业发展的要素投入	农村用电总量/农村人口

① 由于大部分城市的统计年鉴中缺乏农村人均固定资产投资数据，因此用人均固定资产投资替代。

续表

一级指标	二级指标	具体指标	指标释义	计算公式
内部动力	乡村要素集聚水平	单位面积农用机械总动力	表征农业现代化水平	农用机械总动力/耕地面积
		设施农业用地占比	表征农业现代化发展趋势	设施农业用地面积/耕地面积
		乡村服务业产值占比	表征农业非农化发展趋势	乡村农林牧渔服务业产值/乡村农林牧渔总产值①
		公路网密度	表征城乡要素流动通道状况	公路网里程/县域总面积
	自然地形条件	地形坡度（负）	表征地形地貌对乡村发展的限制作用	坡度10%以上区域面积/县域总面积②
		地形起伏度（负）	表征地形地貌对乡村发展的限制作用	100m×100m领域范围内，地形起伏度超过25m的面积/县域总面积
	乡村资源禀赋	人均耕地面积	表征耕地资源对乡村农业发展的支撑条件	耕地面积/常住人口
		生态用地覆盖率（负）	表征区域环境容量的有限性和生态脆弱性	（林地面积+水域面积）/县域总面积
		历史文化名村与传统村落数量	表征文化资源对乡村旅游发展的支撑条件	国家级、省级历史文化名村、传统村落数量

需要说明的是，由于我国城镇化是伴随工业化一起发展的，GDP、非农产业发展等经济社会指标往往具有工业化与城镇化的双重特征，难以将其明确区分为城镇化指标或工业化指标。虽然如此，本研究开展城乡融合发展动力研究的目的是识别内外动力的差异，以此作为县域城乡融合发展模式划分的依据，而城镇化或工业化等二级指标的影响差异并不是本研究的重点，因此，即使城镇化与工业化存在指标难以区分的问题也并不影响后续研究的开展。

2）评价标准构建思路

对于动力的量化研究而言，评价标准至关重要。若以成渝地区自身的动力水平为评价标准，存在某区县在成渝地区的动力水平较高但在全国却较低的可能，反之亦然。为了避免此类情况的发生，本书认为需要建立一套科学、合理的城乡融合发展动力评价标准，进而客观、准确地评判成渝地区各区县的动力发展水平。本研究兼顾我国城乡发展的地区差异，以《国家城乡融合发展试验区改革方案》中确定的试验区县为基础进行补充，选取我

① 由于大部分城市缺乏乡村服务业产值数据，乡村服务业产值占比用农林牧渔服务业产值占比替代。

② 根据《城市规划原理（第三版）》和《城市用地竖向规划规范》（CJJ83—99），城镇建设用地适宜建设的坡度在10%以内（缓坡地），最大坡度不超过25%（10%～25%为中坡地，25%以上为陡坡地）。

国东、中、西部共79个县（市、区）作为评价标准构建的样本体系①。其中，由于魏都区、月湖区、中原区等7个县（市、区）是中心城区的组成部分，且2020年城镇化率均超过95%，本章将其剔除。最终，评价标准构建的样本体系确定为72个县（市、区），其中东部县（市、区）27个，中部16个，西部29个（图4.3）。本章将这72个县（市、区）的动力水平作为建立评价标准的依据，以此评价成渝地区各个县（市、区）的城乡融合发展动力强弱情况。

3）数据来源与处理

数据类型包括社会经济人口数据、数字高程模型（digital elevation model，DEM）数据、土地利用数据和历史文化名村与传统村落数据。2019年社会经济人口数据来源于中国县域统计年鉴，各市级、区县级统计年鉴，区县国民经济和社会发展统计公报，政府工作报告以及第七次全国人口普查数据等；DEM数据来源于地理空间数据云平台的GDEMV3 30m分辨率的数字高程数据产品；土地利用数据来源于国家基础地理信息中心30m全球地表覆盖数据GlobeLand30 V2020版；历史文化名村与传统村落数量来源于已公布的国家级、省级历史文化名村、传统村落名录。

由于部分区县、部分指标的统计数据缺失，本章采用趋势外推、相近年份替代和均值替换的方法分别对相关数据进行修补[227]。同时为消除不同数据之间本身存在量纲和数量级大小的差异，本章采用极差标准化方法对成渝地区［132个县（市、区）］和评价标准样本体系［72个县（市、区）］的指标进行处理，使指标的取值范围为0～1。

$$Y_{ij}=(1-a)+a\times(X_{ij}-X_{i\min})/(X_{i\max}-X_{i\min}) \tag{4.1}$$

$$Y_{ij}=(1-a)+a\times(X_{i\max}-X_{ij})/(X_{i\max}-X_{i\min}) \tag{4.2}$$

式中，Y_{ij}为标准化后的值；X_{ij}为第i个城市第j项指标原始值；$X_{i\max}$和$X_{i\min}$分别为指标最大值和最小值；$a\in(0,1)$，一般取0.9[228]。指标体系中正向指标采用式（4.1），负向指标采用式（4.2）。

4.2.2 城乡融合发展水平测度

1）城乡融合发展的内涵

在城乡融合发展的过程中，城乡之间存在相互促进、制约和影响的作用。任何一者超前或滞后均会影响到区域的城乡融合整体水平，只有城乡协调一致才能保障城乡空间的转型发展健康有序，有研究认为缩小城乡发展差距是改变城乡二元结构的重要举措[45]。但并不是城乡差距小就一定代表城乡融合水平高，也有可能属于低水平均衡；也不是城乡收入差距大就一定代表城乡融合水平低，当城乡发展都进入高级阶段以后即便城乡居民收入

① 包括《国家城乡融合发展试验区改革方案》中确定的浙江嘉湖片区、江苏宁锡常接合片区、河南许昌、江西鹰潭、四川成都西部片区和重庆西部片区等东、中、西部的六个试验区，以及宁波、郑州、咸阳三个典型的东、中、西部城市。

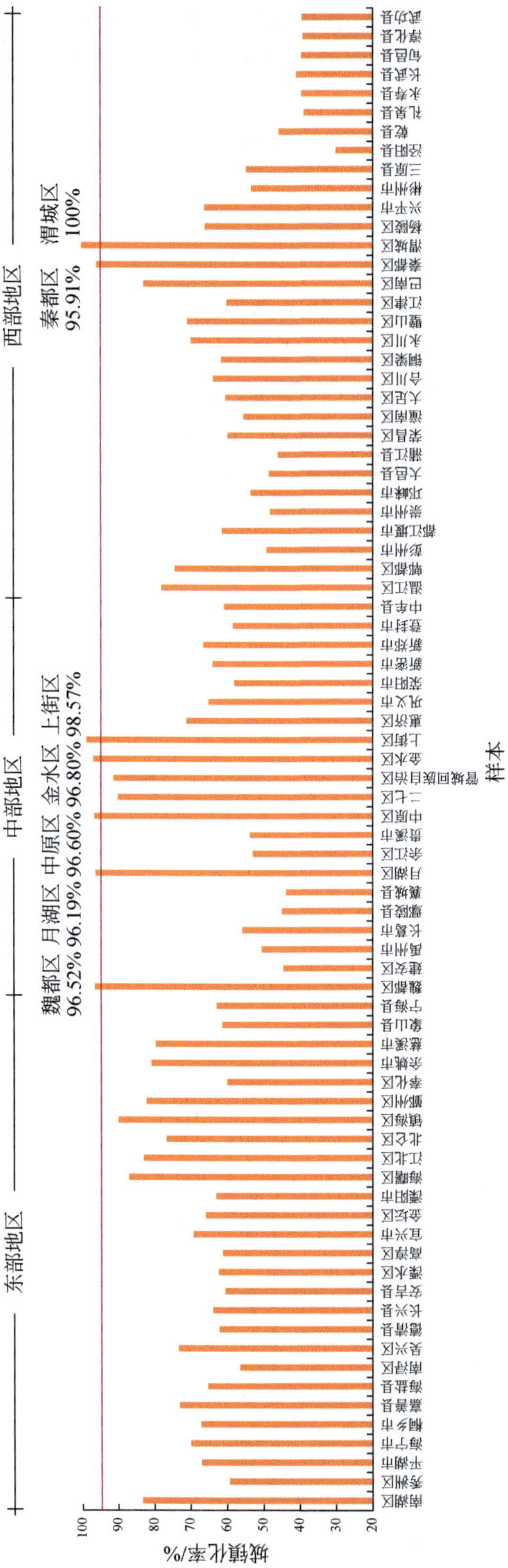

图 4.3 评价标准构建的样本体系

水平仍会存在差距，但城乡居民的总体福利社会水平会升高。因此，测度城乡融合发展水平应该包含“城乡发展度”和“城乡协调度”两个维度，缺一不可（图 4.4）。

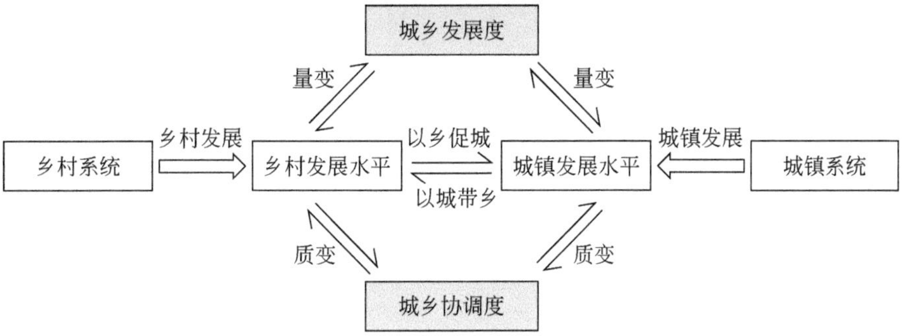

图 4.4　城乡融合发展的两个维度

2）城乡协调发展模型构建

不论乡村振兴还是城乡融合发展，归根结底是为了促进农民增加收入，2004 年、2008 年、2009 年我国中央一号文件便直接以“农民增收”作为文件命名进行发布①。因此，本章用城镇居民人均可支配收入来表征城镇发展水平，用乡村居民人均可支配收入来表征乡村发展水平。借鉴数学的离散系数概念和计算公式，参考已有研究[176,229-231]，分别用城乡发展度与城乡协调度测度城乡发展水平与城乡协调水平：

$$T=\alpha U_1+\beta U_2 \tag{4.3}$$

$$C=\{(U_1\times U_2)/[(U_1+U_2)/2]^2\}^2 \tag{4.4}$$

式中，T 为城乡发展度，其值大小表示城乡综合发展水平；U_1 为城镇发展水平；U_2 为乡村发展水平；α、β 为权重系数，一般取 0.5，$\alpha+\beta=1$；由于近年来农业农村优先发展的政策导向愈发明显，本研究将乡村发展的权重系数适当调高，确定为 $\alpha=0.45$，$\beta=0.55$；C 为城乡协调度，其值大小代表城乡发展的协调程度。

由于城乡协调度只能说明城镇与乡村两个系统之间的协调程度，而不能反映两者协调水平的高低，例如，当城镇发展水平 $U_1=0.1$，乡村发展水平 $U_2=0.1$ 时，城乡协调度 $C=1$，此时的协调是一种低水平协调。所以城乡融合水平的测度还需要引入协调发展模型：

$$D=\sqrt{C\times T} \tag{4.5}$$

式中，D 为城乡融合度，其值大小代表城乡协调发展水平，$D\in(0,1]$。

值得说明的是，已有学者对耦合、耦合协调等研究进行了溯源与辨析，指出了上述计算公式存在的误区[232]。一是城乡协调度公式计算得到的数值并不一定能真实反映多系统的实际匹配情况。例如，若甲县的城镇发展水平 $U_1=0.5$，乡村发展水平 $U_2=0.7$，乙县的城镇发展水平 $U_1=0.7$，乡村发展水平 $U_2=0.5$，则计算得出的甲、乙两县的城乡协调度 C

---

① 2004 年中央一号文件：《中共中央 国务院关于促进农民增加收入若干政策的意见》；2008 年中央一号文件：《中共中央 国务院关于切实加强农业基础建设进一步促进农业发展农民增收的若干意见》；2009 年中央一号文件：《中共中央 国务院关于 2009 年促进农业稳定发展农民持续增收的若干意见》。

相同。但在现实中，甲、乙两县的城乡发展水平可能大相径庭。二是上述计算公式的输入数据是采用极值法标准化处理后的数据，这导致计算得出的结果受研究对象集的最大、最小值影响，若换一批研究对象，同一个城市会得到不一样的计算结果，反映出来的契合程度也不一样。

虽然学术界采用上述计算公式开展相关内容的耦合研究可能存在一些误区，但本研究只是将其作为一个量化分析的工具来综合测度成渝地区各个县（市、区）在城乡发展与城乡协调两个方面的匹配程度，进而分析各县（市、区）横向对比的城乡融合水平差异。因此，根据上述公式计算得到的数值结果只是作为各县（市、区）横向对比的依据，而数值大小背后的意义并不是本书研究的重点，所以，即使上述公式存在一些局限，也不影响本研究的整体研究。

3）城乡融合水平测度结果分析

运用城乡协调发展模型对镇村发展动力评价标准构建的样本体系［72 个县（市、区）］的城乡融合水平进行测度，从测度结果来看（图 4.5）：东、中、西部地区的城乡发展度、城乡协调度和城乡融合度存在较大差异。东部地区城乡发展水平和城乡协调水平均较好，城乡融合度得分为 0.918，处于高水平融合阶段；中部地区城乡协调水平较好但城乡发展水平较差，城乡融合度得分为 0.649，处于中水平融合阶段；西部地区城乡发展水平和城乡协调水平均较差，城乡融合度得分为 0.547，处于低水平融合阶段。

同样，运用城乡协调发展模型对成渝地区各个县（市、区）的城乡融合水平进行测度，测度结果显示（图 4.6）：成渝地区的城乡融合度平均值为 0.622，与上述我国不同地区典型县（市、区）相比，成渝地区的城乡融合水平虽然较大程度高于西部地区的平均水平，但仍然处于全国中水平融合阶段。另外，四川地区城乡融合度为 0.621，重庆地区为 0.625，说明成渝两地的城乡融合发展水平差距不大。从成渝地区的内部空间差异来看，城乡融合水平极高区域主要位于成都、重庆都市圈范围，城乡融合水平较高区域主要位于宜泸内自城镇密集区、成渝中轴城际交通走廊、成棉乐、沿长江城镇发展走廊，渝东北和其他川北、川南区域的城乡融合水平较低（图 4.7）。

4.2.3　城乡融合发展动力机制探测

关于城乡融合发展动力的作用机制分析，已有研究常采用理论与实证结合的定性分析方法[111,233]，或运用层次分析法（AHP）、线性回归、主成分分析等传统计量方法[118,234,235]，评价结果存在一定的主观性[137]。为了避免上述方法存在的主观评价问题，本研究借鉴人工智能相关方法，运用 BP 神经网络模型，探测我国县域城乡融合发展的动力机制。

1）评价指标多重共线性检验

为避免各类动力评价指标间的多重共线性，参考共线性相关研究方法[236]，本研究以 18 项评价指标为自变量，城乡融合度为因变量，采用逐步回归的方式，剔除共线性指标。回归分析结果显示：千人医疗卫生机构床位、第二产业产值比重、规模以上工业总产值、农村人均固定资产投资、农村人均用电量、单位面积农用机械总动力、设施农业用地占

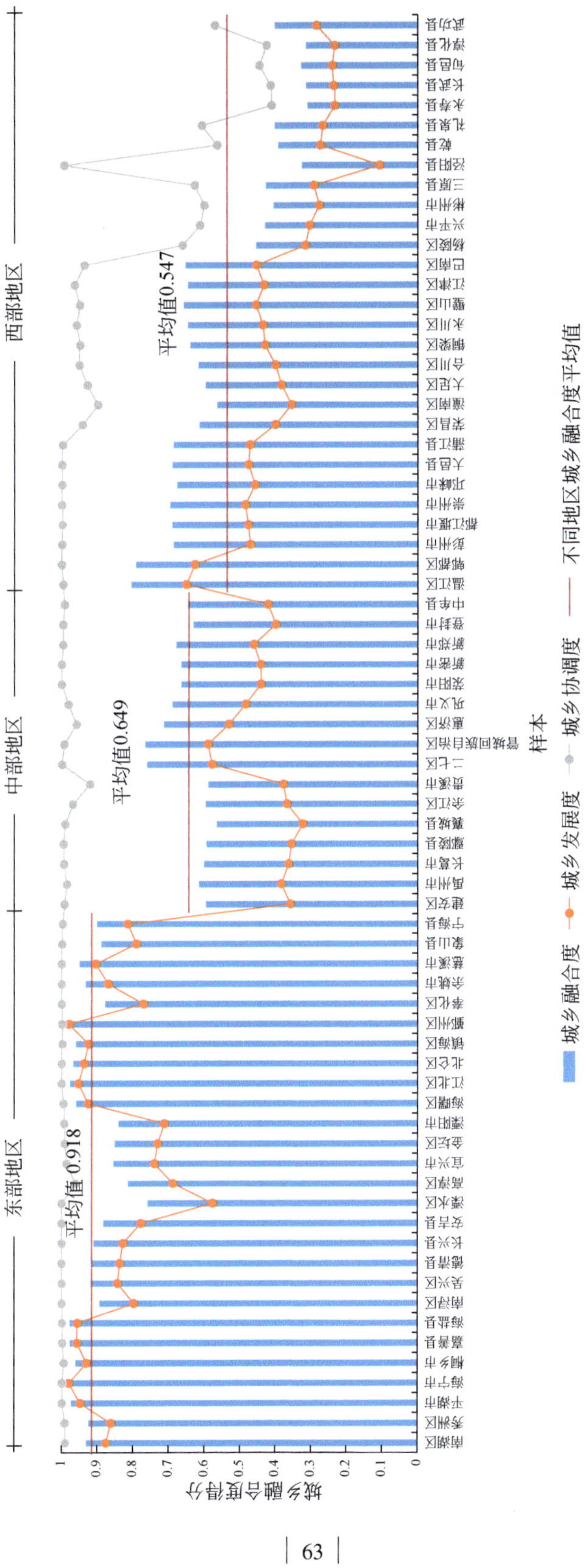

图 4.5　我国不同地区城乡融合水平测度结果

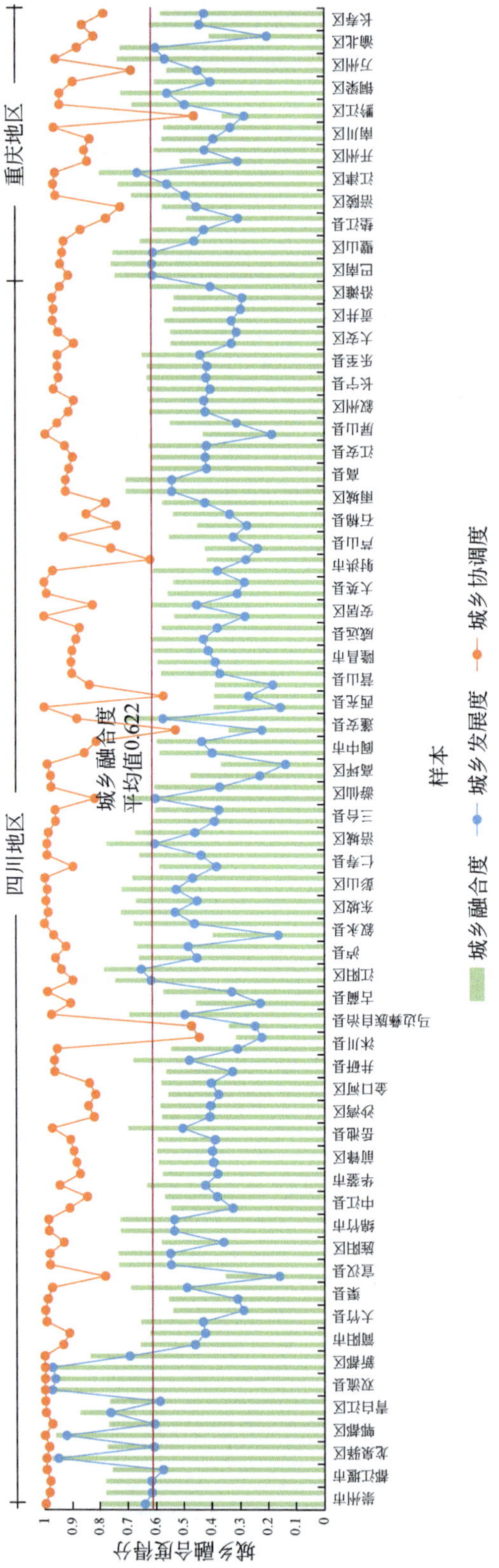

图 4.6　成渝地区县域城乡融合水平测度结果

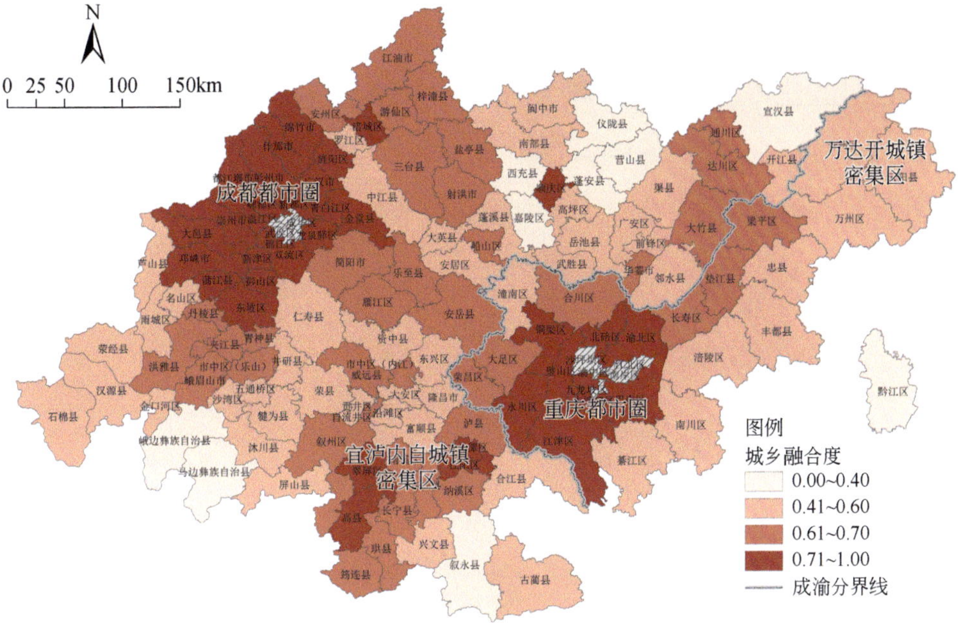

(a)城乡融合度测度结果

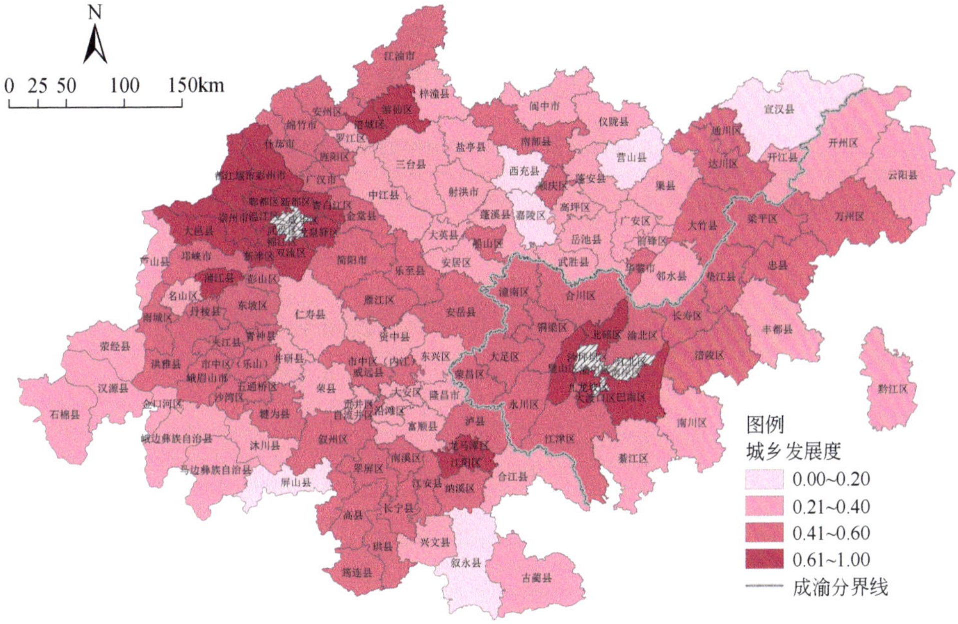

(b)城乡发展度测度结果

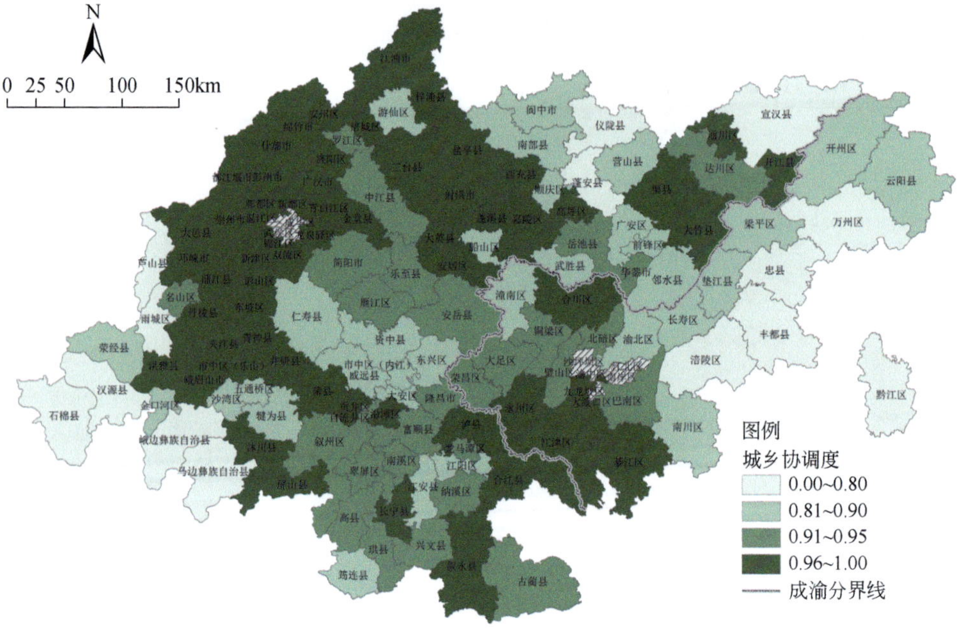

(c)城乡协调度测度结果

图 4.7 成渝地区县域城乡融合水平空间分布差异

比、地形起伏度等 8 项指标由于与其他指标存在多重共线性而被剔除，剩余 10 项指标均通过了共线性及显著性检验（表 4.2），回归模型的 R 为 0.946，R^2 为 0.894。

表 4.2 城乡融合发展动力评价指标的逐步回归分析结果

回归模型	显著性（Sig.）	共线性统计量	
		容差	方差扩大因子（VIF）
（常量）	0.000	—	—
城镇化率	0.001	0.367	3.557
人均 GDP	0.001	0.562	2.577
非农从业人员人均产值	0.006	0.388	1.449
规模以上工业企业个数	0.006	0.927	1.779
乡村服务业产值占比	0.001	0.713	1.079
公路网密度	0.010	0.690	1.461
地形坡度	0.000	0.403	2.479
人均耕地面积	0.002	0.384	2.727
生态用地覆盖率	0.000	0.281	2.604
历史文化名村与传统村落数量	0.013	0.684	1.403

为了进一步分析城乡融合发展动力，本研究将采用共线性检验后的 10 项动力指标与城乡融合发展水平进行关联，构建城乡融合水平（因变量 Y）与动力因素（自变量 X）的关联评价指标体系（表 4.3）。

表 4.3　城乡融合水平与动力因素的关联评价指标体系

变量	一级指标	二级指标	具体指标
因变量	城乡融合水平	城乡融合度	Y 城乡融合度
自变量	外部动力	城镇化	X_1 城镇化率； X_2 人均 GDP
		工业化	X_3 非农从业人员人均产值； X_4 规模以上工业企业个数
	内部动力	乡村要素集聚水平	X_5 乡村服务业产值占比； X_6 公路网密度
		自然地形条件	X_7 地形坡度
		乡村资源禀赋	X_8 人均耕地面积； X_9 生态用地覆盖率； X_{10} 历史文化名村与传统村落数量

2）BP 神经网络及其运算过程

BP 神经网络模型是人工神经网络领域应用最为广泛的模型之一，它是由输入层、隐含层和输出层组成，在处理错综复杂的非线性研究方面效果较好，相比于传统的统计学方法，其拓扑结构呈现更高的准确性和灵敏性[237,238]，常用于影响因素探测、相关性分析、模拟预测等[227,239]，有研究表明仅包含一个隐含层的 BP 网络就有逼近任意非线性函数的能力[240]。由于城乡融合背景下的镇村发展是一个复杂系统，本研究运用 BP 神经网络模型探测各影响因素对镇村发展的作用机制（图 4.8）。

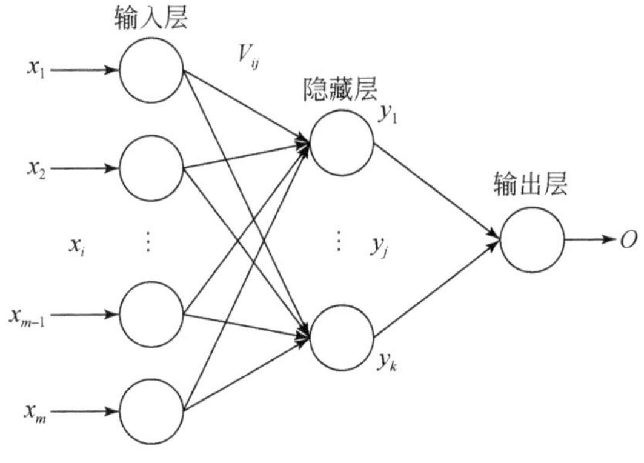

图 4.8　BP 神经网络模型的网络结构示意

运用 BP 神经网络模型建立城乡融合水平（Y 变量）与动力因素（X 变量）之间的神经网络关系，以探测不同动力因素对城乡融合发展的影响程度。识别流程具体包括网络初始化、隐藏层和输出层计算、误差计算、权值更新与影响权重计算等（图 4.9）。

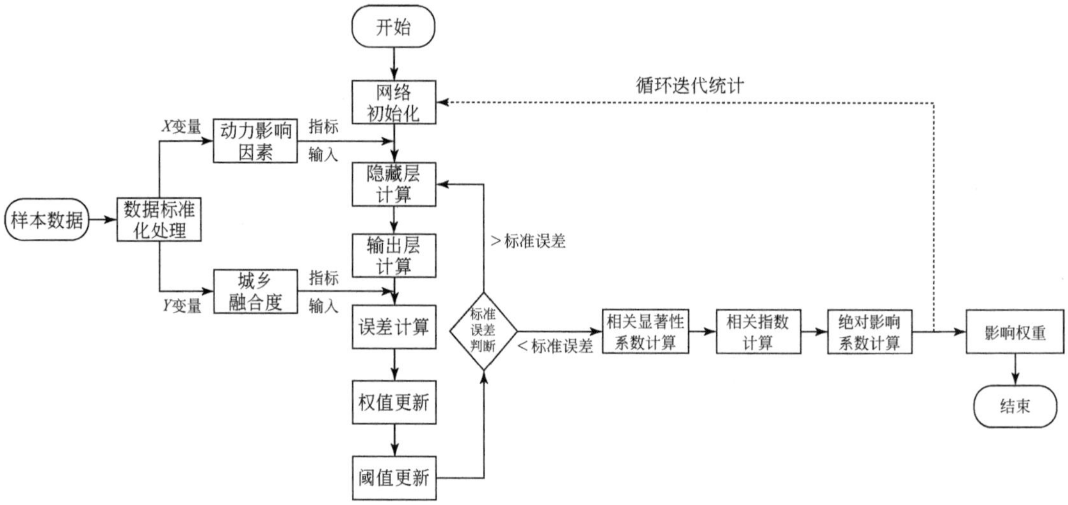

图 4.9　基于 BP 神经网络模型的城乡融合发展动力机制探测流程

当样本训练结束并达到误差阈值后，根据输入层到隐含层之间的连接权矩阵 V 可得到各个影响因素的权重。具体公式为

$$\omega_j = \frac{\sum_{l=1}^{k} |v_{jl}|}{\sum_{i=1}^{m}\sum_{l=1}^{k} |v_{il}|}, i = 1,2,\cdots,m \quad j = 1,2,\cdots,k \tag{4.6}$$

式中，ω 为指标的权重；v_{il}为输入层第 i 个节点与隐含层第 l 个节点间的连接权；m 为输入层的节点数；k 为隐含层的节点数。

3）网络模型构建

根据前文的城乡融合发展动力评价指标体系，构建预测模型的网络结构，确定输入指标层节点数为 10，输出层节点数为 1。隐含层节点数可以根据经验公式确定[241]：

$$L=\sqrt{P+M}+\alpha, \alpha\in[0,10] \tag{4.7}$$

式中，P 为输入层节点数；M 为输出层节点数；L 为隐含层节点数。借鉴已有研究[238]，采用逐步试验法确定隐含层节点数，将误差（MSE）值最小时的节点数作为本研究网络模型的隐含层节点数（图 4.10）。

从不同隐含层节点数对应的 MSE 值可以看出，本预测模型中隐含层最佳节点数为 12，于是确定网络最佳结构为 10-12-1（表 4.4）。

表 4.4　BP 神经网络模型结构参数设定　（单位：个）

模型参数	输入层神经单元节点数	输出层神经单元节点数	隐含层个数	隐含层神经单元节点数
BP 神经网络	10	1	1	12

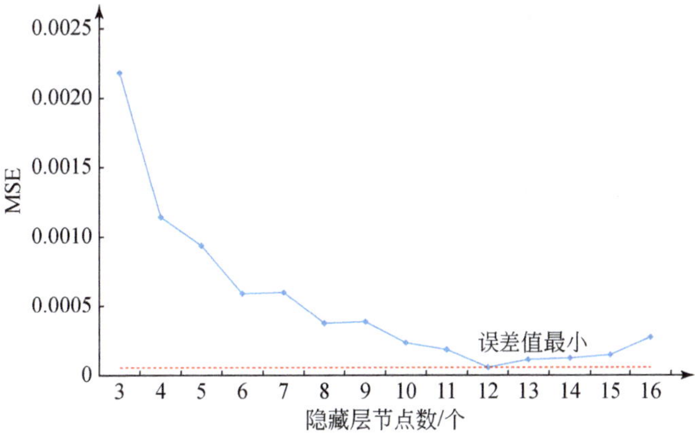

图 4.10　不同隐含层节点数的 MSE 值

4）模型训练与验证

将城乡融合发展动力评价标准构建的样本体系［72 个县（市、区）］作为训练样本和测试样本，用以训练网络模型和检验网络模型的运算精度。将成渝地区的研究样本［132 个县（市、区）］作为评价样本，用以测度成渝地区的城乡融合发展动力。

网络训练的基本参数设定为：最大训练次数 10 000 次，标准误差为 5×10^{-6}，学习率为 0.005。为应对网络噪声波动的影响，在以上基本参数的基础上，增设训练连续达标次数值为 100，即此参数表述训练误差在连续 100 次小于标准误差的情况下，才会终止训练，而不是误差第一次满足训练误差要求时就立刻停止。利用构建好的神经网络识别各动力因素与城乡融合水平的影响关系，当所有样本训练结束并达到精度要求后，得到各动力因素的影响权重。

为检测结果的科学性，根据上述权重对训练样本的城乡融合水平进行预测，得到预测值与实际值的拟合曲线，相关系数 R 为 0.994，拟合优度 R^2 为 0.988，具有极好的拟合效果。进一步将测试样本数据输入网络模型进行验证，通过预测值与实际值对比，相关系数 R 为 0.912，拟合优度 R^2 为 0.831，预测值与实际值的变化趋势基本保持一致（图 4.11），说明研究结果科学可信。

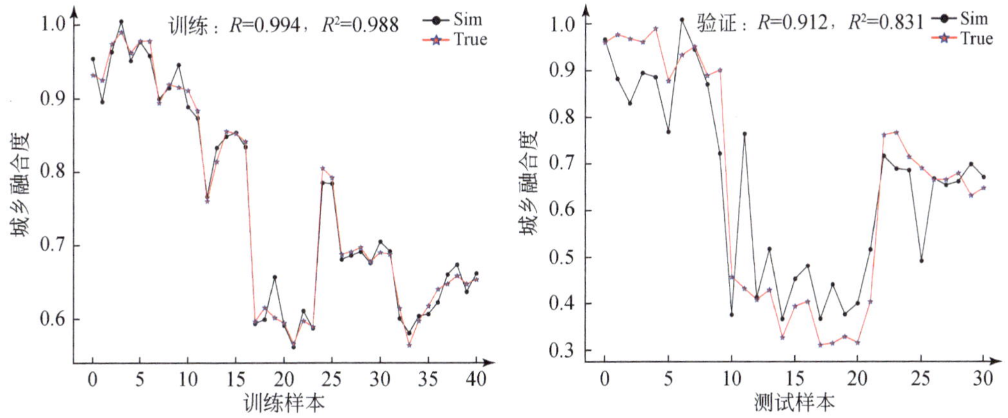

图 4.11　BP 神经网络模型预测值与实际值的对比情况

5）城乡融合发展动力机制探测结果

从各动力因素的影响权重探测结果来看（图 4.12）：①外部动力的影响权重为 38.59%，内部动力为 61.41%。这说明内生动力对城乡融合起主导作用，乡村发展应在加强外部“输血”的同时，进一步注重自身“造血”功能的培育。②从外部动力的分析结果来看，城镇化与工业化影响权重分别为 19.05% 和 19.54%。这说明在当前的城乡融合发展过程中，城镇化与工业化仍是影响乡村外源发展的核心动因，城镇化与工业化水平较低的县（市、区）应重点通过转移农村剩余劳动力、完善公共服务设施、推动非农产业发展，增加非农就业岗位等措施提高城镇、园区带动乡村发展的能力。③从内部动力的分析结果来看，自然地形条件的影响权重为 21.01%，乡村资源禀赋的影响权重为 27.65%，远大于乡村要素集聚水平的影响程度。这说明地形地貌是约束乡村内生发展的主要因素，乡村资源禀赋是促进乡村内生发展的重要基础，乡村发展尤其是山地乡村要充分利用农业、生态、文化资源优势，努力挖掘乡村多元价值，探索乡村发展的多元路径，弥补地形条件带来的先天劣势。

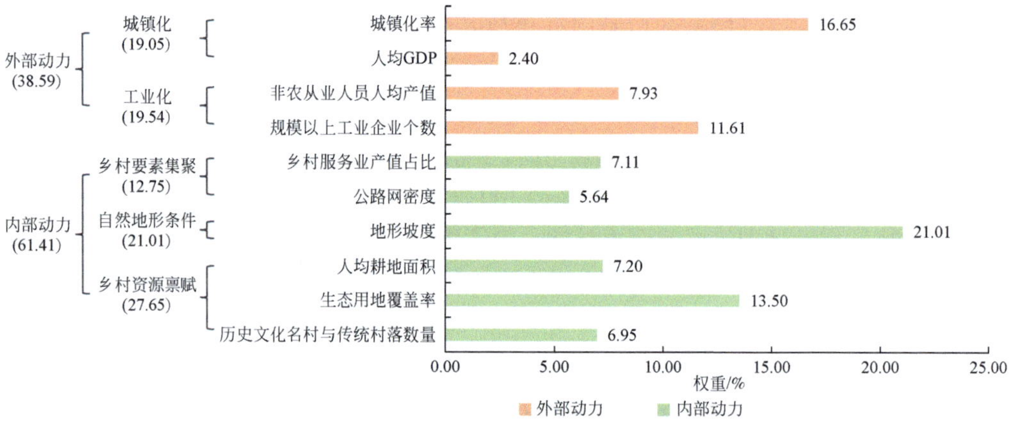

图 4.12　城乡融合发展动力机制识别结果

4.2.4　成渝地区城乡融合发展动力评价结果

对成渝地区 132 个县（市、区）的 10 项动力因素指标进行分析（图 4.13）。外部动力方面，城镇化率、人均 GDP、非农从业人员人均产值、规模以上工业企业个数较高的区域主要位于成都都市圈、重庆都市圈、宜泸内自城镇密集区、万达开城镇密集区以及乐山、绵阳、南充等城市周边。内部动力方面，乡村服务业产值较高的区域位于成都都市圈、川东北以及雅安、泸州等城市周边，且成都地区的整体水平明显高于重庆。公路网密度较高的区域主要位于成都都市圈、重庆都市圈、川东北和万达开城镇密集区，且重庆地区的整体水平明显高于成都。地形坡度、生态用地覆盖率较大的区域主要位于成渝地区外围山体所在的区域。历史文化名村与传统村落数量情况零星分布于成渝地区内部，在宜泸内自城镇密集区、绵阳、雅安周边较为集中。

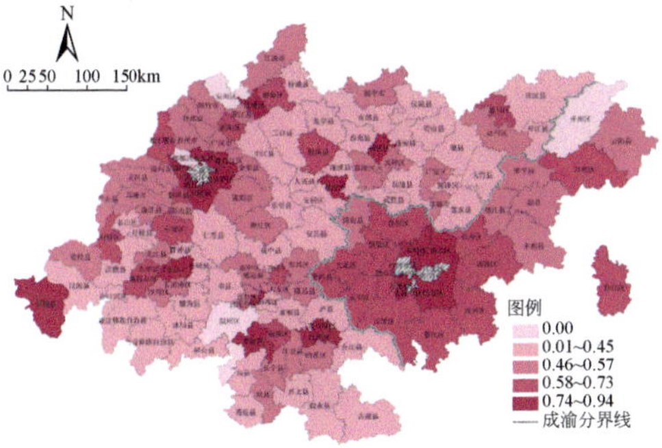

(a)城镇化率

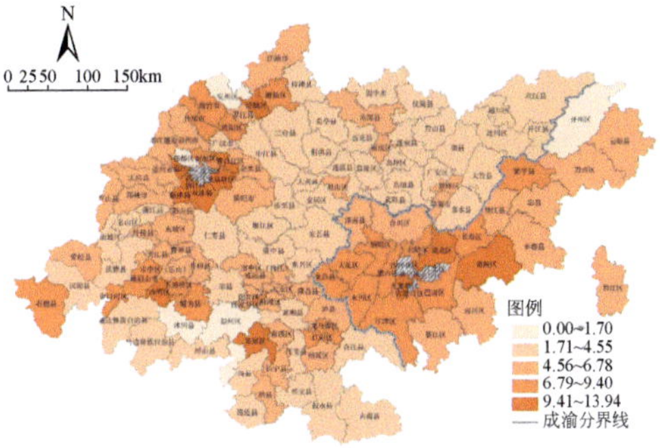

(b)人均GDP

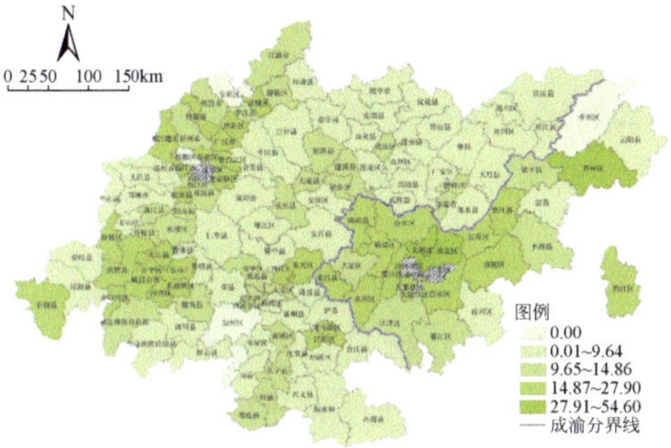

(c)非农从业人员人均产值

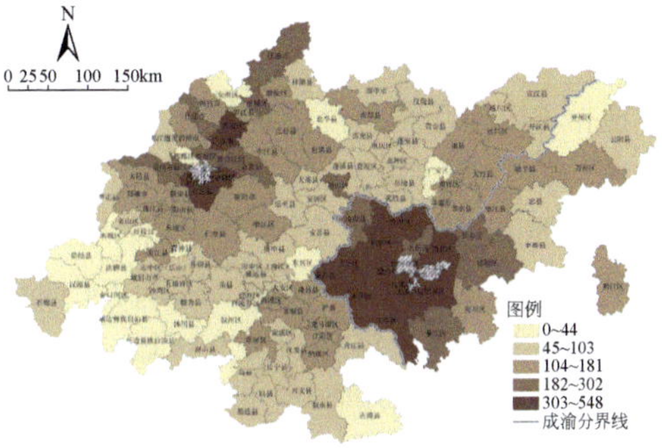

(d)规模以上工业企业个数

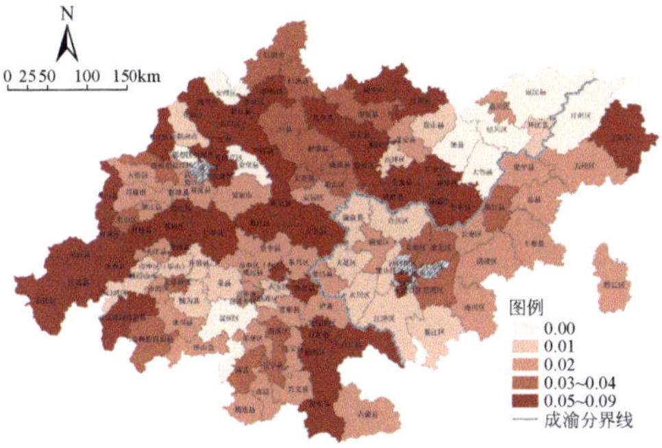

(e)乡村服务业产值占比

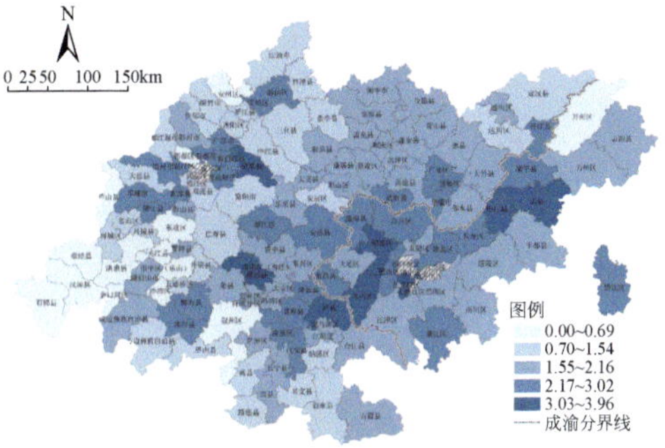

(f)公路网密度

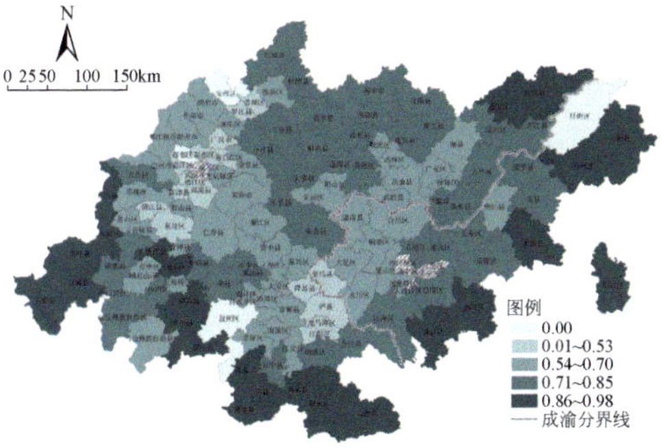

(g)地形坡度

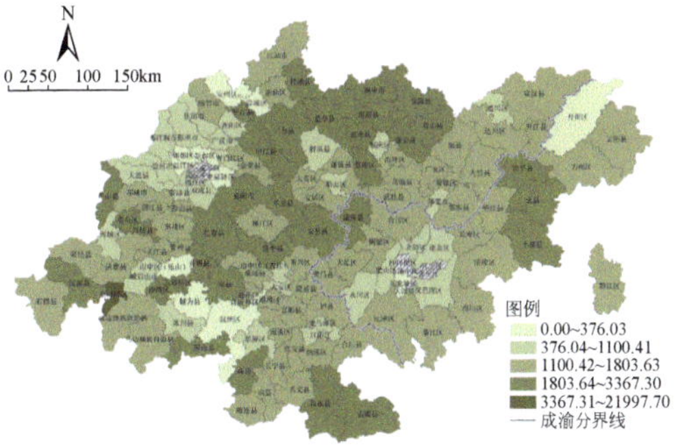

(h)人均耕地面积

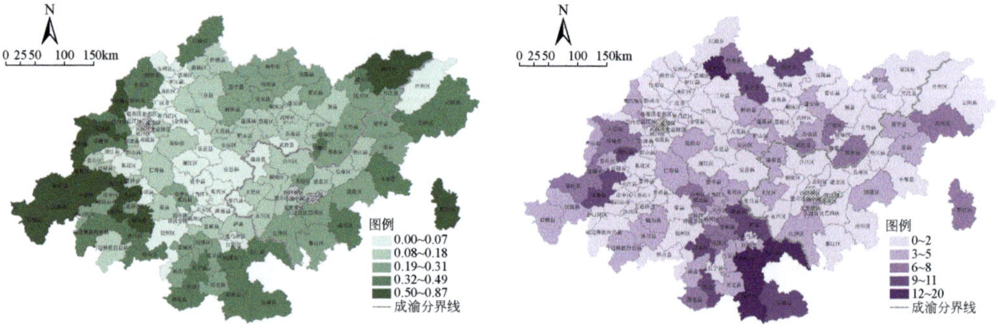

(i)生态用地覆盖率　　(j)历史文化名村与传统村落数量

图 4.13　成渝地区动力因素的空间分异情况

根据 BP 神经网络模型探测得到的各动力因素对城乡融合发展水平的影响权重，对成渝地区 132 个县（市、区）的内外动力进行评价，根据评价标准将评价结果划分为极弱、较弱、较强和极强四个等级。从成渝地区的城乡融合发展动力评价结果来看，外部动力方面，动力较强的县（市、区）主要位于成都都市圈和重庆都市圈区域附近，动力极弱的县（市、区）主要位于川北和川南区域。成渝地区的外部动力总体呈现以成都都市圈和重庆都市圈为核心的“双圈层递减”的空间分布特征。同时，围绕重庆都市圈的城镇化与工业化水平较高区域明显大于四川区域，说明重庆城镇化、工业化的辐射带动范围更大，重庆地区的外部动力平均值为 0.145，明显高于四川地区的 0.106（图 4.14）。

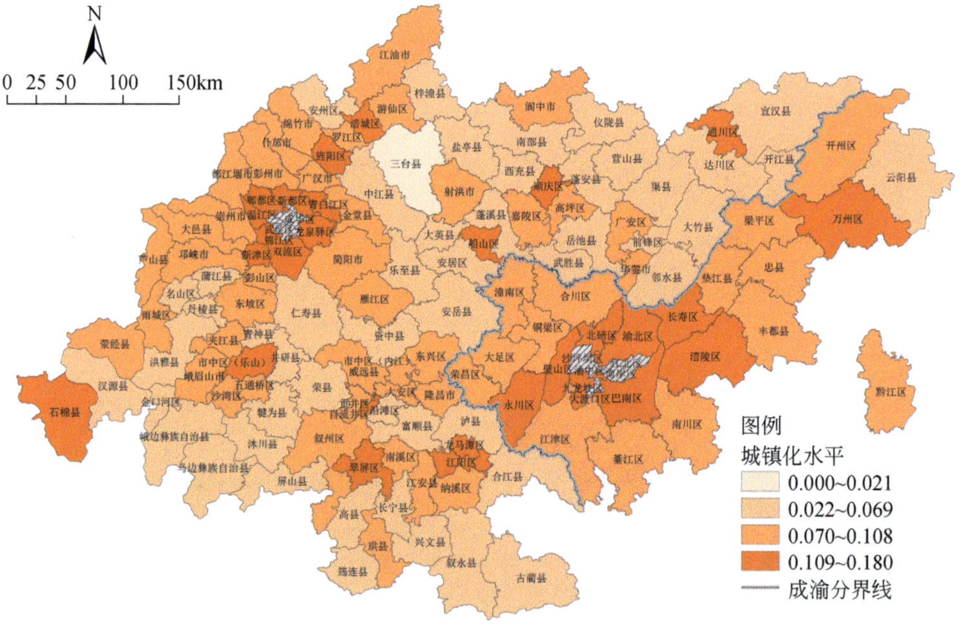

(a)城镇化水平空间差异

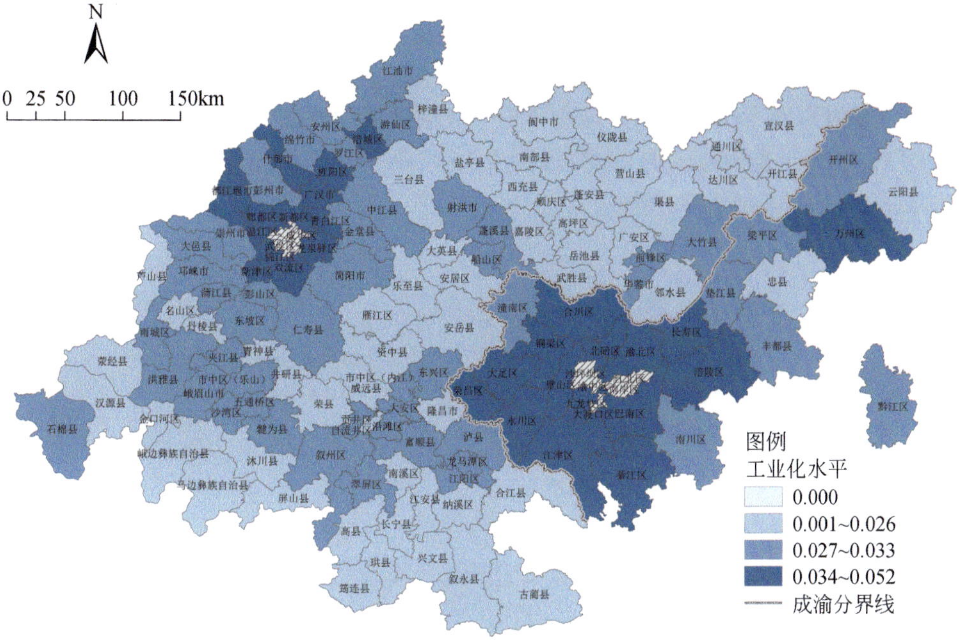

(b)工业化水平空间差异

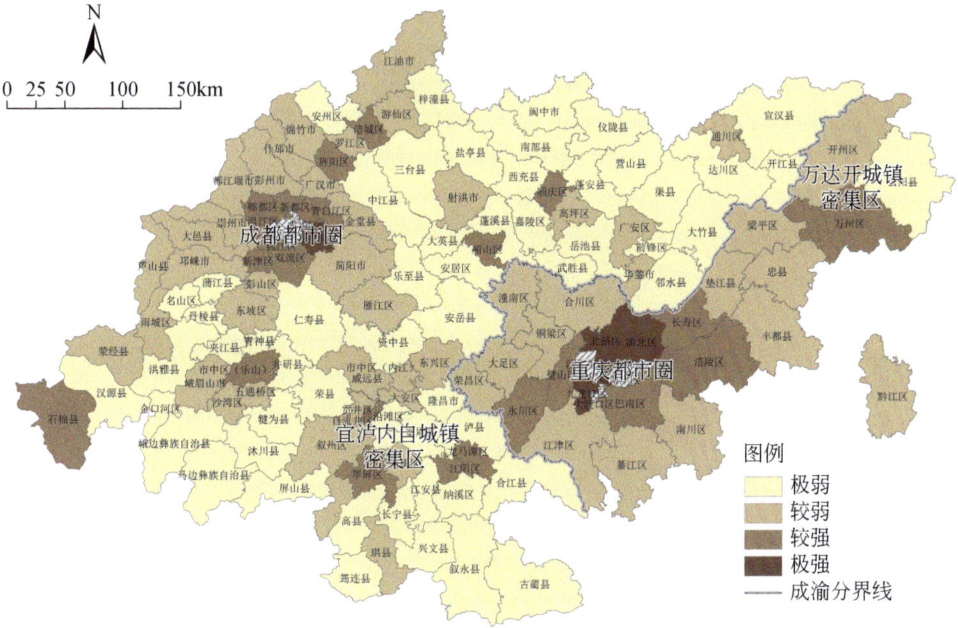

(c)外部动力空间差异

图 4.14　成渝地区县域城乡融合发展的外部动力空间差异

从成渝地区的城乡融合发展内部动力来看，动力较强的县（市、区）主要位于成都都市圈和宜泸内自城镇密集区，以及中部地势平坦、土地富饶的区域，动力极弱的区县主要位于成渝双城外围地形起伏较大的区域，包括川西、川南和渝东北等区域。成渝地区的内部动力呈现以成渝中心腹地为中心的“单圈层递减”的空间分布特征。同时，乡村要素集聚水平较高区域主要位于成渝地区的东部，自然地形条件约束较小的区域主要位于成渝地区的中部，乡村资源禀赋较好的区域主要位于成渝地区的西部，成都地区的内部动力平均值为0.243，略高于重庆地区的0.237（图4.15）。

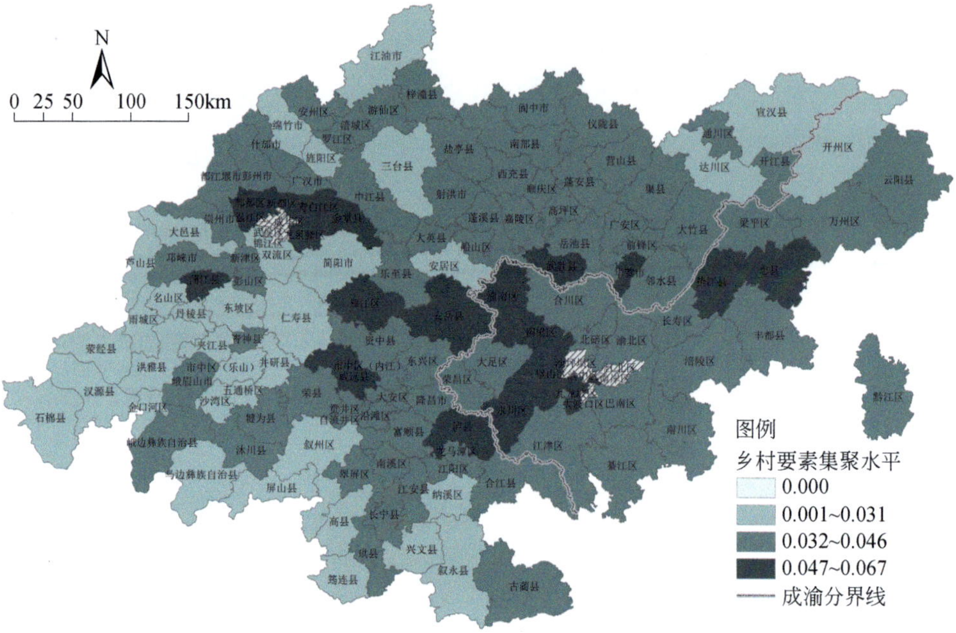

(a)乡村要素集聚水平空间差异

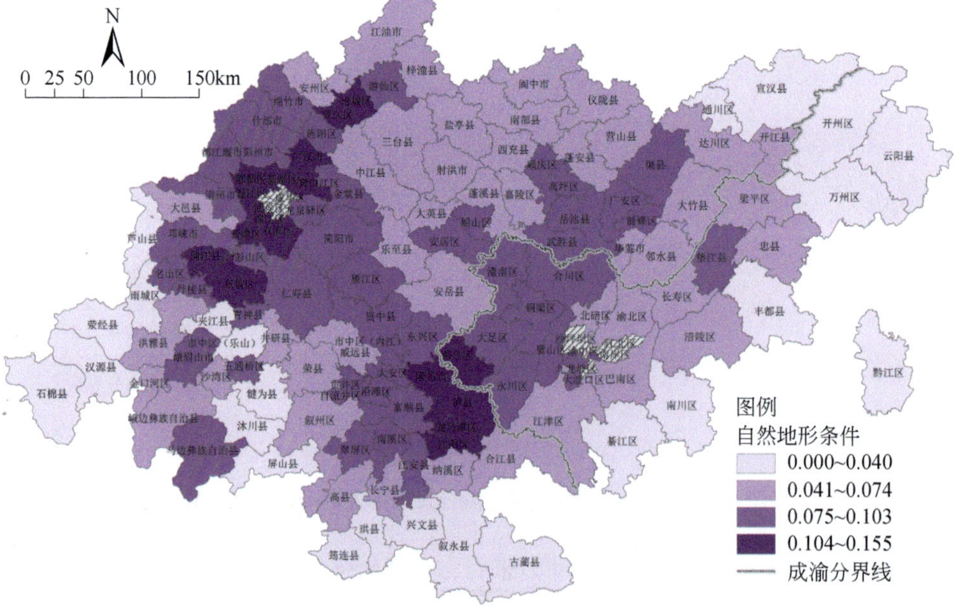

(b)自然地形条件空间差异

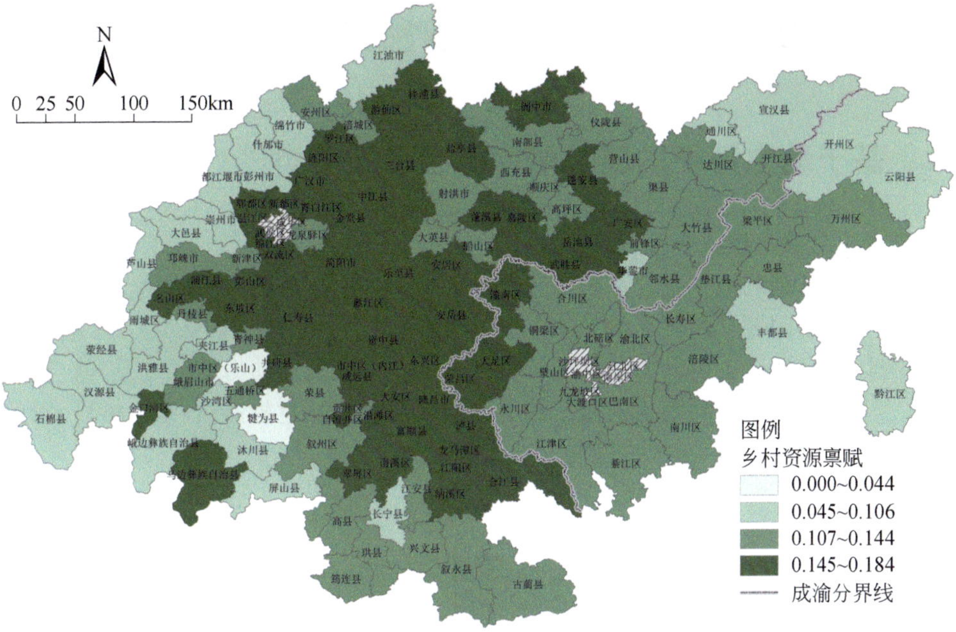

(c)乡村资源禀赋空间差异

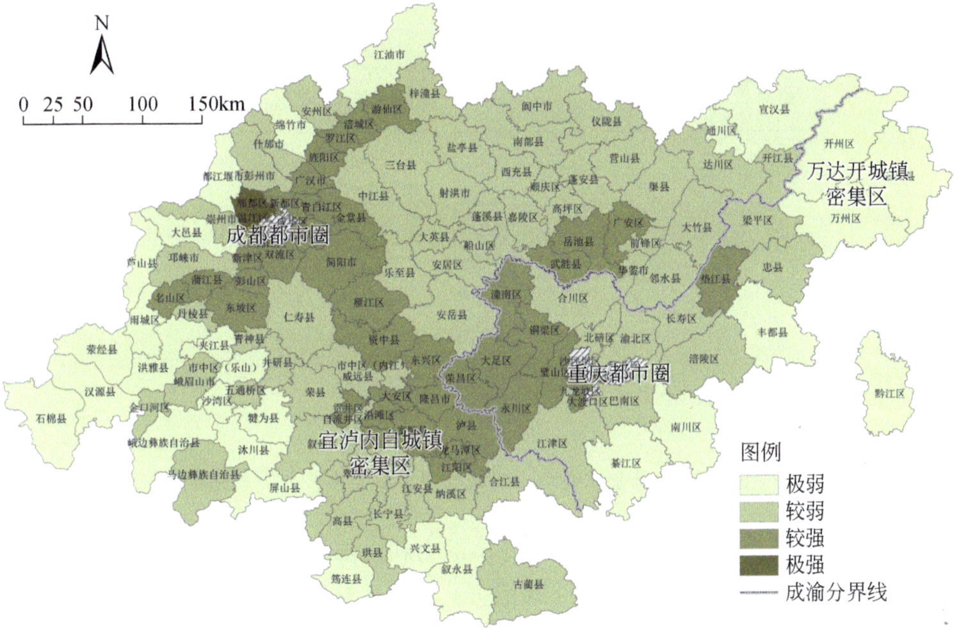

(d)内部动力空间差异

图 4.15　成渝地区县域城乡融合发展的内部动力空间差异

4.3 成渝地区城乡融合共生模式判别

4.3.1 基于动力特征的城乡融合共生模式分类

1）城乡融合共生模式分类思路

成渝地区各区县的城乡融合水平存在差异，如果采用同样的发展路径，不仅不能解决本地区乡村发展的问题，还可能导致乡村“破坏性建设、建设性破坏”[127]。基于上述情况，本研究以城乡融合发展动力为基础，根据外部动力和内部动力的强度差异，提炼出城乡一体型、差异协调型和收缩重构型三种类型的城乡融合共生模式（图4.16），以此作为成渝地区因地制宜推进城乡融合发展的目标与方向。

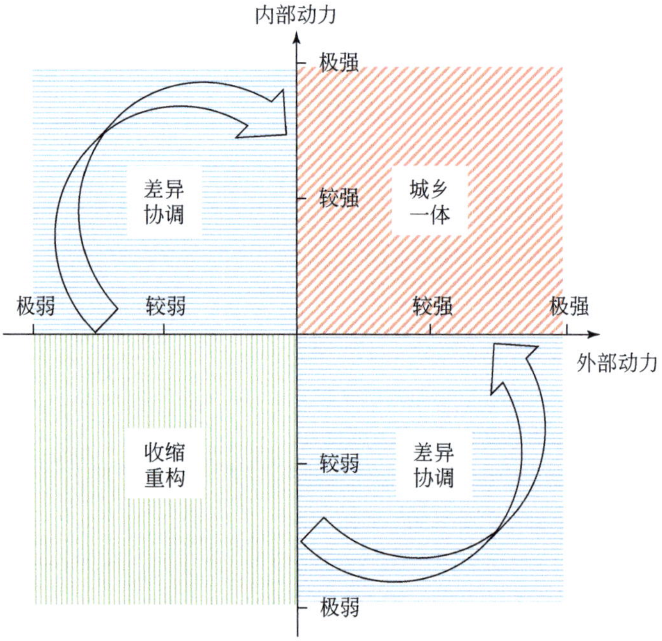

图4.16 基于发展动力的城乡融合共生模式分类思路

其中，城乡一体型代表县域同时受到外部动力和内部动力的驱动作用较强，未来发展应加强城乡之间的交流与互促，通过资源互动、功能互补、设施共享等方式实现城乡一体化发展；差异协调型则代表县域主要受外部动力或内部动力一种类型的动力驱动，未来发展应该采取差异化模式，在外部动力较强的区域通过以城带乡的形式利用优势城镇或工业园区带动乡村发展，在内部动力较强的区域通过农业现代化的方式结合现代农业产业园的发展实现自身转型；收缩重构型则代表县域则受到的内、外部动力均不足，这一类县域的城乡经济发展水平都很低，没办法实现全域乡村同步振兴，因此应该适当考虑合理拆并和有序发展思路，选择性地先振兴一部分优质乡村，逐步引导其他乡村发展（表4.5）。值得说明的是，城乡融合发展模式并不是一成不变的，随着城乡水平的不断提升，城乡发展动力会逐渐加强，收缩重构型也会升级为差异协调型或城乡一体型。因此，地方政府在制定城乡发展政策时，除了针对不同城乡融合模式的县域提出差异化路径，也要兼顾城乡发展的动态变化进而对政策与路径作出实时调整，以指导乡村地区的可持续发展。

表 4.5 不同城乡融合共生模式的特点

模式类型	城乡关系特点	城乡发展特点
城乡一体型（内、外综合驱动型）	城乡势能的级差较小，城乡结构的二元性不明显，资本、劳动力等生产要素在城市或农村进行配置的效果和效益无太大差异	城乡发展水平均较好的县域，这些县域农业基础或乡村旅游资源较好，现代农业、乡村旅游业较为发达
差异协调型（单一动力驱动型）	城市的势能和动能明显高于乡村，城乡融合发展通常借助城市优势的知识、技术、文化、观念和资本，带动农村发展；高度发达的乡村经济和农村生产力使农村在经济、社会、文化、观念等方面积累了强大势能，从而推动着乡村产业结构自发地调整、升级和转化	城市发达、乡村落后的县域，或者城镇化滞后于农业现代化的县域，这种模式是我国中西部最为典型的城乡融合发展模式
收缩重构型（内、外动力不足型）	城镇辐射带动能力弱，乡村自身发展条件也不好，只能通过特色发展、错位发展、协调发展增强造血能力	城乡发展水平均较低的县域，这些县域一般受自然地形条件约束较大，区域发展不平衡

2）城乡融合共生模式分类标准

评价标准根据全国东、中、西部的 72 个典型县（市、区）的动力水平区间进行确定。根据 BP 神经网络模型计算得出的影响权重，对各县（市、区）的内外动力进行评价。评价结果显示，外部动力区间为［0.039，0.275］，内部动力区间为［0.137，0.429］，进一步根据各县域外部、内部动力的分布情况，取中位数作为城乡融合发展动力的评价标准：外部动力大于等于 0.150 则表明动力较强，反之则较弱；内部动力大于等于 0.275 则表明动力较强，反之则较弱（图 4.17）。

4.3.2 成渝地区城乡融合共生模式的判别结果

依据上述分类标准，本研究对成渝地区的 132 个县（市、区）的城乡融合共生模式进行判别，以指导成渝地区各县（市、区）的镇村差异化发展。从判别结果来看，成渝地区的 132 个县（市、区）中，城乡一体型的县（市、区）14 个，占 10.6%，差异协调型的县（市、区）38 个，占 28.8%，收缩重构型的县（市、区）80 个，占 60.6%。可以看出，成渝地区的城乡融合共生模式以差异协调型和收缩重构型为主，其中，收缩重构型的县（市、区）比重最大（图 4.18）。

从不同城乡融合共生模式的空间分布差异来看，城乡一体型的县（市、区）主要位于成都都市圈、重庆都市圈和宜泸内自城镇密集区区域，包括成都市郫都区、新都区、青白江区、龙泉驿区、双流区、新津区、温江区，德阳市旌阳区，绵阳市涪城区，泸州市龙马

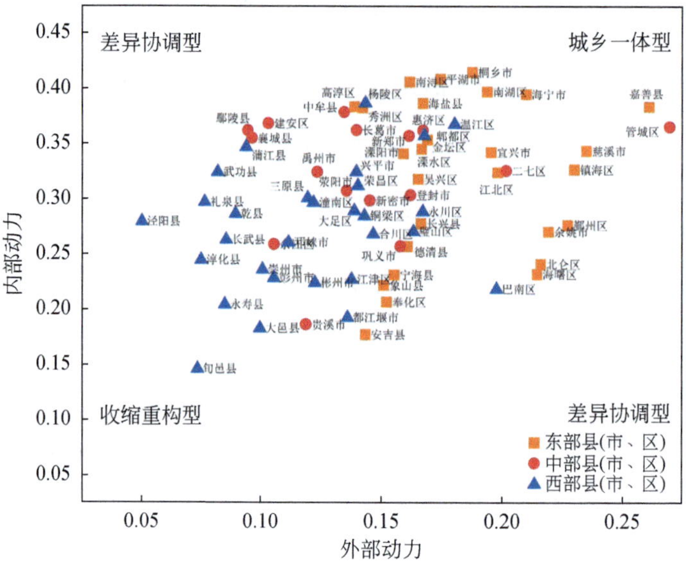

图 4.17 基于发展动力的城乡融合共生模式分类标准

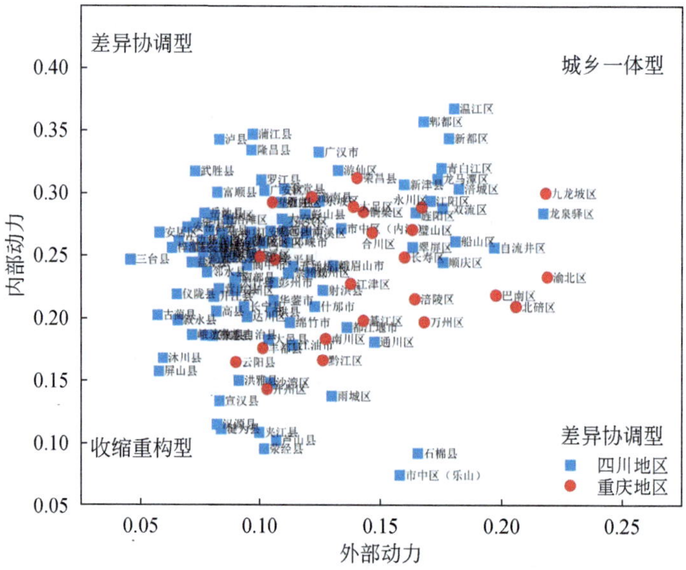

图 4.18 成渝地区各县（市、区）城乡融合共生模式判别结果

潭区、江阳区等 11 个区，以及重庆市九龙坡区、璧山区、永川区 3 个区。差异协调型的县（市、区）主要位于成渝地区的中部腹地区域，包括成都市简阳市、资阳市雁江区、内江市资中县等 27 个县（市、区），以及重庆市铜梁区、潼南区、垫江县等 11 个县（市、区）。收缩重构型的县（市、区）主要位于成渝双城的外围地区，包括成都市大邑县、邛

峡市、都江堰市等 70 个县（市、区），以及重庆市江津区、忠县、梁平区等 10 个县（市、区）（图 4.19）。

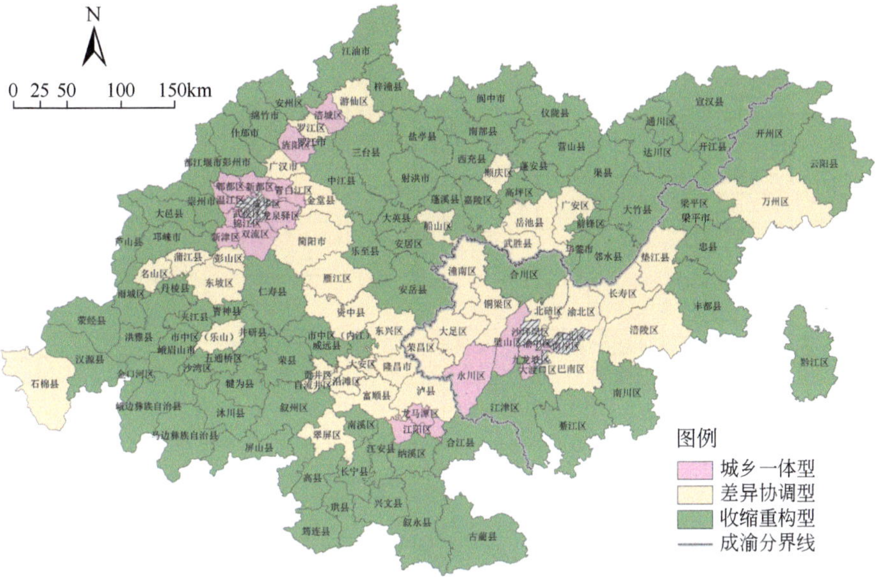

图 4.19　成渝地区县域城乡融合共生模式空间分布差异

4.3.3　成渝地区城乡融合共生模式的空间分布解析

对成渝地区县域城乡融合共生模式的空间分布差异进行进一步解析，可以发现，不同类型县域受地貌特征和交通区位的影响，在资源禀赋条件、要素集聚水平、自然地形条件、工业化、城镇化和政策支持力度等动力方面表现出不一样的发展水平。

1）城乡一体型县域的空间分布解析

城乡一体型县域主要为地势平坦且位于成渝都市圈近邻的县（市、区）。一方面，这些县（市、区）主要位于成都平原和重庆岭谷之中，地形地貌较为平坦、土地肥沃、水源充沛，使得乡村发展的要素集聚水平和资源禀赋条件较好，设施较为完善，资源较为集中，农业规模化和特色化发展水平较高。另一方面，这些县（市、区）主要位于成渝都市圈和宜泸内自城镇密集区区域，这部分区域由于区位优势，是成渝地区经济、人口分布最稠密的地区，城镇化、工业化水平较高，乡镇企业和乡村企业发展较好，为乡村地区提供了大量的非农就业，带动了乡村地区的城镇化发展。同时，由于紧靠中心城区和主城区，政府投入力度和政策支持力度较大，为乡村发展提供了政策保障与资金支持，加速了乡村地区的发展（图 4.20）。最终，在上述两个方面的共同推动作用下，城乡融合发展的内外综合实力较强，县域城乡融合发展的水平较高，城乡融合共生模式以城乡一体型为主。

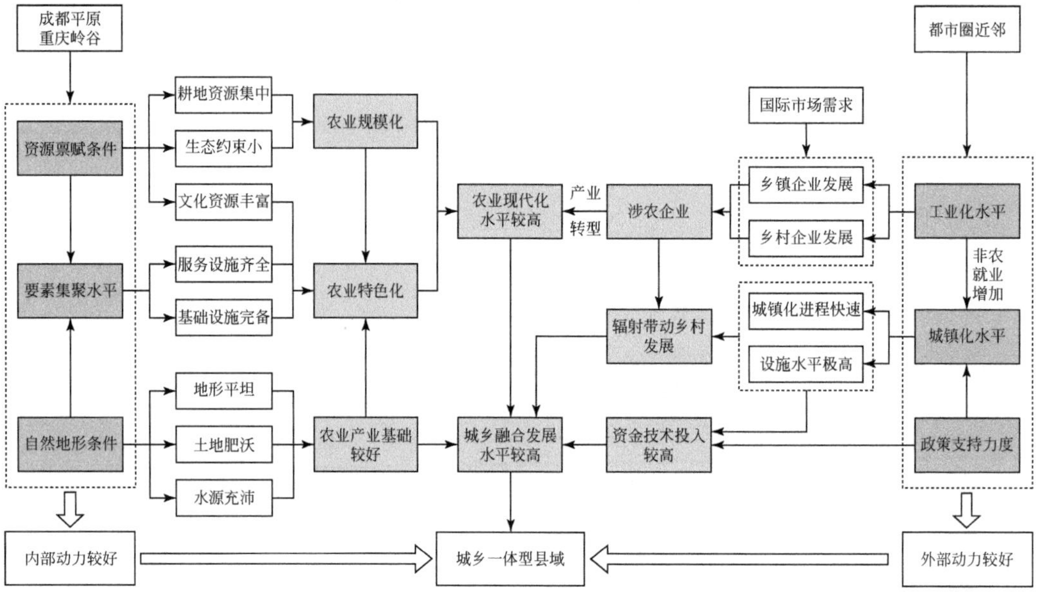

图 4.20　成渝地区城乡一体型县域的空间分布解析

2）差异协调型县域的空间分布解析

差异协调型县域主要为成渝都市圈远郊的平原县（市、区）或近郊的山地县（市、区）。对于成渝都市圈远郊的平原、岭谷县（市、区）而言，由于地势平坦、土地肥沃、耕地资源集中，这些县（市、区）是成渝地区的粮食主产区，也是生猪、柑橘、蔬菜、蚕丝、中药材等重要农产品的生产基地。进入 21 世纪以来，国家粮食生产安全问题逐渐成为热点，承担粮食生产功能的县（市、区）的战略地位进一步凸显。在国家与地方出台相关政策促进粮食产量大幅增长的同时，农业规模化得到适度发展，成为推动乡村经济整体发展的重要力量。但由于成渝地区经济规模和发展水平不如沿海三大城市群，地区生产总值仅为三大城市群的 1/3～1/2，成渝两大都市圈生产总值不足上海都市圈的 1/4①，核心城市和都市圈的综合竞争能力仍然有限，工业化和城镇化水平较低，对远郊区县的辐射带动作用仍然不足（图 4.21）。这导致城乡融合发展的内部动力较好但外部动力较差，县域城乡融合发展的水平一般，城乡融合共生模式以差异协调型为主。

对于成渝都市圈近郊的山地县（市、区）而言，县域范围内为沟谷迂回的丘陵、山地地形，相比于平原区县而言，地形起伏大、土地较为贫瘠、耕地资源分散，农业产业基础薄弱且规模化发展受限。但由于这些县（市、区）位于成渝都市圈附近，工业化水平和城镇化水平相对较高，既可以带动乡村地区城镇化发展，又可以为农业发展提供农产品加工和农科研发技术，在一定程度上提升了农产品的产量和质量。同时，在当前“生态文明、绿色发展”的背景下，还可以结合乡村地区的生态资源优势，提供政策支持，推动农业特色化适度发展（图 4.22）。这样，便导致城乡融合发展的内部动力较差而外部动力较好，

① 资料来源：《成渝地区双城经济圈国土空间规划》（2020～2035 年）阶段成果。

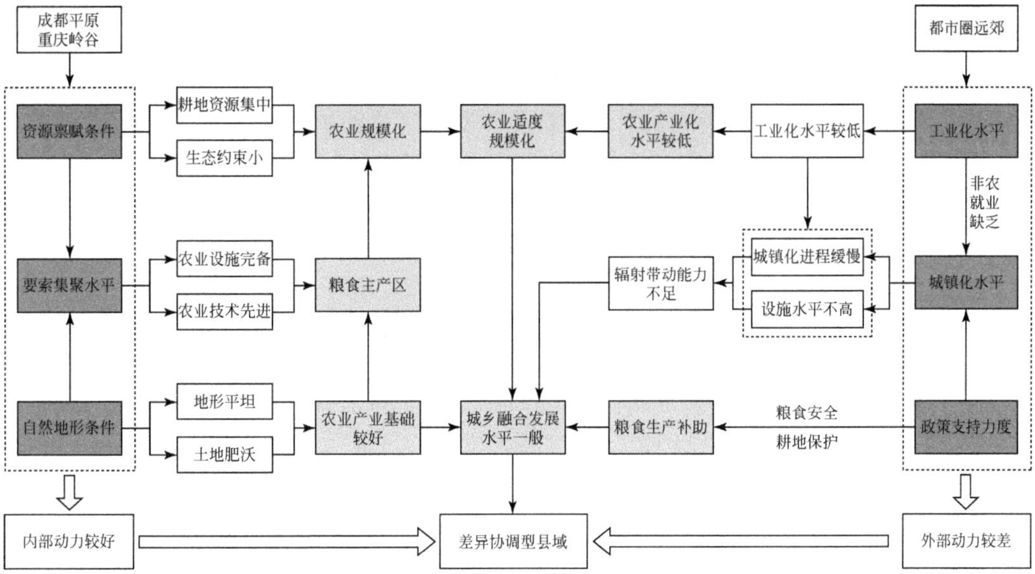

图 4.21　成渝地区差异协调型县域（内部动力较好）的空间分布解析

县域城乡融合发展的水平一般，城乡融合共生模式仍然以差异协调型为主。

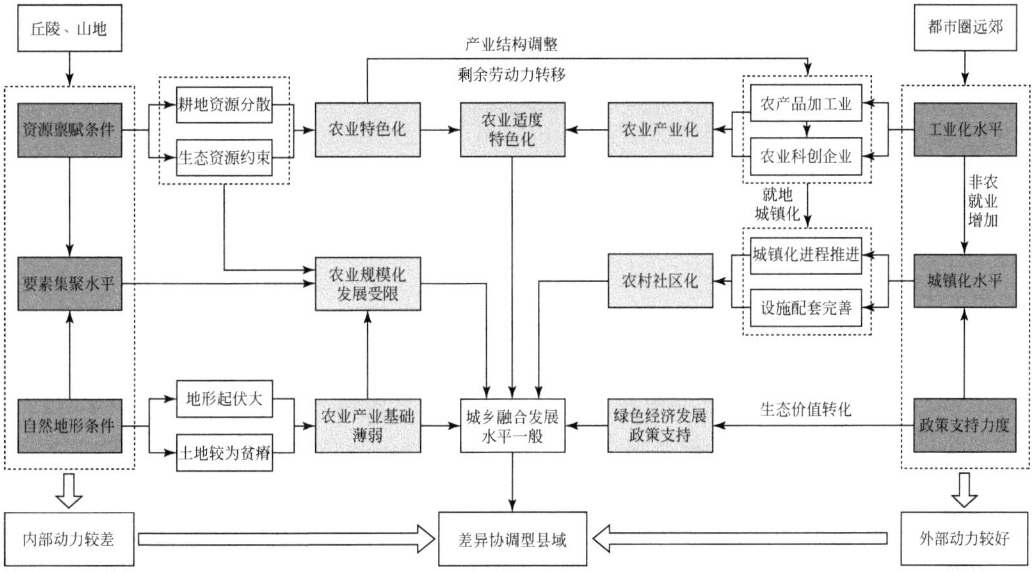

图 4.22　成渝地区差异协调型县域（外部动力较好）的空间分布解析

3）收缩重构型县域的空间分布解析

收缩重构型县域主要是位于成渝都市圈远郊的丘陵、山地县（市、区）。一方面，这些县（市、区）主要分布在成渝地区的外围，位于四川盆地周边的岷山-邛崃山、秦巴山区、武陵山-大娄山和大凉山等区域，担负着成渝城乡发展的重要生态屏障功能。另一方面，由于受地形地貌、生态资源的约束，这些县（市、区）的耕地资源匮乏且破碎，农业规模化发展受限，难以对涉农工业形成有效支撑，城镇工业只能结合能矿资源发展重工业，进一步带来了城乡产业联系弱、农业现代化水平较低的问题。同时，这些县（市、区）距成渝都市圈的空间距离较远，经济区位、交通区位处于相对劣势，工业化与城镇化水平较其他县（市、区）较低，对乡村地区的辐射带动能力低下、要素投入水平不高(图4.23)。在上述因素的影响下，城乡融合发展的内外动力均不足，县域城乡融合发展的水平较低，城乡融合共生模式以收缩重构型为主。

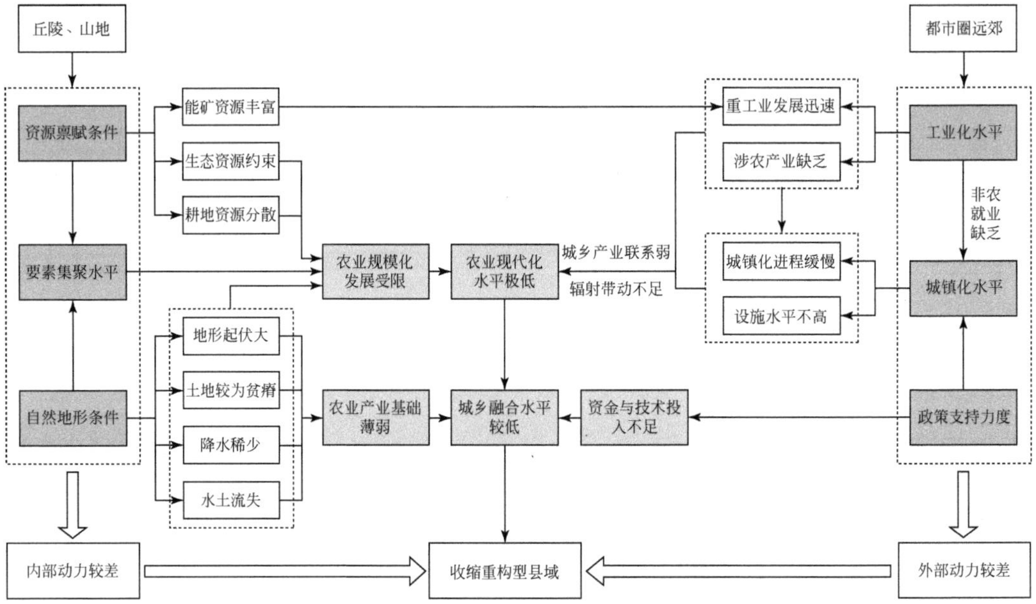

图4.23　成渝地区收缩重构型县域的空间分布解析

4.4　本章小结

本章按照前文构建的研究框架开展了区域尺度的县域城乡融合共生模式判别的研究，运用城乡协调发展模型和BP神经网络模型，重点探讨了城乡融合背景下成渝地区132个县（市、区）的城乡融合水平、城乡融合动力和城乡融合共生模式的区域差异。

首先，从城乡发展度和城乡协调度两个方面构建城乡协调发展模型，对132个县(市、区)的城乡融合水平进行测度。从测度结果来看，城乡融合水平极高的县（市、区）主要位于成都、重庆都市圈范围，城乡融合水平较高的县（市、区）主要位于宜泸内自城镇密集区、成渝中轴城际交通走廊、成棉乐、沿长江城镇发展走廊，其余区域的城乡融合水平较低。其次，从外部动力和内部动力两个方面搭建了城乡融合发展的动力系统，建立了县域城乡融合发展动力评价指标体系。在此基础上，将城镇化、工业化、区域政策、乡村要素集聚水平、自然地形条件、乡村资源禀赋等外部、内部动力因素与城乡融合发展水平相关联，运用BP神经网络模型对成渝地区132个县（市、区）的城乡融合发展动力进行评价。从评价结果来看，外部动力较强的县（市、区）主要位于成都都市圈和重庆都市圈区域附近，外部动力极弱的县（市、区）主要位于川北和川南区域。内部动力较强的县（市、区）主要位于成都都市圈和宜泸内自城镇密集区，以及中部地势平坦、土地富饶的区域，内部动力极弱的县（市、区）主要位于成渝双城外围地形起伏较大的区域，包括川西、川南和渝东北等地。然后，根据城乡融合发展外部、内部动力的强弱程度，将县域城乡融合共生模式划分为城乡一体型、差异协调型和收缩重构型三种，以此作为成渝地区因地制宜推进城乡融合发展的目标与方向。从城乡融合共生模式的判别结果来看，成渝地区 132 个县（市、区）中，城乡一体型县（市、区）有 14 个，占 10.6%，差异协调型县（市、区）有 38 个，占 28.8%，收缩重构型县（市、区）有 80 个，占 60.6%。这说明成渝地区的城乡融合共生模式以差异协调型和收缩重构型为主。

第 5 章　基于融合共生关系识别的镇村共生单元划定

依据前文构建的城乡融合共生理论和县域镇村空间格局研究框架，县域尺度需要开展镇村共生单元划定的研究，通过识别县域内各乡镇之间的融合共生关系，将功能相同、地域相邻、空间相连的多个乡镇划定为同一个镇村共生单元，以此作为协同镇村发展路径、统筹镇村空间布局的载体，进而更有效地推动城乡融合共生发展。

本章从“功能-等级-邻近”关系三个方面解析镇村空间的融合共生关系，运用功能适宜性评价、场所中心性分析、网络关联性测度等技术方法，对乡镇之间的融合共生关系进行识别。在此基础上，从“单元类型划分—单元中心确定—单元范围划定”三个环节构建镇村共生单元的划定方法与操作流程。同时，分别选取重庆、四川的城乡一体型、差异协调型和收缩重构型共六个县域，分别为重庆市永川区、垫江县、忠县和成都市郫都区、简阳市、乐山市峨边彝族自治县，作为镇村共生单元划定的实践案例（图 5.1）。由于上述六个县（市、区）均为国家城乡融合发展试验区、统筹城乡综合配套改革示范县、农村产业融合发展试点县或乡村振兴重点县，因此在开展城乡融合和镇村发展相关研究上具有典型性（图 5.1 和表 5.1）。进一步，基于单元划定结果，归纳、总结成渝地区不同城乡融合共生模式的县域的单元划定差异，形成相对科学的划定标准，该研究结论不仅可以为

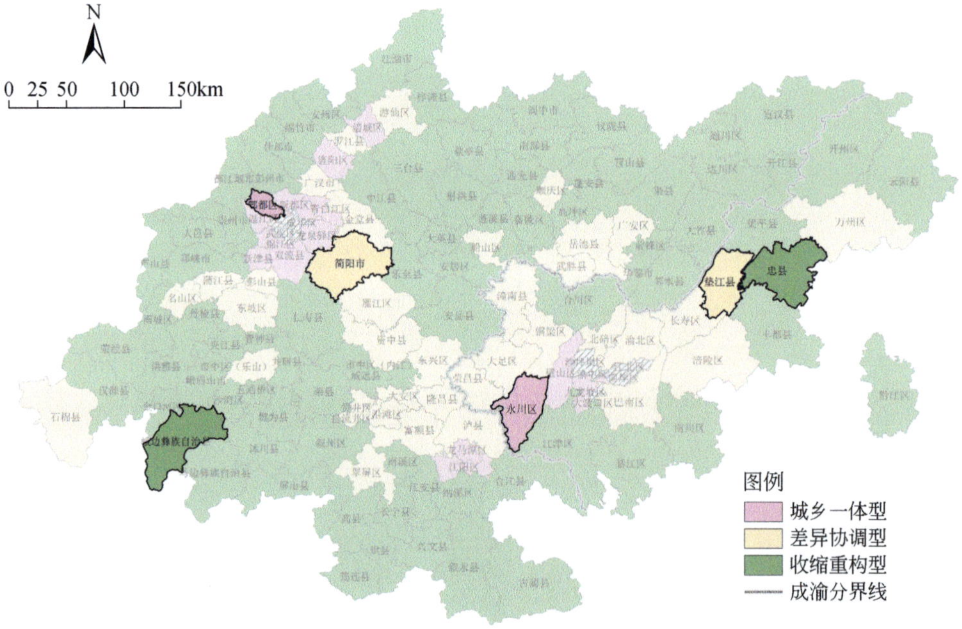

图 5.1　典型县（市、区）在成渝地区的位置

当前成渝地区正在开展的镇村片区、镇村单元划定工作提供参考，还可以为多镇连片编制乡镇级国土空间规划提供技术指导。

表 5.1　不同类型典型县域的概况

地区	名称	城乡融合共生模式	称号
重庆	永川区	城乡一体型	国家城乡融合发展试验区
	垫江县	差异协调型	重庆市统筹城乡综合配套改革示范县
	忠县	收缩重构型	2016 年国家农村产业融合发展试点示范县 2019 年全国农村创新创业典型县
成都	郫都区	城乡一体型	国家城乡融合发展试验区
	简阳市	差异协调型	2021 年四川省乡村振兴成效显著县（市、区）
	峨边彝族自治县	收缩重构型	2021 年四川省乡村振兴重点帮扶县 2021 年四川省乡村振兴重点帮扶优秀县

5.1　基于融合共生关系的镇村共生单元划定技术框架

5.1.1　镇村“功能-等级-邻近”关系解析

依据共生理论，共生关系是共生发展的关键，是共生体形成共生单元的依据。因此，镇村共生单元划定的关键是识别县域内部各乡镇之间的融合共生关系。法国著名社会学家列斐伏尔构建了超越“物质-意识”二元论的空间生产三元辩证法理论，他认为对空间的理解可以从空间实践（spatial practice）、空间表征（representations of space）、表征空间（spaces of representations）三部分展开[242,243]。其中，空间实践指被人们直接感知的自然环境、建成环境等物质空间；空间表征指规划师、建筑师、政府等构建的抽象空间；表征空间指人的日常生活在物质空间中反映出来的社会空间表达[135]。这种复合空间认知的理论方法为镇村空间融合共生关系的分析提供了一种更加综合、全面的视角。

在空间生产三元论视角下，本研究认为镇村空间具有国土空间、场所空间和流动空间三个方面的属性：国土空间是具有多重功能使用属性的空间类型，是城乡发展的物质载体，表征着镇村的空间实践；场所空间是具有地理区位属性和空间等级属性的空间类型，是基于人口、经济、产业等规模强度形成的中心或等级，影响物质空间格局的形成，表征着镇村的空间表征；流动空间是具有流动属性的空间类型，是居民日常行为活动、社会经济联系等与物质空间相互作用形成的结果，代表镇村的表征空间。基于此，在国土空间、场所空间和流动空间复合属性的作用下，镇村空间具有“功能-等级-邻近”的多重融合共生关系（图 5.2）。

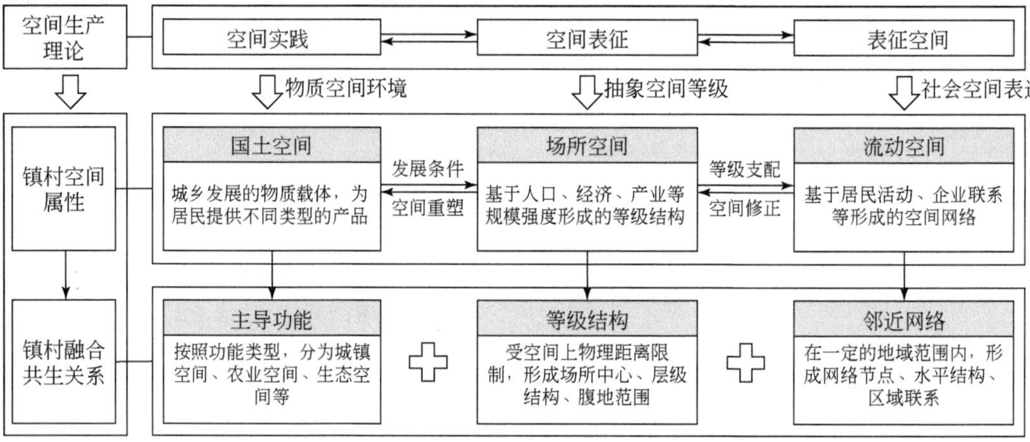

图 5.2　空间生产三元论视角下镇村融合共生关系解析

1）镇村主导功能关系

镇村空间是一个复杂的巨系统，具有生活、生产和生态等多功能的客观属性，不仅是城乡居民的居住地，还为城乡居民提供粮食保障，更是维护城乡生态安全的重要开敞空间[244]。镇村社会经济发展需要与资源环境相协调，在空间上合理配置各种功能用地。由于不同功能在空间上的表现形式与作用强度存在差异，镇村空间存在一种起主导作用的功能，影响着镇村职能、产业、经济等[245]。

2012 年，十八大首次提出“三生空间”的概念，明确了镇村空间存在生产、生活或生态的主导功能，要求“促进生产空间集约高效、生活空间宜居适度、生态空间山清水秀”。2019 年，国土空间规划体系建立，提出将“三区三线”作为国土空间规划用途管制的重要内容，进一步明确城乡空间内部的城镇、农业、生态等核心功能（图 5.3）。2020 年 11 月，《中共中央关于制定国民经济和社会发展第十四个五年规划和二〇三五年远景目标的建议》中提出“逐步形成城市化地区、农产品主产区、生态功能区三大空间格局”，细化主体功能区划分，按照主体功能定位划分政策单元，对重点开发地区、生态脆弱地区、能源资源富集地区等制定差异化政策，分类精准施策。可以看出，国土空间视角下的镇村空间具有明显的主导功能，不同镇村应根据主导功能选择适合的开发、利用或保护路径。对于主导功能相同的镇村而言，相互之间的资源条件、产业类型相差不大，镇村发展路径也较为相似。相反，对于主导功能不同的镇村，其发展路径差异较大。因此，在城乡共生系统中，只有主导功能相同的镇村才能实现共生发展。

为了选取更为科学的主导功能类型划分方式来开展研究，本研究进一步对“三生空间”和“三区三线”的内涵进行比较。分析后发现，“三生空间”的生产、生活、生态空间分类方式在具体操作上存在难以准确界定的情况，例如，在倡导产城融合、产镇融合的城镇空间中，生活空间与生产空间难以分割，又如乡村地区生活空间总是依附于生产空间布局，两者难以区分。因此，为了功能分区便于操作，也为了更好地与现行国土空间规划的内容进行衔接，本研究采用“三区三线”的空间功能分类方式，将镇村空间的主导功能区分为城镇发展功能区、农业生产功能区和生态保育功能区三种类型（表 5.2）。

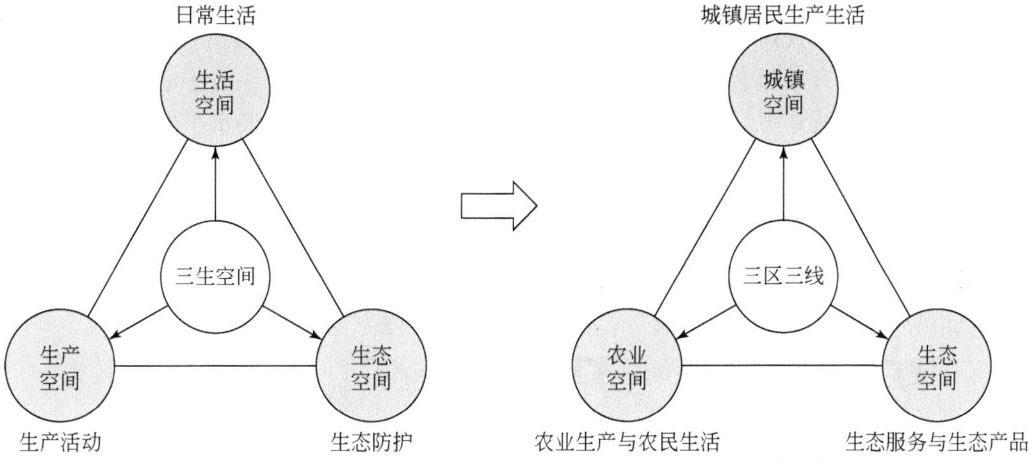

(a) “三生空间” 视角下的主导功能分类　　(b) “三区三线” 视角下的主导功能分类

图 5.3　“三生空间” 与 “三区三线” 的主导功能类型对比

表 5.2　国土空间视角下的主导功能区分类

主导功能区	释义
城镇发展功能区	以城镇居民生产生活为主导功能的国土空间，主要承担城镇建设和发展城镇经济等功能的地域。包括城镇建成区、城镇规划建设区以及初具规模的开发园区
农业生产功能区	以农业生产和农村居民生活为主体功能，承担农产品生产和农村生活功能的国土空间，包括永久基本农田、一般农田等农业生产用地，以及村庄等农村生活用地
生态保育功能区	指具有自然属性、以提供生态服务或生态产品为主体功能的国土空间，包括森林、草原、湿地、河流、湖泊、滩涂等各类生态要素

资料来源：根据参考文献[246，247]整理。

2）镇村等级结构关系

基于场所空间的视角，镇村空间格局是县域范围内不同职能、规模、等级的镇、乡、村相互组合形成的等级结构关系[130]，一直以来便是城市地理学、城乡规划学等学科的重要研究对象。关于场所空间的研究，国内外学者提出了一系列经典理论，对我国镇村空间的相关研究起到了很好的指导作用。其中，较为著名的有国外学者提出的中心地理论、增长极理论、核心边缘理论，以及我国学者陆大道提出的点轴系统理论。1933 年，克里斯塔勒（Christaller）基于对区域空间的市场中心和服务范围进行的实验性观察研究，在《德国南部的中心地》一书中提出了中心地（central place）理论[248]，建立了区域空间的等级结构关系。由于中心地理论与中国社会经济发展的历史背景、城镇体系的等级结构高度契合[249]，其在我国镇村空间、区域研究中起到了重要的启蒙作用。1950 年，法国经济学家佩鲁提出了增长极理论，他认为一个地区的经济发展会首先出现一些发展较好的增长极，在空间上形成极化效应，当极化效应达到一定程度便会向外扩散，带动其他地区的经济发展。他提出，增长极在空间上处于主导地位[68]。1966 年，弗里德曼提出核心-边缘理论，1984 年，陆大道提出点-轴系统理论[250]，均强调了场所空间中的等级结构关系。

从上述空间理论的研究可知，镇村之间存在典型的中心与等级结构特征，中心常被用来描述空间格局中更为重要的等级地位（图 5.4）。在中心的作用下，生产和服务功能在镇村空间上的集聚不仅可以提高各种集聚利益的水平，其形成的中心还对人口、就业等发展要素的空间分布有着显著影响[251]。因此，在城乡共生系统中存在由中心地和扩散域共同组成的中心地系统[252]，镇村之间存在明显的等级结构关系，发展水平较高的乡镇由于其具有较强的集聚辐射能力和多元化的服务能力，可以作为引领、统筹和服务的中心，带动镇村共生单元内的其他镇村快速发展。

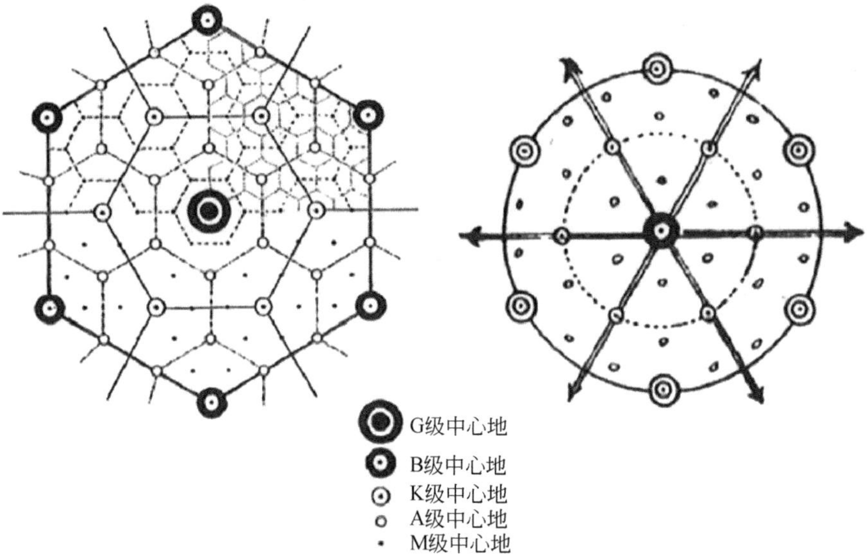

图 5.4　场所空间视角下的镇村等级结构关系示意[248]

3）镇村邻近网络关系

随着信息化与全球化的发展，镇村空间也形成了生产、生活、生态空间上的节点与流，建构了镇村之间的邻近网络关系，使得镇村空间由原有的垂直化、层级化逐渐转变为扁平化、网络化的空间组织形式。在流空间时代，镇村空间研究的理论模式也在不断进化[253]。1993 年卡玛圭和萨隆（Camagni and Salone）提出城市网络理论，对城镇网络化结构进行了研究[254]，1995 年，巴顿（Batten）提出网络城市理论，掀起了镇村空间网络化研究的新思维[255]。1996 年，美国学者卡斯特（Castells）发表了《网络社会的崛起》（*The Rise of the Network Society*）一书，提出流动空间的概念，认为信息化社会是围绕着资本流动、信息流动、技术流动、组织性互动的流动、影像声音和象征的流动等建构起来的[256]。由此，场所空间被颠覆，传统物质空间表现出边界逐渐模糊、功能更加复合等特征[249,257]，镇村空间不再受地理区位、城镇腹地的制约（图 5.5）。

虽然，流动空间对场所空间产生了巨大冲击，从流动空间角度认知城镇与区域特征成为实证研究的热点，并且已经取得了很大的进展[258-260]，但是，并不是说场所空间就不复存在，而是场所空间与流动空间交互在一起，共同对区域空间结构产生影响。正如卡斯特（Castells）指出，场所空间并未消失，在全球化背景下，它与流动空间是相互依存的空间形式[256]，迪玛提斯（Dematteis）也认为全球化进程并未将城镇与其所处地域环境剥离开

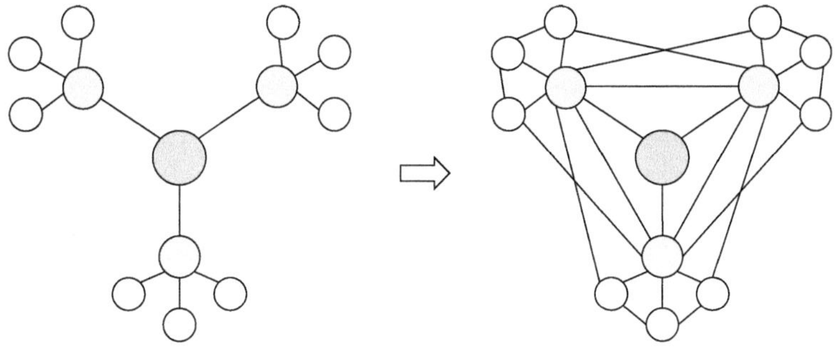

(a)场所空间视角下的镇村空间结构
(b)流动空间视角下的镇村空间结构

图 5.5　流动空间视角下的镇村邻近网络关系示意

来，他强调，城镇空间关系应该同时包括网络关系（network relations）与地域邻近关系（territorial relations）两部分[261]。前者超越地理空间的范畴，属于虚拟空间之间的关系，后者为传统场所空间的范畴，属于相邻城镇之间的地域邻近关系。因此，基于流动空间视角的镇村空间网络关系必然不是完全摆脱地域限制的网络关系，而是一种建立在场所空间邻近关系基础上的“邻近网络关系”，是限定在一定地域范围内的网络关系[262]。

5.1.2　基于融合共生关系的镇村共生单元划定思路

基于前文研究，镇村空间具有国土空间、场所空间和流动空间的复合属性以及“功能-等级-邻近”的多重融合共生关系。其中，国土空间的主导功能关系通过用地适宜性决定着镇村共生单元的类型；场所空间的等级结构关系和流动空间的邻近网络关系通过规模集聚效应和网络关联效应形成场所中心和网络节点，共同对镇村共生单元的中心发挥作用；流动空间在各实体之间产生联系，将中心、节点与其他空间连接起来，对镇村共生单元的范围产生影响。

可以看出，县域内各乡镇之间存在“主导功能-等级结构-邻近网络”的融合共生关系，共同决定着镇村共生单元的类型、中心与范围。为了避免单一视角研究的局限性[263]，本研究从综合视角出发建构镇村共生单元的划定思路：首先，在县域范围内对镇村主导功能的适宜性进行评价，通过城镇发展功能、农业生产功能和生态保育功能的单一功能适宜性评价和多功能适宜性集成，得到各镇村的主导功能类型，作为镇村共生单元类型划分的依据；其次，在分类的基础上，运用空间引力模型对场所中心进行评价，运用出行 OD 模型对网络节点进行评价，综合加权得到镇村共生单元的中心；最后，运用流动空间“OD 优势流”的方法对相同主导功能的镇村网络联系进行计算，根据计算结果将空间相邻、联系紧密的镇村整合在一起，得到镇村共生单元的范围（图 5.6）。

5.1.3　镇村共生单元划定的技术框架构建

镇村共生单元的划定可以通过镇村之间“功能-等级-邻近”的融合共生关系的识别

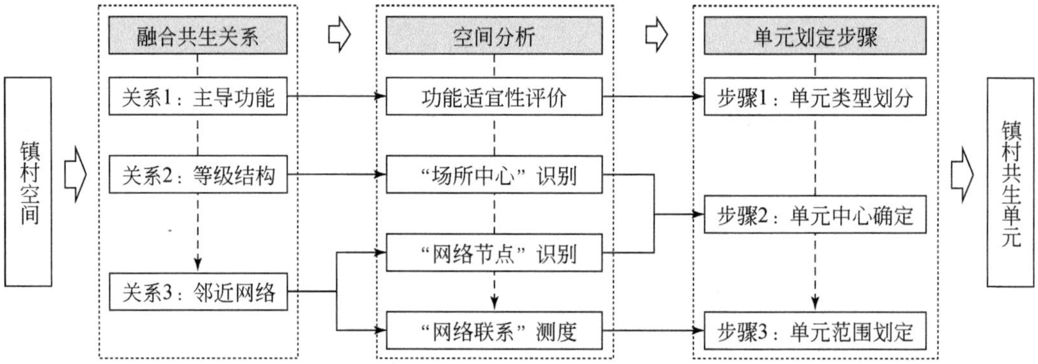

图 5.6　多重融合共生关系视角下的镇村共生单元划定思路

来完成，具体内容包括单元功能类型划分、单元中心乡镇确定和单元边界范围划定三个步骤（图 5.7）。这种先分类型、再划单元的思路，可以避免将不同发展类型的镇村划入同

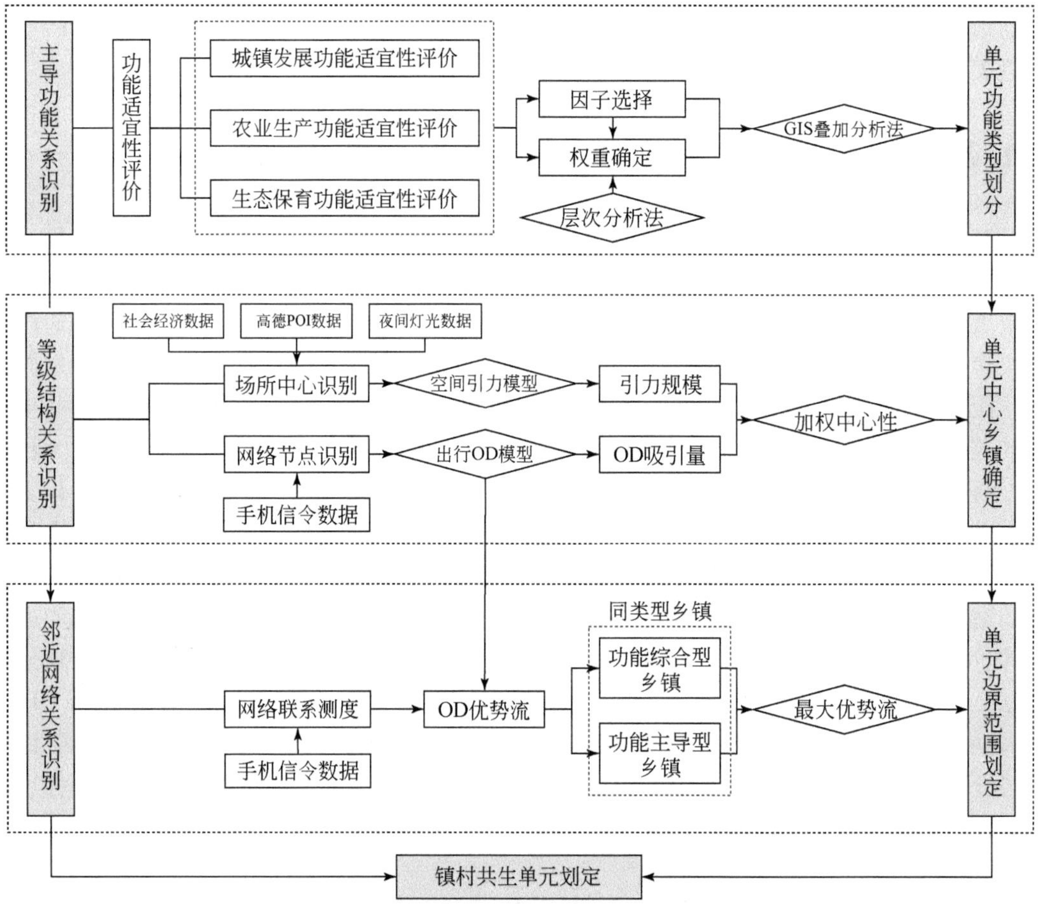

图 5.7　基于融合共生关系识别的镇村共生单元划定的技术框架

POI：兴趣点，point of interest

一个单元，造成发展路径难以统筹的情况。其中，单元功能类型划分主要通过国土空间功能适宜性评价得到，用于指导镇村发展的方向，具体的技术方法包括层次分析法与 GIS 叠加分析法。单元中心乡镇确定与场所空间和流动空间两种空间属性有关，通过场所空间的场所中心识别和流动空间的网络节点识别共同得到，用于指导镇村空间的等级结构，具体的技术方法包括空间引力模型和出行 OD 模型。单元边界范围划定主要通过网络联系度评价得到，通过 OD 优势流的分析，将相同功能、地域相邻、联系紧密的镇村划分在同一个镇村共生单元内。由于评价精度越高，数据越难获，同时考虑乡镇级是“五级三类”国土空间总体规划的最低等级，本研究选择乡镇作为镇村共生单元的基本评价单元。

5.2 镇村共生单元的功能类型划分

5.2.1 方法构建：功能适宜性评价

镇村共生单元的功能类型是镇村发展的主导方向，对乡村生产、生活、生态等活动起着指导作用。只有科学认识、合理布局国土空间的主导功能，在县域范围内形成差异化的功能格局，才能有序引导镇村可持续发展，实现镇村系统的稳定性[264]。因此，为了更好地衔接国土空间规划，镇村共生单元划分有必要以“系统的观念”从国土空间的视角，将县域空间按照城镇发展、农业生产、生态保育等功能进行空间格局划分，以此为基础进一步划分不同类型的镇村共生单元。

1）功能适宜性评价

功能划分的前提是因地制宜，其出发点和落脚点都是对空间利用的适宜性评价[265]。成渝地区县域内部各乡镇之间经济条件、生态环境、地形地貌以及农业资源等差异很大，省市层面的主体功能区划无法体现同一县域行政区域内存在多种主体功能的情况，不利于实施县域内部差异化统筹管理[266]。2018 年，《乡村振兴战略规划（2018-2022 年）》提出“推动主体功能区战略格局在市县层面精准落地，健全不同主体功能区差异化协同发展长效机制”。2020 年，《市级国土空间总体规划编制指南（试行）》提出要“落实主体功能定位，明确空间发展目标战略”“按照主体功能定位和空间治理要求，优化城市功能布局和空间结构，划分规划分区”。基于上述情况，未来的镇村发展需要在县域范围内开展镇村空间主导功能适宜性评价，形成传导细化的功能分区，指导镇村共生单元的类型划定[267]。

功能适宜性评价常用的方法有基于 GIS 的聚类分析、叠加分析、层次分析等多指标决策方法[27,268]。本研究基于 GIS 叠加分析方法，构建“评价指标体系构建—单功能适宜性评价—多功能适宜性集成—单元功能类型划分”的技术路径（图 5.8）：首先，从城镇发展功能、农业生产功能、生态保育功能三个方面构建镇村功能适宜性评价指标体系；其次，分别对县域空间的城镇发展功能、农业生产功能和生态保育功能的单一功能适宜性进行评价，得到不同功能的适宜性空间分异格局；再次，按照“生态优先、农业优先”的原则，对三种单一功能的适宜性评价结果进行集成，得到县域空间的多功能综合评价结果；

最后，根据各乡镇空间的功能适宜性比例，划分乡镇主导功能，进而确定镇村共生单元的功能类型。

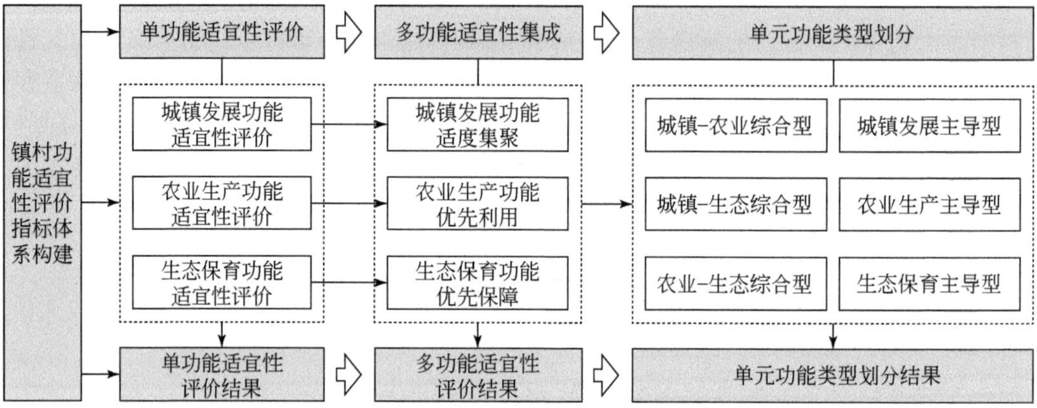

图 5.8　镇村共生单元的功能类型划分方法

2）数据来源

永川区、垫江县、忠县等六个县（市、区）的城镇发展功能、农业生产功能和生态保育功能的适宜性评价数据包括社会经济人口数据、DEM 数据、土地利用数据、道路交通数据和生态资源数据五类。社会经济人口数据来源于中国县域统计年鉴（乡镇卷）、重庆统计年鉴、四川统计年鉴、各县（市、区）统计年鉴和第七次人口普查；DEM 数据来源于地理空间数据云平台，数据精度为 30m；土地利用数据来源于各县（市、区）第三次土地调查变更或第二次土地调查变更数据；道路交通数据来源于 Open Street Map 地图，数据下载时间为 2022 年 9 月（图 5.9）；生态资源数据来源于各县（市、区）自然资源局、环保局、林业局等部门提供的自然保护区、风景名胜区、饮用水源保护区、森林公园、国家公园等范围数据（图 5.10）。

5.2.2　镇村功能适宜性评价指标体系构建

单元类型划分的关键在于构建合理的功能适宜性评价体系。地理学和城乡规划学关于功能适宜性评价指标的研究较多[269]，杨忍等[270]在相关研究的基础上，遴选出村域经济总量、乡村人均收入、耕地面积占比等 10 项指标对乡村的经济发展功能、农业生产功能、生态保育功能和社会保障功能进行了评价；熊鹰等[221]选取人均耕地面积、粮食单产、土地垦殖率等 21 项指标对县域尺度的农业生产功能、非农生产功能、居住生活功能、生态保障功能进行了评价；马世发等[271]从生态敏感性、经济发展、土地利用、人口状况、自然资源环境承载力、区位优势、经济基础和发展效率等方面共 16 项指标对广州主体功能区划进行了评价；陶岸君和王兴平[247]基于国土空间功能的适宜性和县域尺度空间分异的规律，选取了开发条件、农业发展条件、生态重要性、自然灾害危险性、未来发展潜力等 5 大类共 13 项指标构建了县域尺度的国土空间综合评价指标体系；徐海龙等[272]选取植被、

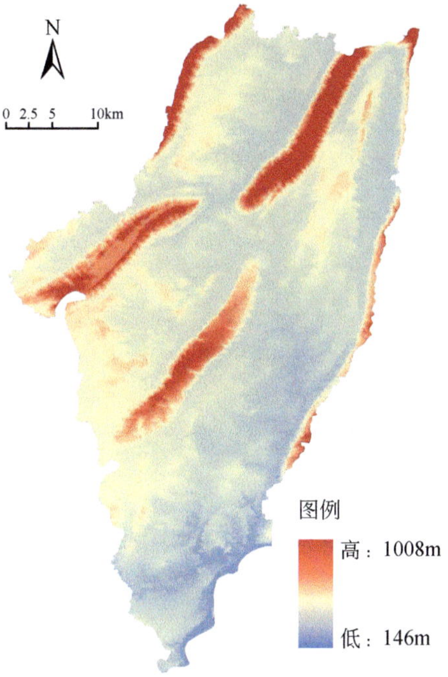

(a)永川区高程DEM数据示意

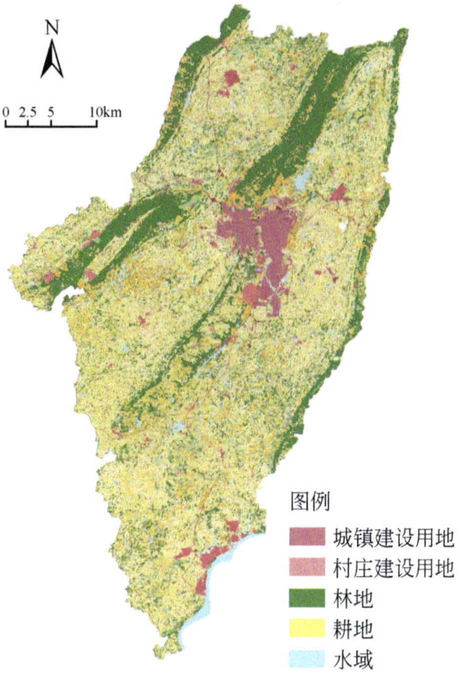

(b)永川区土地利用数据示意

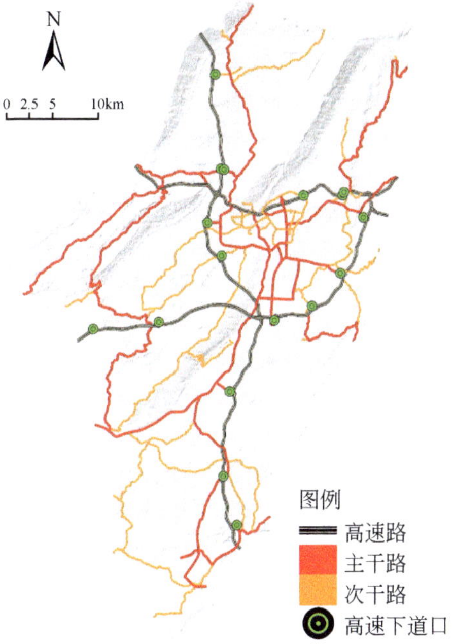

(c)永川区道路交通数据示意

图 5.9　永川区高程 DEM 数据、土地利用数据、道路交通数据示意

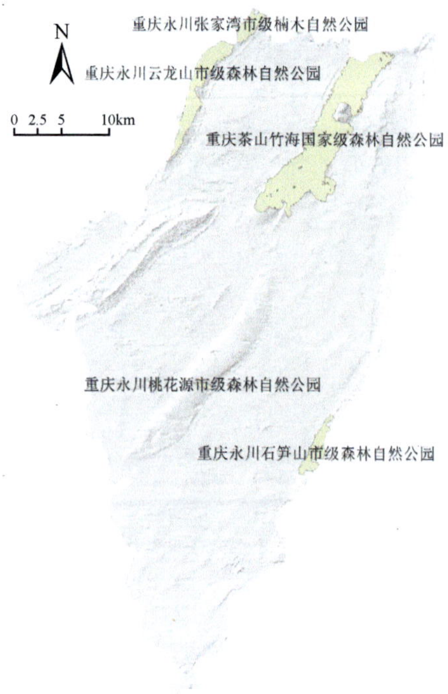

(a)永川区森林公园数据示意

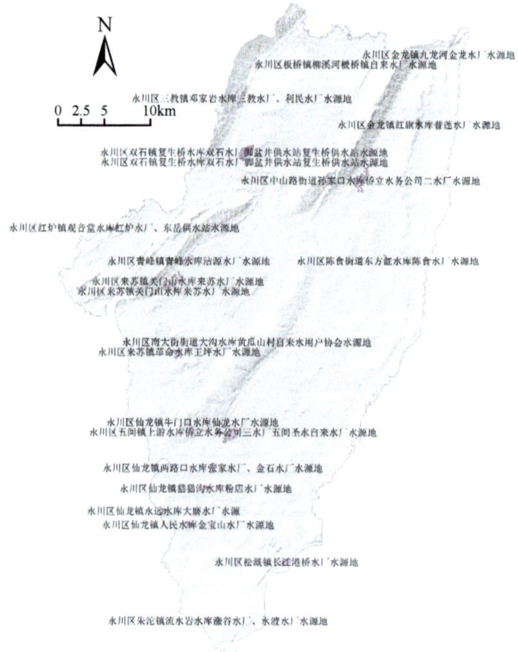

(b)永川区饮用水源一级保护区数据示意

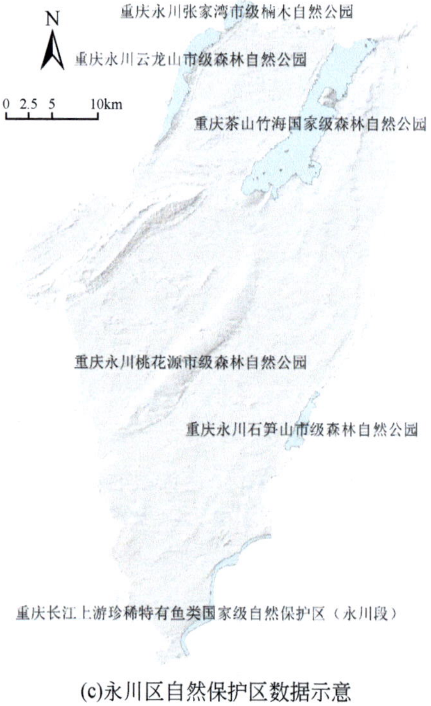

(c)永川区自然保护区数据示意

图 5.10　永川区生态资源数据示意

水域、地形、农田作为生态敏感性分析的主要影响因子，构建了生态因子敏感性等级体系；程晋南等[273]参考《生态环境状况评价技术规范（试行）》，选择生物丰度、植被覆盖、水系分布、土地质量等方面的综合指标对泰安市生态环境状况进行了评价；朱琳等[274]通过经济发展、粮食生产、社会保障和生态保育功能等 4 个方面共 14 项指标构建县域乡村地域功能评价指标体系，探索了四川省的乡村地域功能格局。

对已有研究中采用的评价指标进行梳理，按照城镇发展功能、农业生产功能和生态保育功能重新分类（表 5.3）。城镇发展功能的适宜性可以通过社会经济人口产业等发展水平、集约程度，以及地形地貌、区位条件等指标评价得到；农业生产功能的适宜性可以通过耕地规模与占比，耕地质量与粮食产量等指标评价得到；生态保育功能的适宜性可以通过森林、水源、物种、地质灾害等多种生态约束条件的评价得到。

表 5.3　已有研究中关于主导功能评价指标梳理

主导功能类型	代表人物	评价指标
城镇发展功能	熊鹰等	地区人口密度，公路交通密度，每万人拥有卫生机构床位数，乡村居民人均纯收入，农村居民人均生活消费支出，人均住宅面积，乡村从业人员非农就业率，第二、第三产业产值占生产总值比重，人均第二、第三产值、财政收入占生产总值比重
	马世发等	地均生产总值、人均非农业产值、土地利用强度、城市化扩张强度、人口密度、人口集聚度、非农产业从业比
	陶岸君和王兴平	地形条件、再开发难度、人口集聚度、交通优势度、社会经济发展潜力、空间发展趋势
农业生产功能	杨忍等	耕地面积占比、园地面积占比、非农用地占比
	熊鹰等	人均拥有耕地面积、每公顷粮食产量、土地垦殖系数、人均粮食产量、人均蔬菜产量、人均油料作物产量、人均牧副渔产值
	陶岸君和王兴平	粮油蔬菜种植适宜性、茶叶林果种植适宜性
	朱琳等	区域耕地质量、粮食总产量、人均粮食占有量、粮食生产率
生态保育功能	杨忍等	生态服务总价值、地均生态服务价值
	熊鹰等	森林覆盖率、农村地均化肥使用量、农村地均农药使用量、农村地均地膜使用量
	马世发等	绿当量、生态敏感区占比
	陶岸君和王兴平	水源涵养重要性、土壤保持重要性、生物多样性保护重要性、洪涝灾害危险性、地质灾害危险性
	徐海龙等	植被、坡度、水域、农田
	程晋南等	生物丰度指数、植被覆盖指数、水网密度指数、土地退化指数
	朱琳等	规一化植被指数（normalized difference vegetation index，NDVI）均值、生态系统脆弱性、生态贡献度、化肥使用量强度

资料来源：根据参考文献［221，247，270-274］整理。

基于上述研究，并综合考虑县域尺度研究数据的可获取程度，本研究从区位优势度、人口集聚度、经济发展度等11个方面构建镇村空间主导功能适宜性评价指标体系，共计30项指标（表5.4）。值得说明的是，功能适宜性评价是一个复杂的系统，本研究的评价指标体系是在参考已有研究的基础上，结合指标的可获取性和成渝地区的实际情况构建的。由于不同地区的统计数据类型、精度和可获取性存在差异，在后续的研究中，评价指标体系具有开放性，可以结合各地的特点与差异，进行因地制宜的优化调整。

表5.4　镇村空间主导功能适宜性评价指标体系

大类	小类	指标层	指标解释与计算方法
城镇发展功能	区位优势度	距城镇中心距离	—
		距产业园区距离	—
		距主要道路距离	—
	人口集聚度	人口密度	常住人口数/陆域面积
		城镇化率	城镇人口/常住人口
	经济发展度	城镇居民人均可支配收入	—
		规模以上工业企业个数	—
	空间扩张度	建设用地强度	现有建设用地面积/陆域面积
		城镇化扩张强度	各个乡镇在一段时期内的新增建设用地规模，其占全县总规模的比例
	土地开发适宜性	高程	—
		坡度	—
		建设用地转化难度	现状各类土地利用类型变更为城镇建设用地的难度
		地灾危险性	包括地灾高易发区、中易发区、低易发区
农业生产功能	农业发展基础	人均耕地面积	耕地总面积/农村常住人口
		土地垦殖系数	耕地总面积/陆域面积
		设施农业占比	设施农业面积/耕地总面积
	农业生产效率	地均粮食产量	粮食总产量/粮食作物播种总面积
		地均蔬菜产量	蔬菜总产量/蔬菜播种总面积
		人均粮食产量	粮食总产量/农村农业从业人员
	土地种植适宜性	坡度	—
		土地复垦难度	现状各类土地利用类型变更为耕地的难度
	耕地保护重要性	永久基本农田	实行永久性保护的基本农田

续表

大类	小类	指标层	指标解释与计算方法
生态保育功能	自然环境重要性	植被重要性	包括湿地、林地、草地等
		水域重要性	包括河流、湖泊、水库等
	生态涵养重要性	自然保护区	包括核心区、缓冲区、实验区、外围保护地带
		风景名胜区	包括一级保护区、二级保护区、三级保护区
		饮用水源保护区	包括一级保护区、二级保护区
		国家公园	包括特别保护区、原野区、自然环境区、娱乐区、服务区
		生态保护红线	—
		其他生态控制红线	如国家森林公园、国家湿地公园等

资料来源：结合相关参考文献拟定。

注：由于各地统计口径与统计数据类型存在差异，可结合数据获取的难易程度与实际情况，对上述指标进行替换或调整，如“规模以上工业企业个数”可替换为“规模以上工业总产值”，“设施农业占比”可替换为“高标准农田占比”。

1. 城镇发展功能评价指标体系

城镇发展功能区是指满足城镇居民生产生活功能，承担城镇化与工业化建设的地域[107,275]。城镇发展功能可以从区位优势度、人口集聚度、经济发展度、空间扩张度、土地开发适宜性等五个方面进行评价，评价指标共十三项。

1）区位优势度

区位优势度反映地理区位的优劣程度，是决定城镇集聚和发展的重要因素，政府驻地、重大产业园区、主要交通道路等的选址都可能影响城镇建设。本研究选取距城镇中心距离、距产业园区距离、距主要道路距离三个指标进行评价。

2）人口集聚度

人口集聚度反映人口在空间上的集聚程度，一般而言，人口越集聚的地区对城镇发展的需求越大，城镇功能也越完善，反之亦然。本研究选取人口密度和城镇化率两个指标进行评价。

3）经济发展度

经济发展度反映城镇当前的社会经济发展水平，是城镇空间发展的主要动力，社会经济发展水平越高的地区其发展要素越集中。本研究选取城镇居民人均可支配收入、规模以上工业企业个数两个指标进行测度。

4）空间扩张度

空间扩张度反映建设用地的转化趋势，有研究表明具体的土地利用开发是城镇空间演化的底层驱动力之一，空间扩张的惯性在某种程度上代表着未来城镇空间的发展潜力。本研究用建设用地强度和城镇化扩张强度两个指标来表示。

5）土地开发适宜性

土地开发适宜性反映城镇开发建设的难易程度，可以从地形条件对城镇化、工业化开发的限制，现状各类土地利用类型转化为城镇建设用地的难易程度[276]，以及地质灾害危险性几个方面来体现，评价指标包括高程、坡度、建设用地转化难度、地灾危险性四个指标。

2. 农业生产功能评价指标体系

农业生产功能区是指农用地生产农产品效率较高的区域，具有承担我国粮食安全的功能[277]。农业生产功能从农业发展基础、农业生产效率、土地种植适宜性、耕地保护重要性等四个方面进行评价，评价指标共九项。

1）农业发展基础

农业发展基础代表一个地区大力发展农业的可能性，主要取决于耕地资源与设施农业的多少，本研究选取人均耕地面积、土地垦殖系数、设施农业占比三个指标表示。

2）农业生产效率

农业生产效率代表一个地区农产品生产的能力，与耕地的破碎程度、土壤条件以及机械化水平有关，可以反映一个地区的农业生产能力和发展潜力。本研究选取地均粮食产量、地均蔬菜产量和人均粮食产量三个指标表示。

3）土地种植适宜性

土地种植适宜性反映国土空间对粮油蔬菜等目标作物的种植难度，结合国土空间土地整治的相关要求，本研究采用坡度和土地复垦难度两项指标进行评价。

4）耕地保护重要性

我国实行耕地特殊保护与基本农田保护制度①，在以往的土地利用总体规划和现行国土空间规划中，都会对一个地区需要保护而不得占用的基本农田、稳定耕地等划定明确的范围。一个地区被划定为基本农田的规模越大，说明优质耕地越多，其承担的农业生产功能比重越大。本研究用永久基本农田一项指标表示。

3. 生态保育功能评价指标体系

生态保育功能区是指提供生态服务或生态产品的区域，具有保障社会经济可持续发展、维持生态系统和生物多样性的重要作用[278]，在国土空间规划体系中，常通过划定生态保护红线对各类生态资源要素加以保护。生态保育功能可以从自然环境重要性、生态涵养重要性两个方面进行评价，评价指标共八项。

1）自然环境重要性

自然环境重要性反映各类生态要素对气体调节、水源涵养和水土保持等的重要作用，是维持人类赖以生存的生态环境以及实现城乡可持续发展的前提。本研究采用植被重要性和水域重要性两个指标进行表征。

---

① 《基本农田保护条例》（2011 年修订）中明确“国家实行基本农田保护制度。本条例所称基本农田，是指按照一定时期人口和社会经济发展对农产品的需求，依据土地利用总体规划确定的不得占用的耕地”。《中华人民共和国土地管理法》（2020 年修正）中明确“国家编制土地利用总体规划，规定土地用途，将土地分为农用地、建设用地和未利用地。严格限制农用地转为建设用地，控制建设用地总量，对耕地实行特殊保护”。

2）生态涵养重要性

除了森林、草原、湿地、河流、湖泊等自然环境对生态保育功能的维护具有重要作用以外，我国针对一些具有重要生态功能、必须强制性严格保护的区域制定了专门的保护条例或管理办法，例如，自然保护区、风景名胜区、饮用水源保护区、国家公园、湿地公园等生态控制区，这些区域是保障和维护国家生态安全的底线和生命线①。本研究将各类生态控制红线的叠加结果作为生态涵养重要性的评价指标。

5.2.3 单功能适宜性评价

在功能适宜性评价的过程中，刚性约束与柔性调控是并存的。一些评价指标具有刚性约束要求，一旦被划定便被直接认定为某类功能区（刚性正指标），或直接排除在某类功能区之外（刚性负指标）。例如，环保、林业、旅游、自然资源等部门划定的自然保护区、风景名胜区、文化自然遗产、地质公园、森林公园、饮用水源保护区等区域，或在国土空间规划编制过程中依据相关法律、法规、规程划定的永久基本农田和生态保护红线，这些区域一旦被划定，便应根据其相应的建设管理要求，直接认定为生态保护功能区或农业生产功能区。又如坡度大于25%、地质灾害危险性大区等，这些区域不适宜城镇建设，应被排除在城镇发展功能区以外。另一些评价指标具有柔性调控的作用，与其他指标共同决定主导功能的适宜性，指标评价值越高则表示越适宜或越不适宜某种功能，例如城镇化、工业化发展水平，社会经济发展水平，人口集聚程度等。它们均对城镇发展功能的适宜性产生影响，评价结果需要由上述各指标的综合评价结果来决定。

基于国土空间的刚柔约束与柔性调控特征，本研究参考已有研究以及国土空间规划相关要求，将高程、坡度、地质灾害等土地开发适宜性评价的相关指标作为城镇发展功能评价中的刚性负指标；将坡度、土地复垦难度等土地种植适宜性的相关指标作为农业生产功能评价中的刚性负指标，将永久基本农田这一耕地保护重要性指标作为农业生产功能评价中的刚性正指标；将生态保育功能评价中的全部指标作为刚性正指标。其他指标作为柔性指标（图 5.11）。

1. 刚性约束类评价指标的评价方法

将刚性指标的评价得分划分为五个等级，按照功能适宜性的等级从低到高分别赋值 0、25、50、75 和 100。刚性正指标以各指标评价得分的最大值作为评价对象的功能适宜性综合得分，刚性负指标以各指标评价得分的最小值作为评价对象的功能适宜性综合得分。

对于城镇发展功能的刚性评价指标而言，高程的划分标准根据各典型县（市、区）不同高程建设用地分布情况确定（图 5.12）；坡度的划分标准参考《城市规划原理（第三

① 2017 年 2 月和 5 月，我国先后印发《关于划定并严守生态保护红线的若干意见》和《生态保护红线划定指南》，明确提出将生态功能重要区域和生态环境敏感脆弱区域划入生态保护红线，涵盖所有国家级、省级禁止开发区域，以及有必要严格保护的其他各类保护地等。

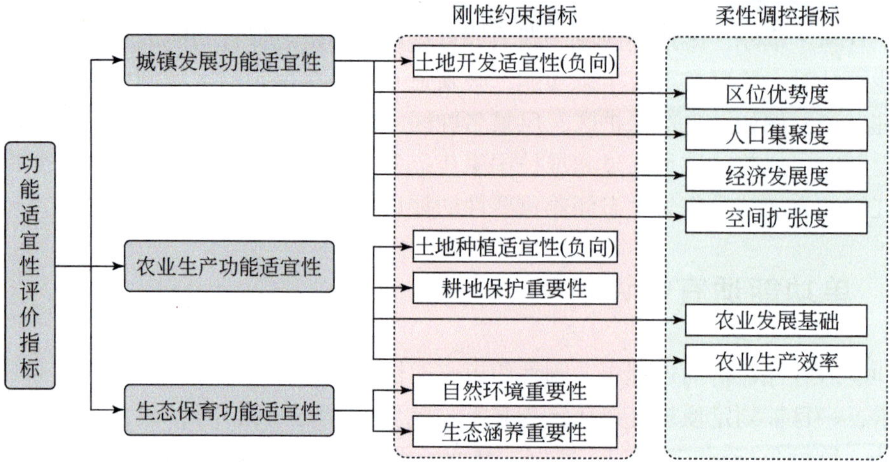

图 5.11　功能适宜性评价指标的刚性与柔性分类

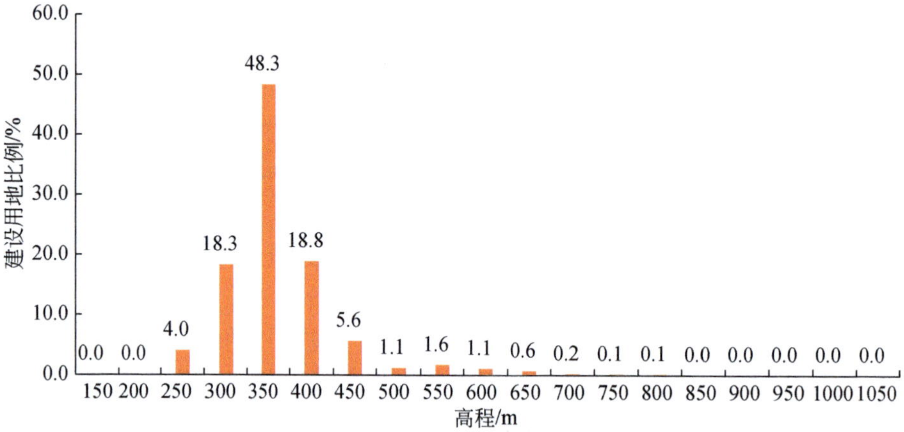

(a)永川区

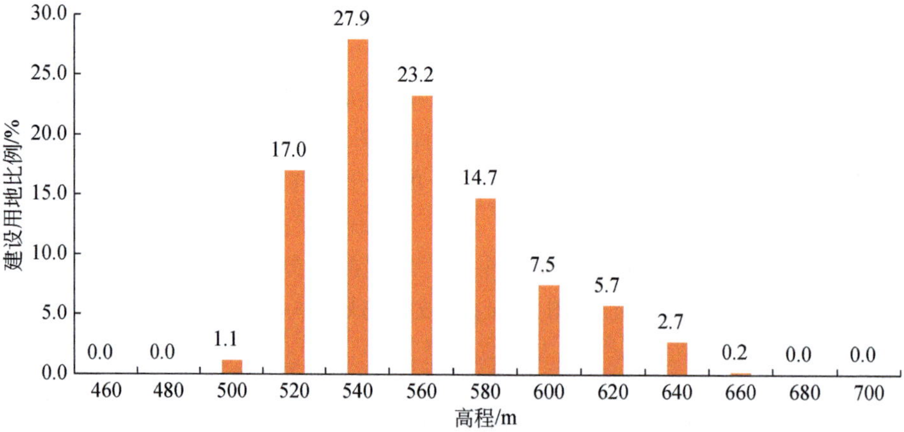

(b)郫都区

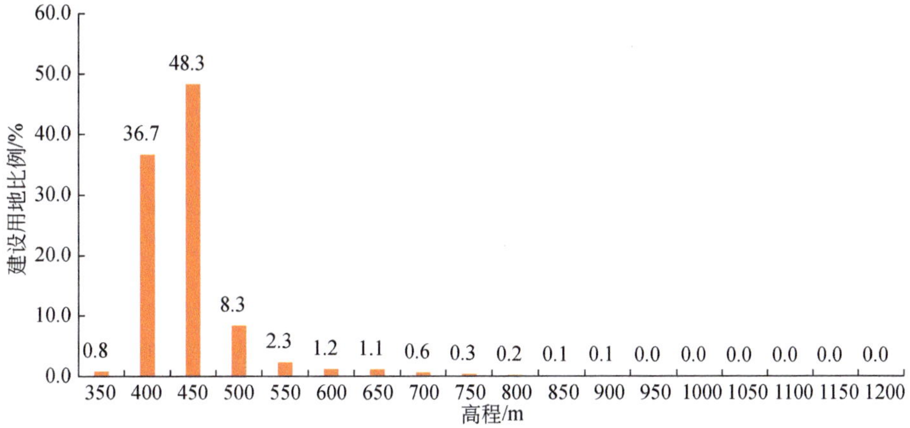

(c)垫江县

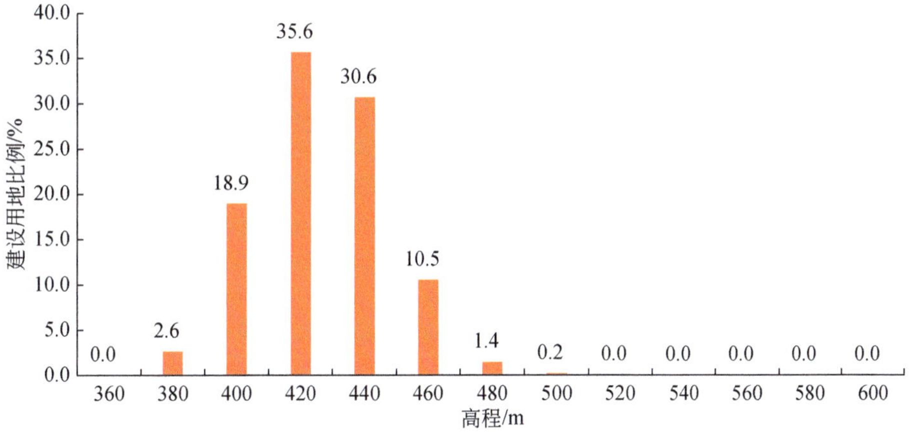

(d)简阳市

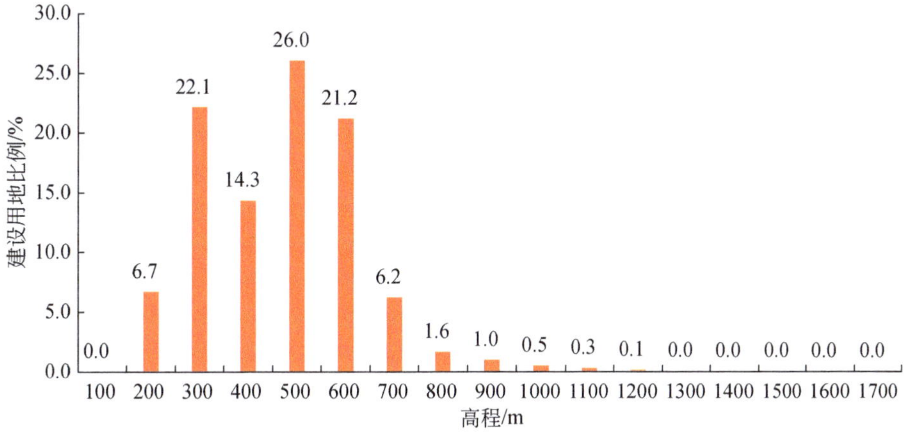

(e)忠县

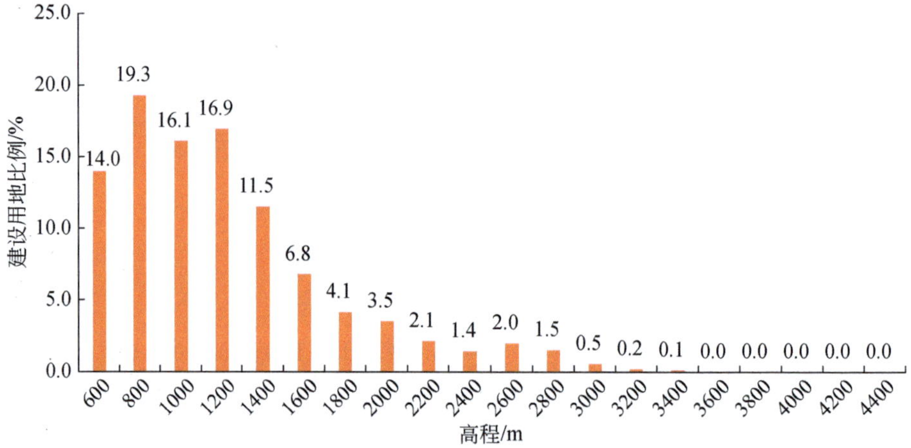

(f)峨边彝族自治县

图 5.12　各典型县（市、区）不同高程建设用地分布情况

版)》和《城乡建设用地竖向规划规范》（CJJ 83—2016）确定①；建设用地转化难度结合已有研究成果[265]，综合考虑土地用途、政策因素及经济效率等限制因素的影响，构建不同用地转换为建设用地的适宜性梯度，根据梯度等级确定；地灾危险性依据《地质灾害危险性评估规范》（GB/T 40112—2021）中划定的不同危险性区域的建设用地适宜性确定②（表 5.5）。

表 5.5　城镇发展功能的刚性指标评价标准

小类	指标层	适宜性级别				
		不适宜 0	较不适宜 25	一般适宜 50	较适宜 75	很适宜 100
土地开发适宜性	高程	根据各典型县（市、区）的建设用地分布情况进行确定				
	坡度/%	>25	(20，25]	(15，20]	(10，15]	≤10
	建设用地转化难度	湿地、大型水域、自然保护地等	小型水域、密林等	耕地、天然草地、疏林等	空闲地、裸地、人工草地等	建设用地
	地灾危险性	高易发区	中易发区	低易发区	—	—

对于农业生产功能的刚性评价指标而言，坡度和土地复垦难度的划分标准参考《土地复垦条例》（2011）中的《土地复垦技术标准》（试行）的相关要求，坡度按照技术标准

① 依据《城市规划原理（第三版）》和《城市用地竖向规划规范》（CJJ 83—2016），城镇建设用地适宜建设的坡度在 10% 以内（缓坡地），最大坡度不超过 25%（10% ~25% 为中坡地，25% 以上为陡坡地）。

② 依据《地质灾害危险性评估规范》（GB/T 40112—2021），建设用地适宜性由地质环境条件复杂程度、工程建设引发和建设工程遭受地质灾害的危险性、地质灾害防治难度三方面确定，分为适宜、基本适宜和适宜性差三个等级。

中的耕作田（地）块坡度的取值范围确定①；土地复垦难度与建设用地转化难度相似，通过构建不同用地转换为耕地的适宜性梯度确定；永久基本农田作为底线约束红线，直接确定为农业生产功能（表 5.6）。

表 5.6　农业生产功能的刚性指标评价标准

小类	指标层	适宜性级别				
		不适宜	较不适宜	一般适宜	较适宜	很适宜
土地种植适宜性	坡度/（°）	>35	(25，35]	(10，25]	(5，10]	≤5
	土地复垦难度	湿地、大型水域、建设用地等	密林、盐碱地、裸岩石砾地等	疏林、天然草地、小型水域等	种植园用地、人工草地等	耕地
耕地保护重要性	永久基本农田	—	—	—	—	永久基本农田

对于生态保育功能的刚性评价指标而言，植被重要性的划分标准参考已有研究成果，对湿地、林地、草地等植被进行分级赋值[261]；水域重要性参考《重庆市水污染防治条例》中对长江、嘉陵江及其一级、二级、三级支流规定的绿化缓冲带宽度确定②；自然保护区、风景名胜区、饮用水源保护区、国家公园和生态保护红线等指标的划分标准分别依据《中华人民共和国自然保护区条例》(2017 年修订)③、《风景名胜区总体规划标准》（GB/T 50298—2018）④、《饮用水水源保护区污染防治管理规定》(2010 年修订)⑤、《国家公园管理暂行办法》（林保发〔2022〕64 号)⑥、《关于加强生态保护红线

---

① 《土地复垦条例》中的《土地复垦技术标准》（试行）确定耕作田（地）块坡度为：水田≤3°，旱地≤5°，园地≤10°，林地≤25°，草地≤35°。

② 参考《重庆市水污染防治条例》中“长江、嘉陵江防洪标准水位或者防洪护岸工程划定的河道管理范围外侧，城镇规划建设用地内尚未建设的区域应当控制不少于五十米的绿化缓冲带，非城镇建设用地区域应当控制不少于一百米的绿化缓冲带。长江、嘉陵江的一级支流河道管理范围外侧，城镇规划建设用地内尚未建设的区域应当控制不少于三十米的绿化缓冲带，非城镇建设用地区域应当控制不少于一百米的绿化缓冲带。长江、嘉陵江的二级、三级支流河道管理范围外侧，城镇规划建设用地内尚未建设的区域应当控制不少于十米的绿化缓冲带”。

③ 根据《中华人民共和国自然保护区条例》（2017 年修订），自然保护区可以分为核心区、缓冲区和实验区，原批准建立自然保护区的人民政府认为必要时，可以在自然保护区的外围划定一定面积的外围保护地带。在自然保护区的核心区和缓冲区内，不得建设任何生产设施。在自然保护区的实验区内，不得建设污染环境、破坏资源或者景观的生产设施。

④ 依据《风景名胜区总体规划标准》（GB/T 50298—2018），风景区实行分级保护，一级保护区为严格禁止建设范围，二级保护区为严格限制建设范围，三级保护区为控制建设范围。

⑤ 依据《饮用水水源保护区污染防治管理规定》（2010 年修订），饮用水水源保护区一般划分为一级保护区和二级保护区，必要时可增设准保护区。一级保护区内禁止新建、扩建与供水设施和保护水源无关的建设项目，二级保护区内禁止新建、改建、扩建排放污染物的建设项目，禁止新建、扩建对水体污染严重的建设项目。

⑥ 依据《国家公园管理暂行办法》（林保发〔2022〕64 号），国家公园应当根据功能定位进行合理分区，划为核心保护区和一般控制区，实行分区管控。国家公园核心保护区原则上禁止人为活动，国家公园一般控制区禁止开发性、生产性建设活动。

管理的通知（试行）》[①] 和《生态保护红线管理办法（试行）》（征求意见稿）[②] 制定（表5.7）。

表 5.7 生态保育功能的刚性指标评价标准

小类	指标层	适宜性级别				
		不适宜	较不适宜	一般适宜	较适宜	很适宜
自然环境重要性	植被重要性	—	草地（人工牧草地、其他草地）	林地（其他林地）、草地（天然牧草地）	林地（乔木林地、竹林地、灌木林地）	湿地
	水域重要性	—	坑塘、沟渠及其缓冲区 10m	主要河流缓冲区 200m 主要湖泊缓冲区 200m 大型水库缓冲区 100m 一般河流缓冲区 50m	主要河流缓冲区 100m 主要湖泊缓冲区 100m 大型水库缓冲区 50m 一般河流缓冲区 30m	河流、湖泊 大型水库
生态涵养重要性	自然保护区	—	—	外围保护地带	实验区	核心区 缓冲区
	风景名胜区	—	—	三级保护区	二级保护区	一级保护区
	饮用水源保护区	—	—	准保护区（缓冲区）	二级保护区	一级保护区
生态涵养重要性	国家公园	—	—	—	—	核心保护区 一般控制区
	生态保护红线	—	—	—	—	生态保护红线

2. 柔性指导类评价指标的评价方法

将柔性指标的评价得分按照自然断裂点的方法划分为五个等级，再利用加权评分的方法进行计算，以各指标得分乘以权重的结果之和作为评价对象的功能适宜性综合得分。权重通过层次分析法（AHP）计算获得（表5.8），运用德尔菲法判断每一项指标对功能适宜性的重要程度，以此建立判断矩阵对每一项指标的权重进行计算。

---

① 依据《自然资源部生态环境部国家林业和草原局关于加强生态保护红线管理的通知（试行）》（自然资发〔2022〕142号），生态保护红线内自然保护地核心保护区外，禁止开发性、生产性建设活动。

② 依据《生态保护红线管理办法（试行）》（征求意见稿），生态保护红线内，自然保护地核心保护区原则上禁止人为活动，其他区域严格禁止开发性、生产性建设活动。

表 5.8　柔性指标权重计算结果

大类	小类	指标层	权重
城镇发展功能	区位优势度（0.4445）	距城镇中心距离	0.281 5
		距产业园区距离	0.115 8
		距主要道路距离	0.047 2
	人口集聚度（0.1651）	人口密度	0.041 3
		城镇化率	0.123 8
	经济发展度（0.2832）	城镇居民人均可支配收入	0.212 4
		规模以上工业企业个数	0.070 8
	空间扩张度（0.1072）	建设用地强度	0.026 8
		城镇化扩张强度	0.080 4
农业生产功能	农业发展基础（0.5000）	人均耕地面积	0.148 6
		土地垦殖系数	0.269 5
		设施农业占比	0.081 9
	农业生产效率（0.5000）	地均粮食产量	0.214 3
		地均蔬菜产量	0.071 4
		人均粮食产量	0.214 3

3. 典型县（市、区）单功能适宜性评价结果

1）永川区单功能适宜性评价结果

从永川区城镇发展功能的适宜性评价结果来看，较适宜、很适宜和一般适宜的区域面积占全区的21%，主要位于中山路街道、胜利路街道、南大街街道、卫星湖街道、陈食街道、大安街道等城区附近的6个街道，以及北侧的三教镇和南侧的朱坨沱镇、松溉镇3个乡镇（表5.9和图5.13）。

表 5.9　永川区城镇发展功能适宜性评价

类别	单因子适宜性评价结果
刚性约束类	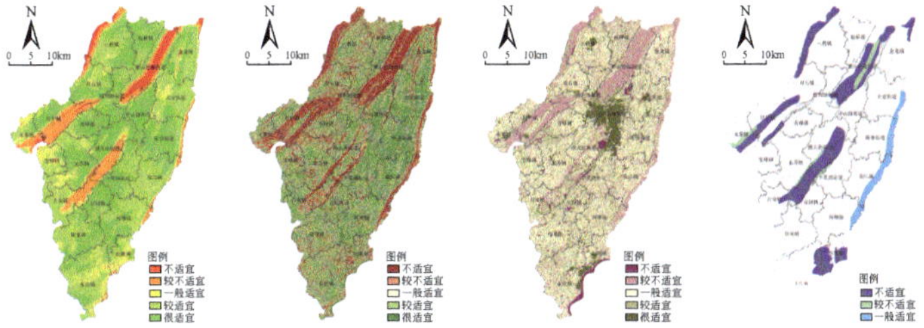 高程　坡度　建设用地转化难度　地灾危险性

续表

类别	单因子适宜性评价结果
柔性指导类	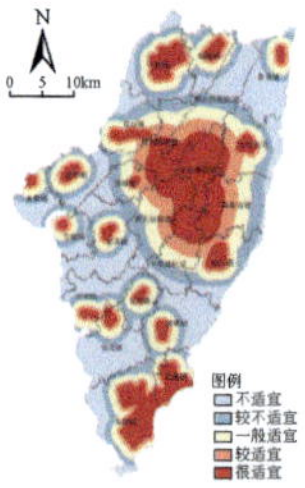 距城镇中心距离 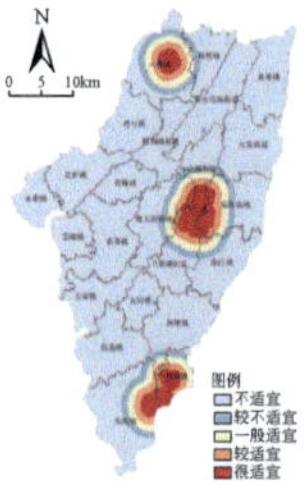 距产业园区距离 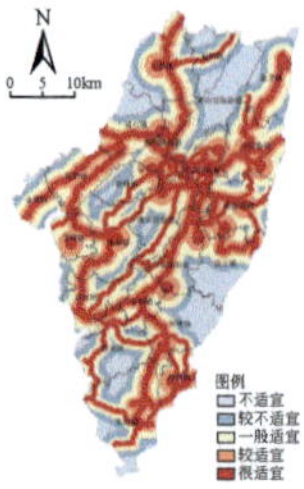 距主要道路距离 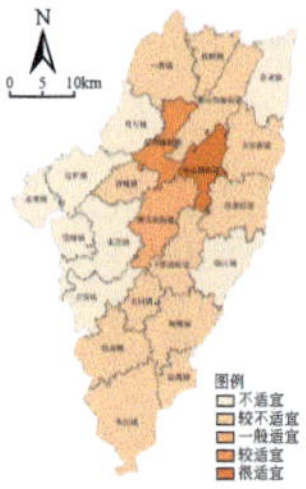 人口密度 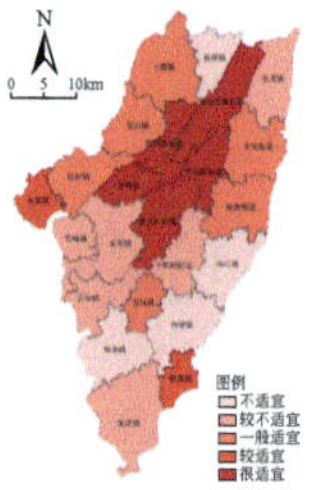 城镇化率 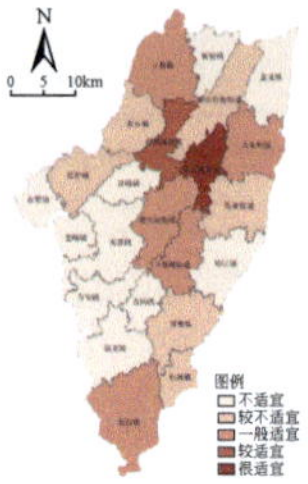 城镇居民人均可支配收入 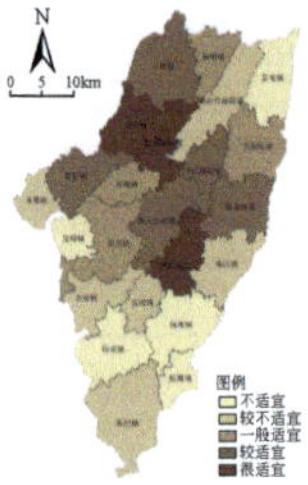 规模以上工业企业个数 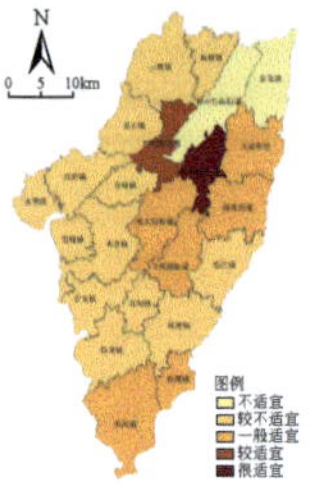 建设用地强度 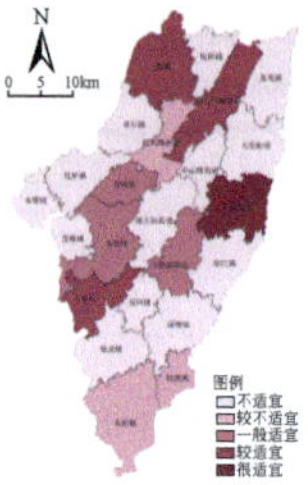 城镇化扩张强度

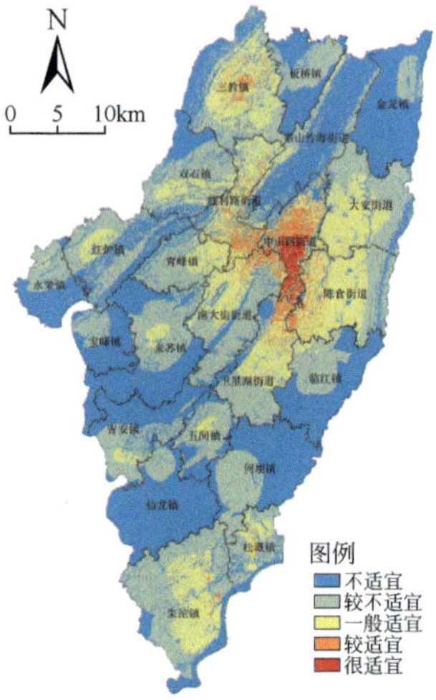

(a)城镇发展功能适宜性

(b)农业生产功能适宜性

(c)生态保育功能适宜性

图 5.13　永川区单功能适宜性评价结果

从永川区农业生产功能的适宜性评价结果来看，较适宜、很适宜和一般适宜的区域面积占全区的 71%，主要位于黄瓜山、云雾山、云龙山等 5 座山体中间的槽谷中，如板桥镇、青峰镇、来苏镇、仙龙镇等（表 5.10 和图 5.13）。

表 5.10　永川区农业生产功能适宜性评价

类别	单因子适宜性评价结果
刚性约束类	 坡度 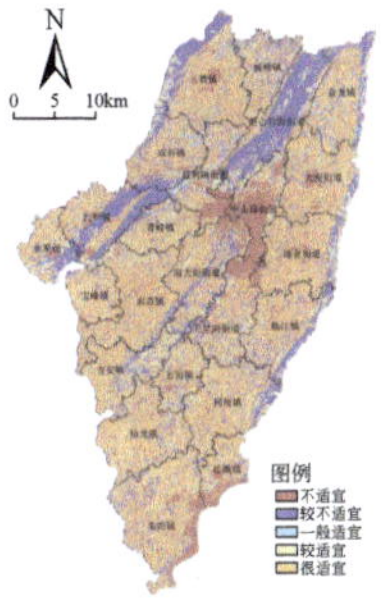 土地复垦难度 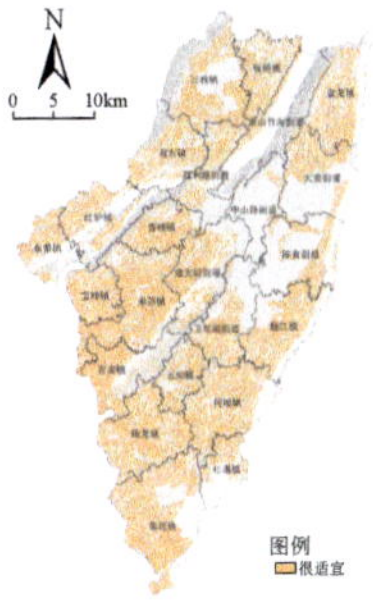 永久基本农田
柔性指导类	 人均耕地面积 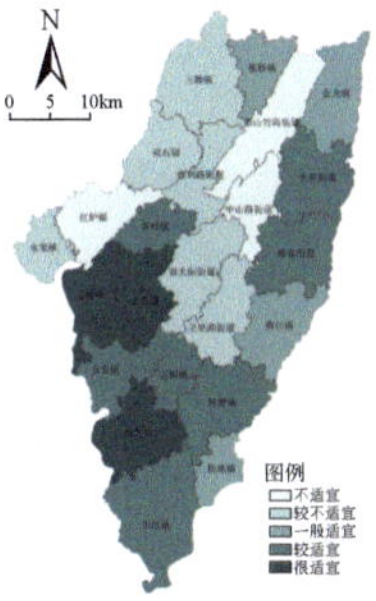 土地垦殖系数  设施农业占比  地均粮食产量
柔性指导类	 地均蔬菜产量  人均粮食产量

从永川区生态保育功能的适宜性评价结果来看，较适宜、很适宜和一般适宜的区域面积占全区的 36%，主要位于黄瓜山、云雾山、云龙山等 5 座森林覆盖、植被茂密的山体所在的区域，这些区域是茶山竹海国家级森林自然公园和云龙山、桃花源、石笋山、张家湾等市级森林自然公园，长江上游珍稀特有鱼类国家级自然保护区（永川段），以及多个饮用水源保护区所在的位置，涉及的乡镇（街道）主要有茶山竹海街道、红炉镇、三教镇、南大街街道等（表 5.11 和图 5.13）。

表 5.11　永川区生态保育功能适宜性评价

类别	单因子适宜性评价结果
刚性约束类	 植被重要性  水域重要性  自然保护区  饮用水源保护区 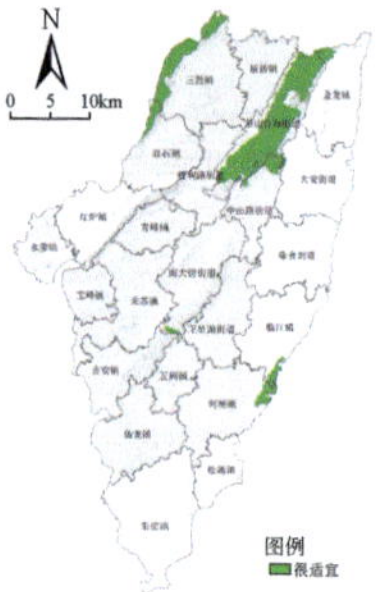 森林公园  生态保护红线

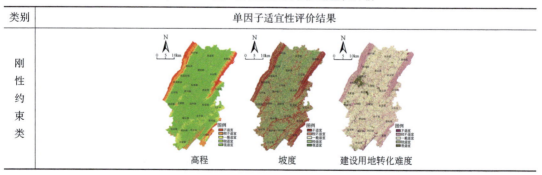

2）垫江县单功能适宜性评价结果

从垫江县城镇发展功能的适宜性评价结果来看，较适宜、很适宜和一般适宜的区域面积占全区的12%，主要位于桂阳街道、桂溪街道、新民镇、长龙镇、黄沙镇、高安镇等城区附近的6个乡镇（街道），以及西南侧的澄溪镇（表5.12和图5.14）。

表 5.12　垫江县城镇发展功能适宜性评价

类别	单因子适宜性评价结果
刚性约束类	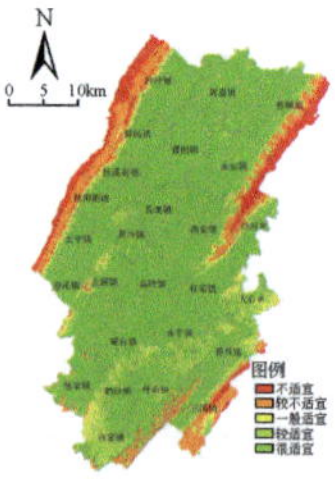 高程 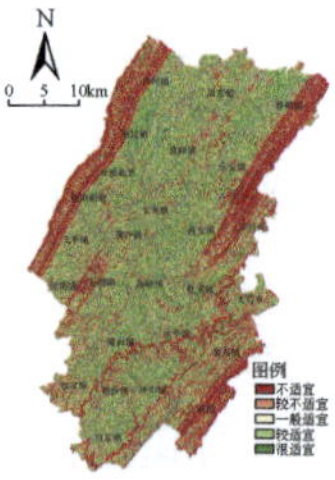 坡度 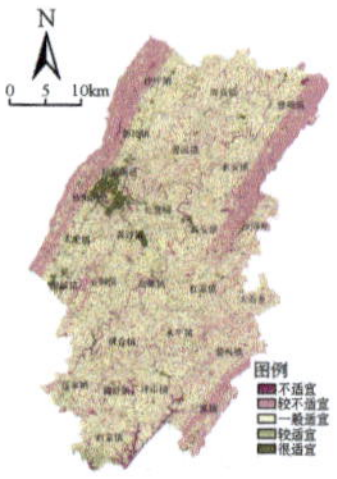 建设用地转化难度

续表

类别	单因子适宜性评价结果
柔性指导类	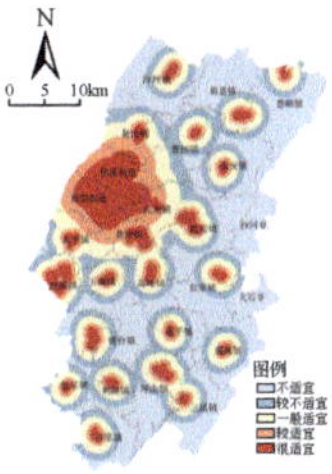 距城镇中心距离 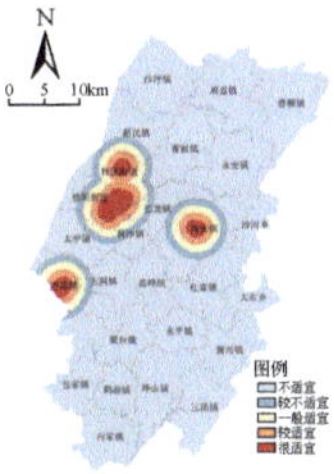 距产业园区距离 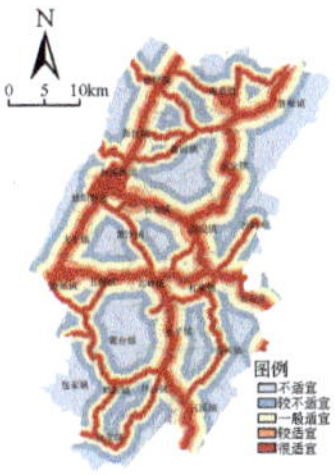 距主要道路距离 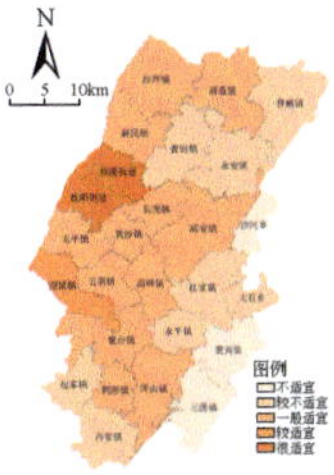 人口密度 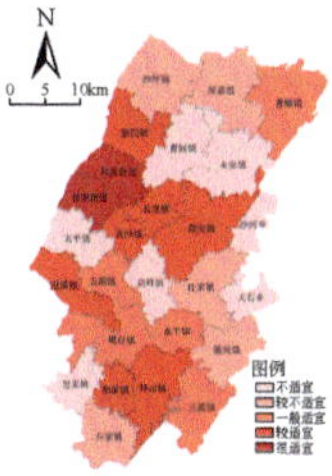 城镇化率 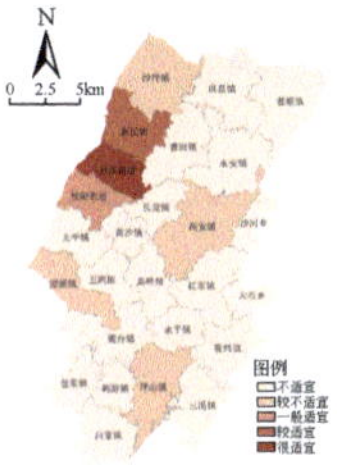 城镇居民人均可支配收入  规模以上工业企业个数 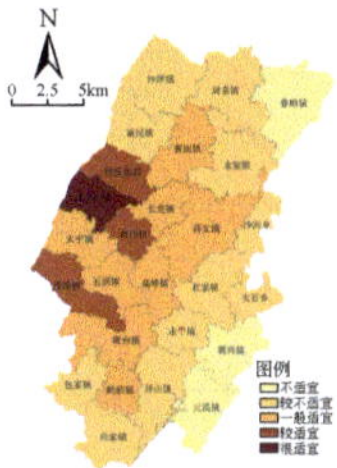 建设用地强度 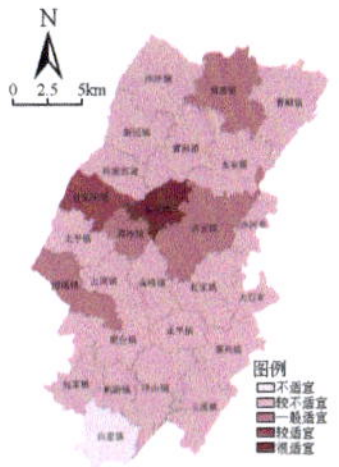 城镇化扩张强度

从垫江县农业生产功能的适宜性评价结果来看，较适宜、很适宜和一般适宜的区域面积占全区的57%，主要位于东侧、西侧和南侧 3 座山体中间的槽谷中，如曹回镇、永安镇、高安镇、坪山镇等（表 5.13 和图 5.14）。

从垫江县生态保育功能的适宜性评价结果来看，较适宜、很适宜和一般适宜的区域面积占全区的46%，主要位于东侧、西侧和南侧 3 座山体所在的区域，以及自然保护区、风景名胜区、森林公园和重庆四山管控区等区域，涉及的乡镇（街道）主要有沙坪镇、新民镇、桂溪街道、白家镇、三溪镇等（表 5.14 和图 5.14）。

表 5.13　垫江县农业生产功能适宜性评价

类别	单因子适宜性评价结果
刚性约束类	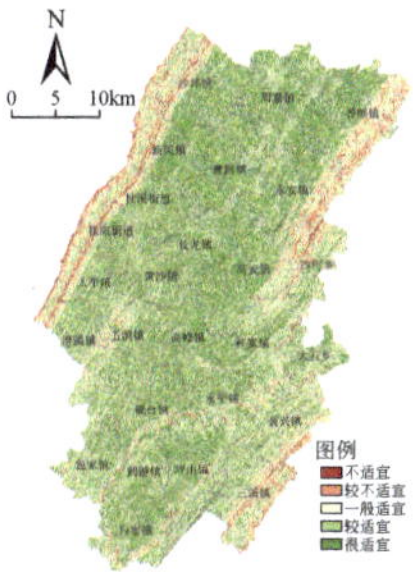 坡度 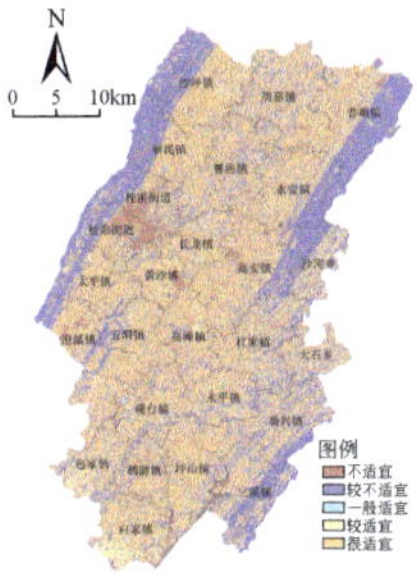 土地复垦难度 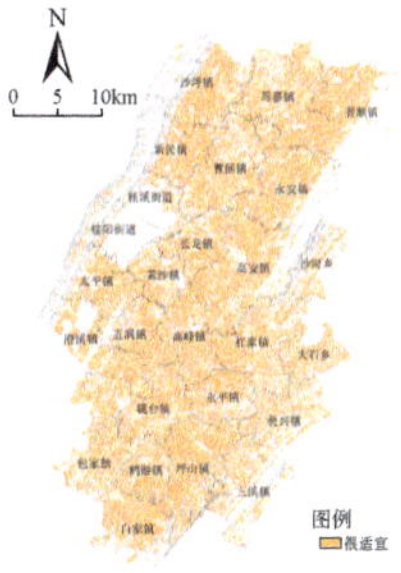 永久基本农田

续表

类别	单因子适宜性评价结果
柔性指导类	 人均耕地面积 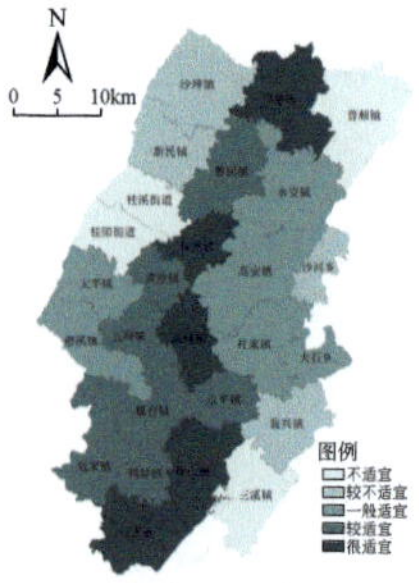 土地垦殖系数 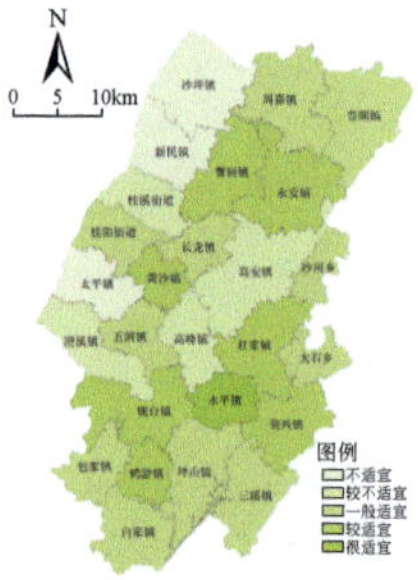 地均粮食产量 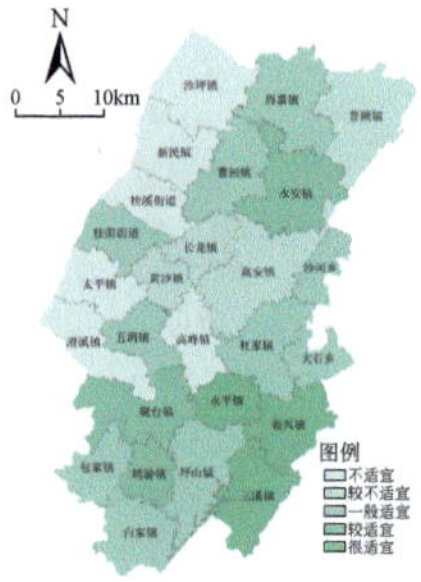 地均蔬菜产量

表 5.14 垫江县生态保育功能适宜性评价

类别	单因子适宜性评价结果
刚性约束类	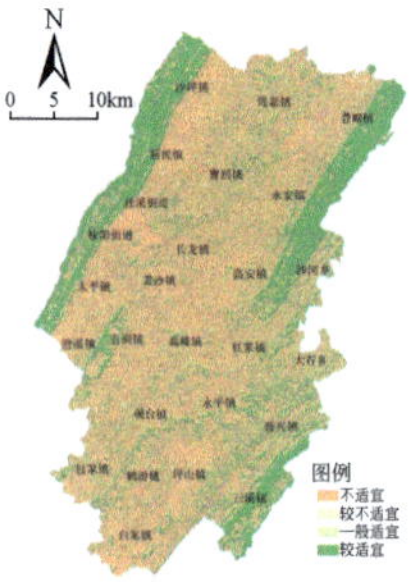 植被重要性  水域重要性 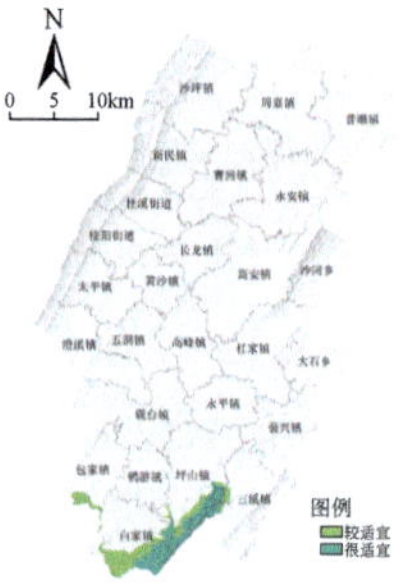 自然保护区 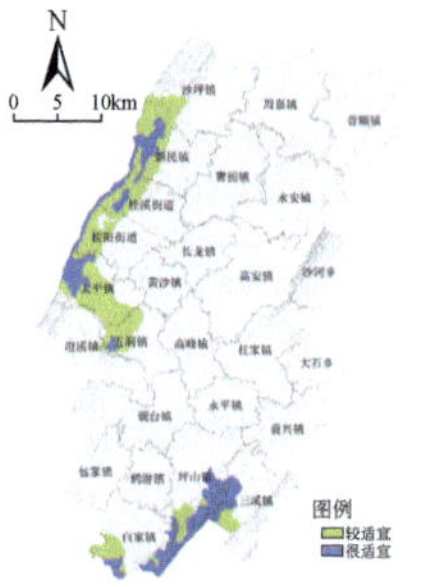 风景名胜区 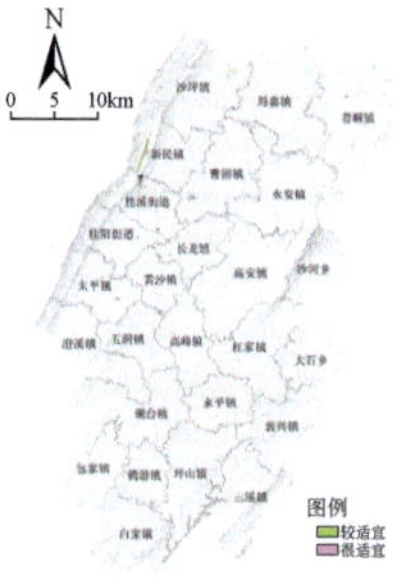 饮用水源保护区  森林公园  湿地公园  生态保护红线

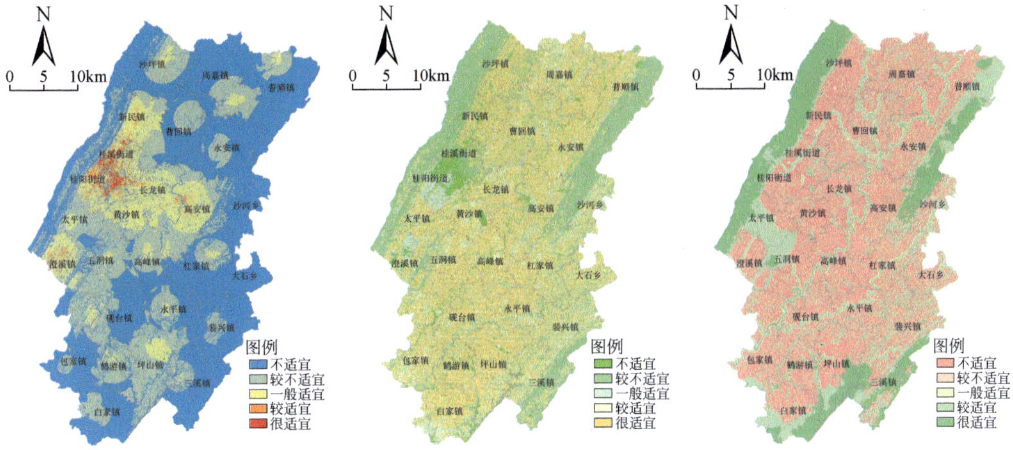

(a)城镇发展功能适宜性　(b)农业生产功能适宜性　(c)生态保育功能适宜性

图 5.14　垫江县单功能适宜性评价结果

3）忠县单功能适宜性评价结果

从忠县城镇发展功能的适宜性评价结果来看，较适宜、很适宜和一般适宜的区域面积占全区的 7%，主要位于忠州街道、白公街道、东溪镇、乌杨街道、复兴镇等城区附近的 6 个乡镇（街道），以及西侧的拔山镇、新立镇两个乡镇（表 5.15 和图 5.15）。

表 5.15　忠县城镇发展功能适宜性评价

类别	单因子适宜性评价结果
刚性约束类	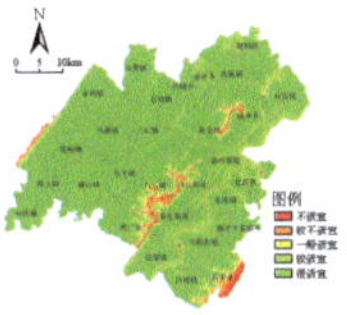 高程 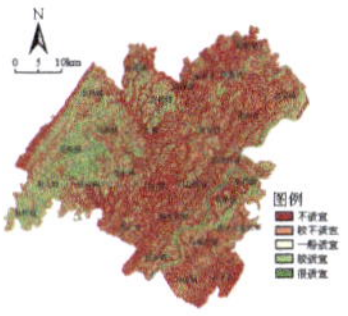 坡度 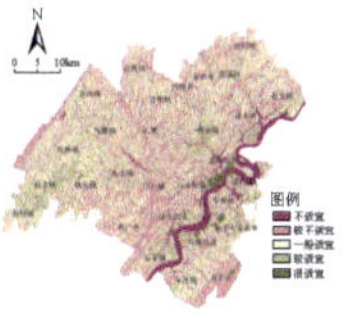 建设用地转化难度
柔性指导类	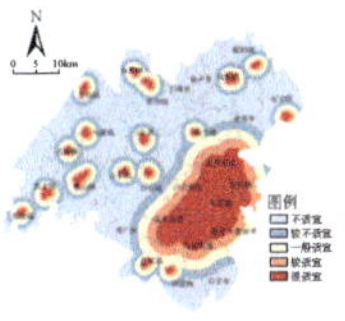 距城镇中心距离 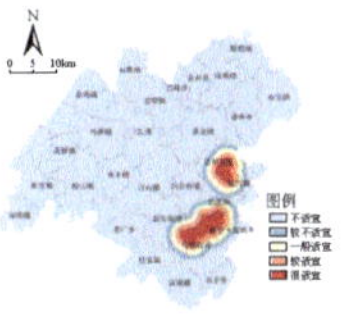 距产业园区距离 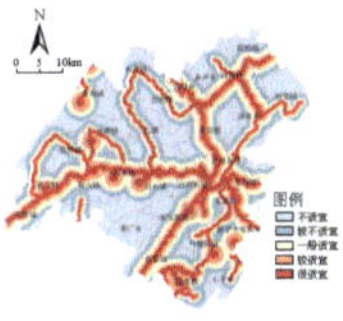 距主要道路距离 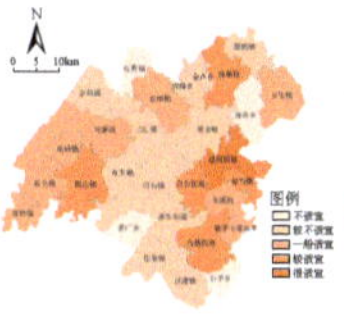 人口密度 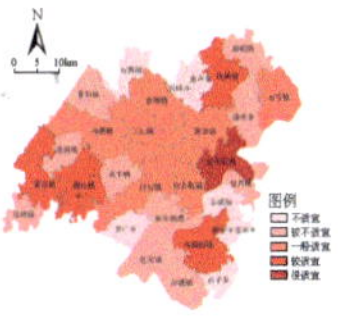 城镇化率 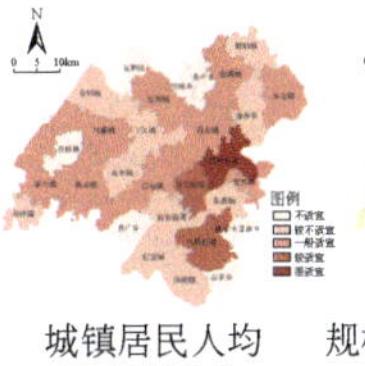 城镇居民人均可支配收入 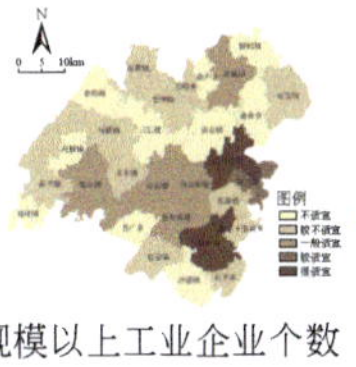 规模以上工业企业个数 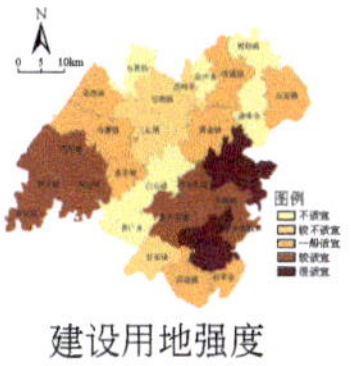 建设用地强度 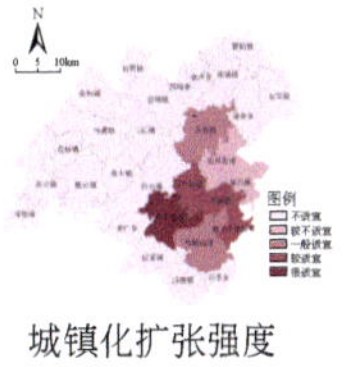 城镇化扩张强度

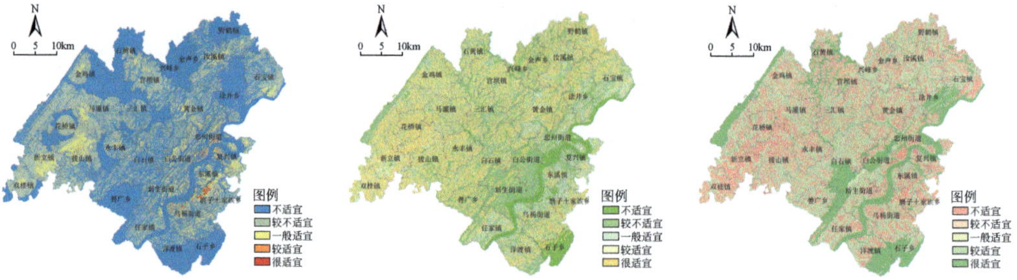

(a)城镇发展功能适宜性　(b)农业生产功能适宜性　(c)生态保育功能适宜性

图 5.15　忠县单功能适宜性评价结果

从忠县农业生产功能的适宜性评价结果来看，较适宜、很适宜和一般适宜的区域面积占全区的51%，主要位于猫耳山以西的槽谷地带，涉及的乡镇（街道）主要有花桥镇、永丰镇、马灌镇等（表5.16和图5.15）。

表 5.16　忠县农业生产功能适宜性评价

类别	单因子适宜性评价结果
刚性约束类	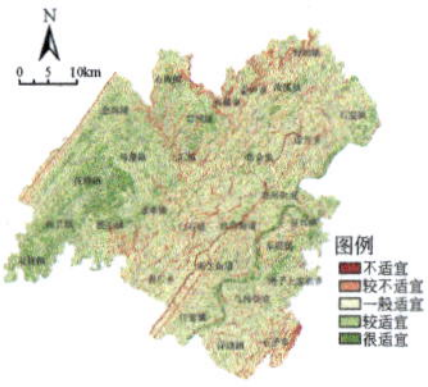 坡度 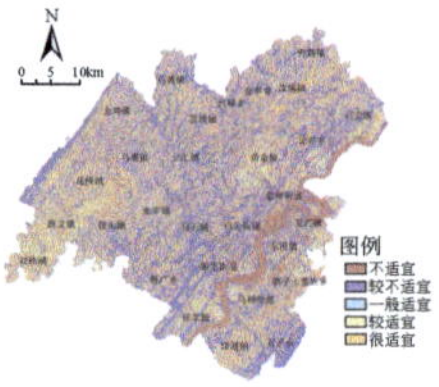 土地复垦难度 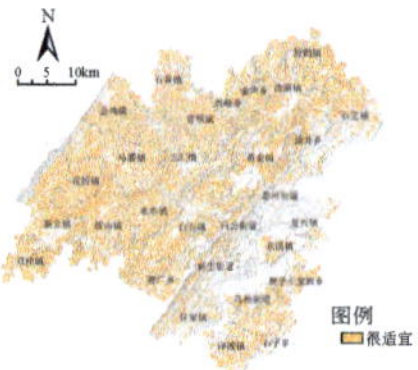 永久基本农田
柔性指导类	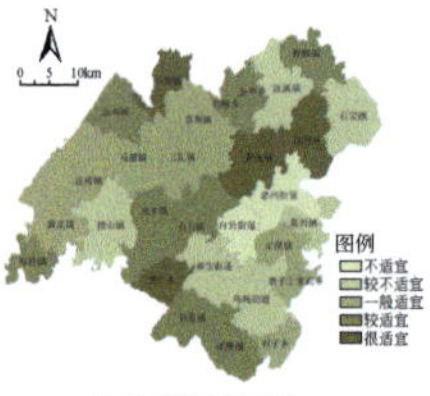 人均耕地面积 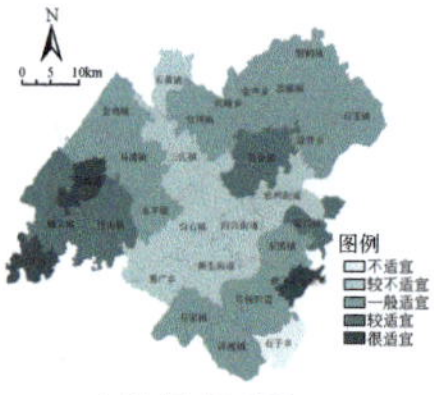 土地垦殖系数 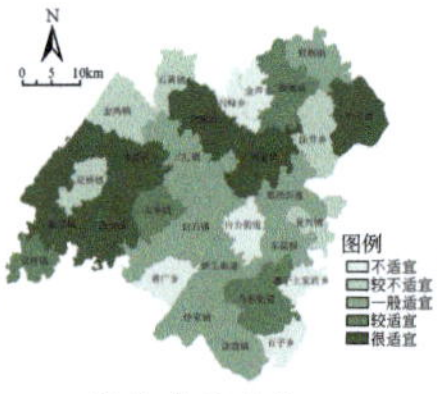 设施农业占比  地均粮食产量 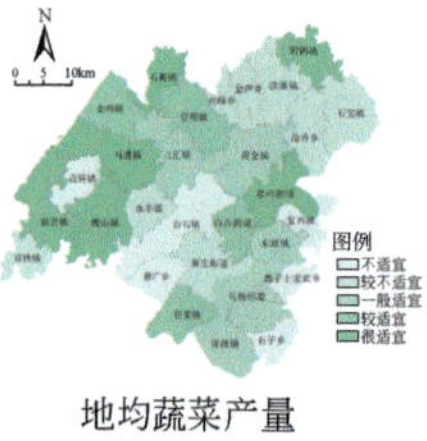 地均蔬菜产量  人均粮食产量

从忠县生态保育功能的适宜性评价结果来看，较适宜、很适宜和一般适宜的区域面积占全区的63%，主要位于长江沿线、自然保护区、森林公园、湿地公园、饮用水水源保护区、风景名胜区等区域，涉及的乡镇（街道）主要有任家镇、洋渡镇、涂井乡、石宝镇等（表5.17和图5.15）。

表 5.17　忠县生态保育功能适宜性评价

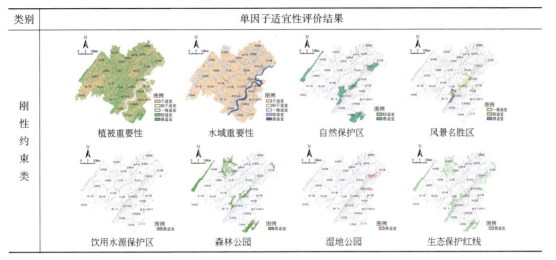

类别	单因子适宜性评价结果
刚性约束类	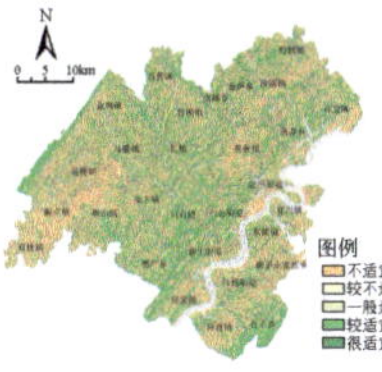 植被重要性 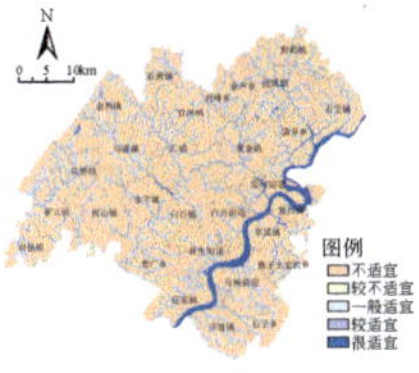 水域重要性 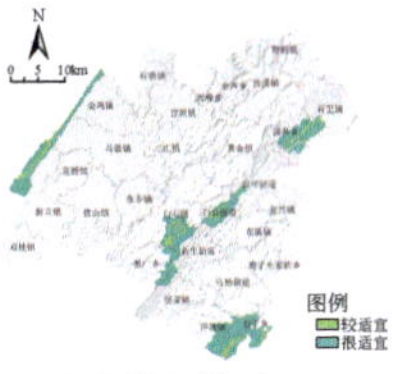 自然保护区  风景名胜区 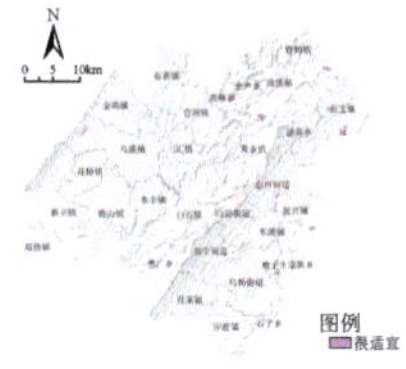 饮用水源保护区 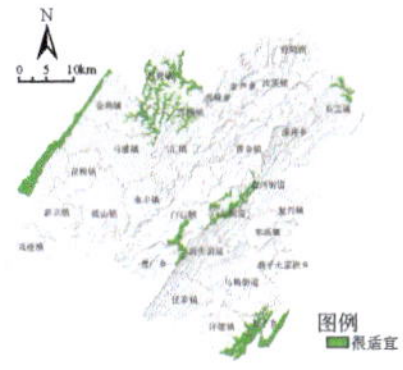 森林公园 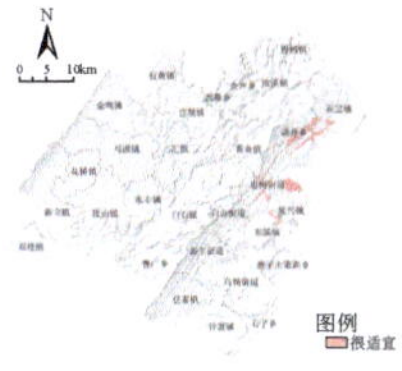 湿地公园  生态保护红线

4）郫都区单功能适宜性评价结果

从郫都区城镇发展功能的适宜性评价结果来看，较适宜、很适宜和一般适宜的区域面积占全区的41%，主要位于郫筒街道、红光街道、犀浦街道、德源街道、安靖街道等高新西区和城区附近的5个乡镇（街道），以及西南侧的安德街道（表5.18和图5.16）。

表 5.18　郫都区城镇发展功能适宜性评价

类别	单因子适宜性评价结果
刚性约束类	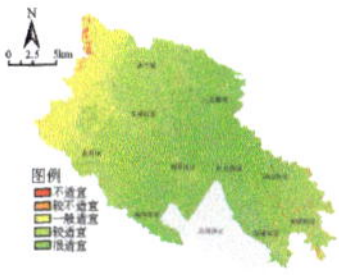 高程 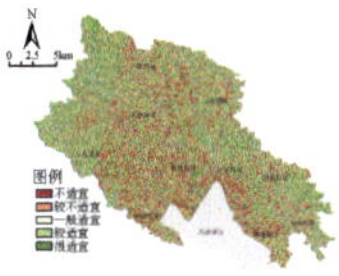 坡度 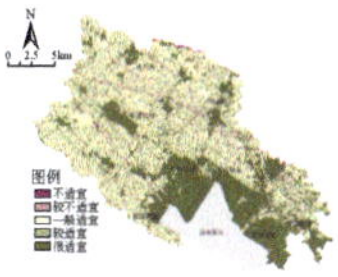 建设用地转化难度
柔性指导类	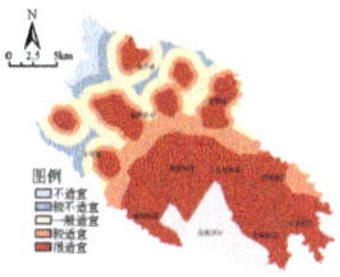 距城镇中心距离 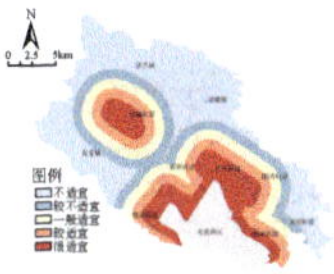 距产业园区距离 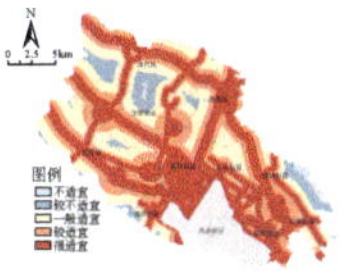 距主要道路距离 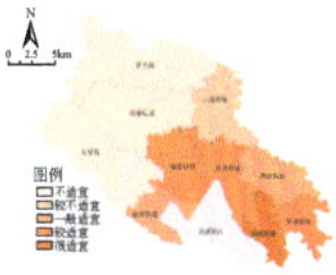 人口密度 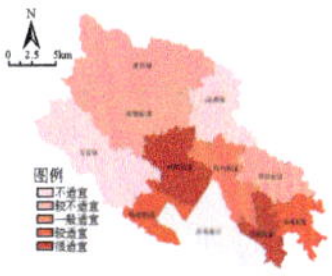 城镇化率 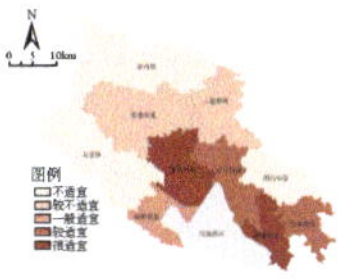 城镇居民人均可支配收入 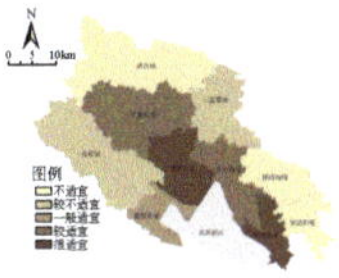 规模以上工业企业个数 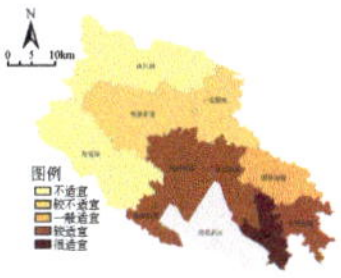 建设用地强度 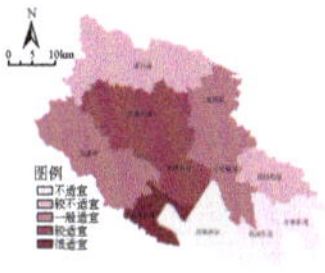 城镇化扩张强度

从郫都区农业生产功能的适宜性评价结果来看，较适宜、很适宜和一般适宜的区域面积占全区的53%，主要位于城区周边的乡镇（街道），如友爱镇、唐昌镇、安德街道、三道堰镇等（表5.19和图5.16）。

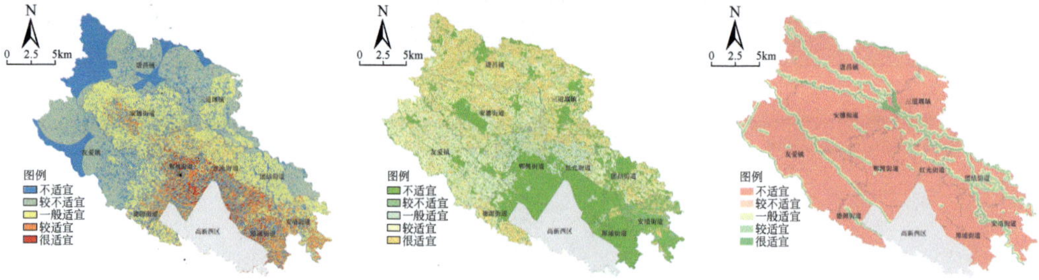

(a)城镇发展功能适宜性　(b)农业生产功能适宜性　(c)生态保育功能适宜性

图 5.16　郫都区单功能适宜性评价结果

表 5.19　郫都区农业生产功能适宜性评价

类别	单因子适宜性评价结果
刚性约束类	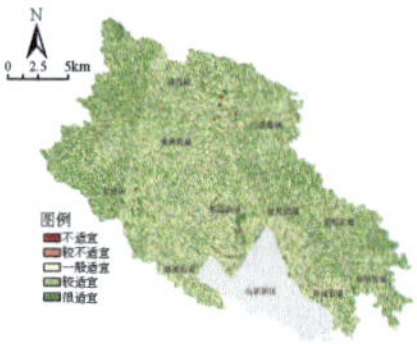 坡度 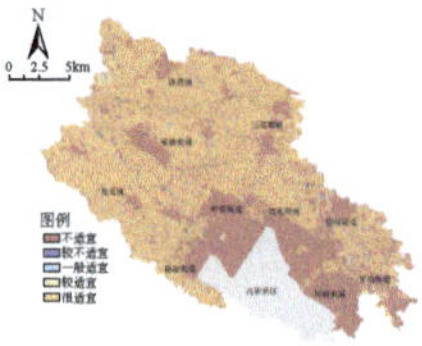 土地复垦难度 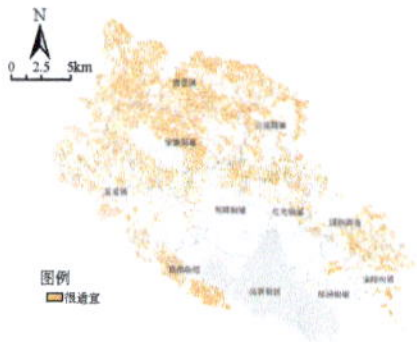 永久基本农田
柔性指导类	 人均耕地面积 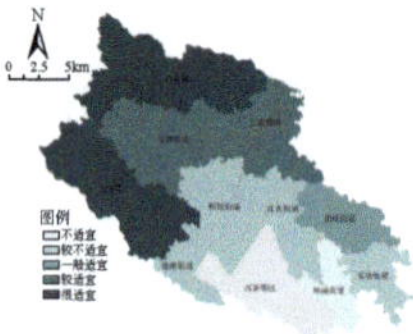 土地垦殖系数  设施农业占比 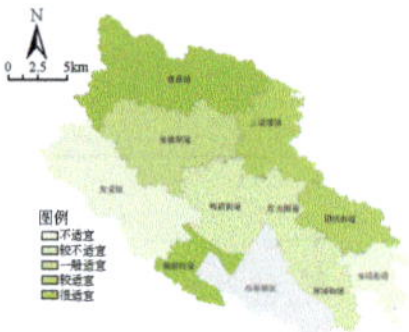 地均粮食产量

从郫都区生态保育功能的适宜性评价结果来看，较适宜、很适宜和一般适宜的区域面积占全区的 19%，主要位于河流两侧以及饮用水水源保护区所在的位置，涉及的乡镇较少（表 5.20 和图 5.16）。

表 5.20　郫都区生态保育功能适宜性评价

类别	单因子适宜性评价结果
刚性约束类	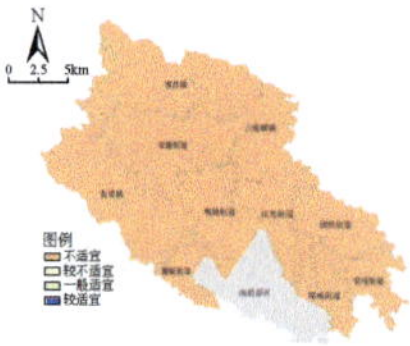 植被重要性 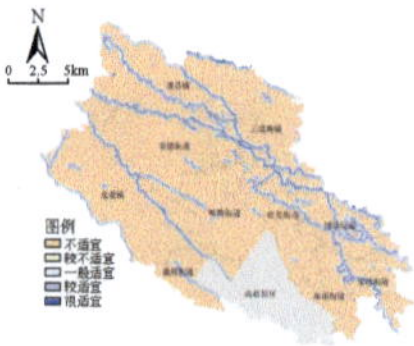 水域重要性  饮用水源保护区  生态保护红线

5）简阳市单功能适宜性评价结果

从简阳市城镇发展功能的适宜性评价结果来看，较适宜、很适宜和一般适宜的区域面积占全区的 17%，主要位于射洪坝街道、东溪街道、简城街道、新市街道、石桥街道、赤水街道（6 个街道）（表 5.21 和图 5.17）。

表 5.21　简阳市城镇发展功能适宜性评价

类别	单因子适宜性评价结果
刚性约束类	 高程 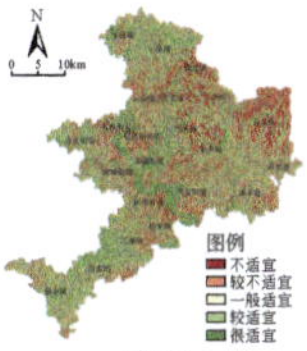 坡度 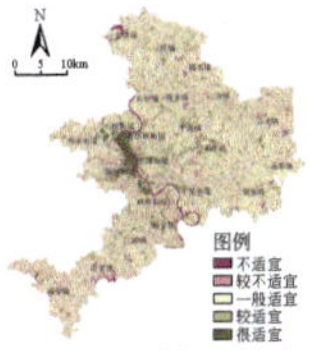 建设用地转化难度
柔性指导类	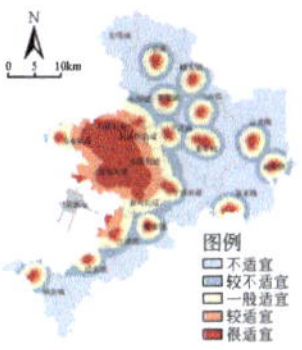 距城镇中心距离 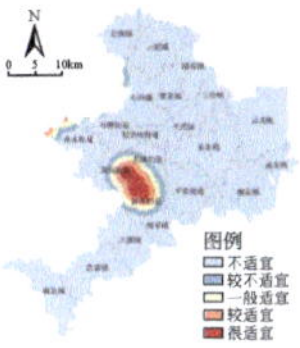 距产业园区距离 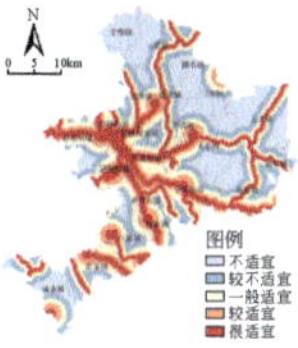 距主要道路距离  人口密度 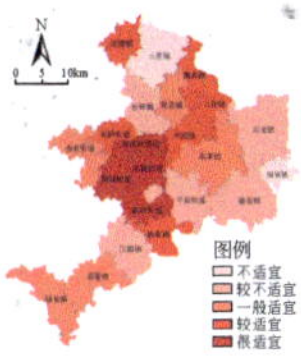 城镇化率 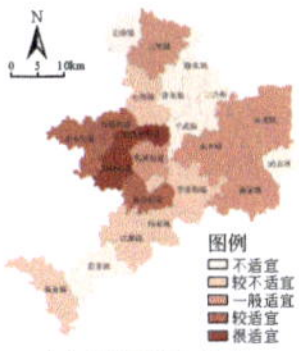 城镇居民人均可支配收入  规模以上工业企业个数 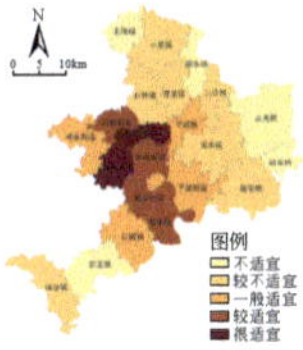 建设用地强度 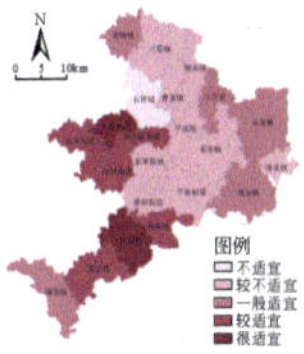 城镇化扩张强度

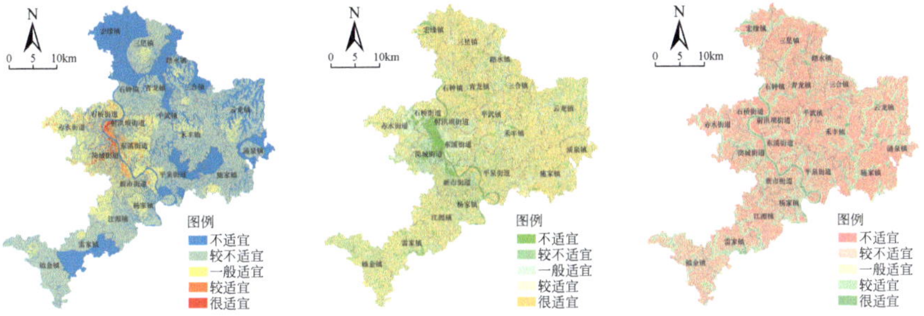

(a)城镇发展功能适宜性　(b)农业生产功能适宜性　(c)生态保育功能适宜性

图 5.17　简阳市单功能适宜性评价结果

从简阳市农业生产功能的适宜性评价结果来看，较适宜、很适宜和一般适宜的区域面积占全区的 70%，主要位于沱江以西和沱江以东的所有乡镇（街道）（表 5.22 和图 5.17）。

从简阳市生态保育功能的适宜性评价结果来看，较适宜、很适宜和一般适宜的区域面积占全区的 39%，主要位于沱江沿岸和多个饮用水源保护区所在的位置，涉及的乡镇（街道）较少，包括杨家镇和平泉街道等（表 5.23 和图 5.17）。

表 5.22　简阳市农业生产功能适宜性评价

类别	单因子适宜性评价结果		
刚性约束类	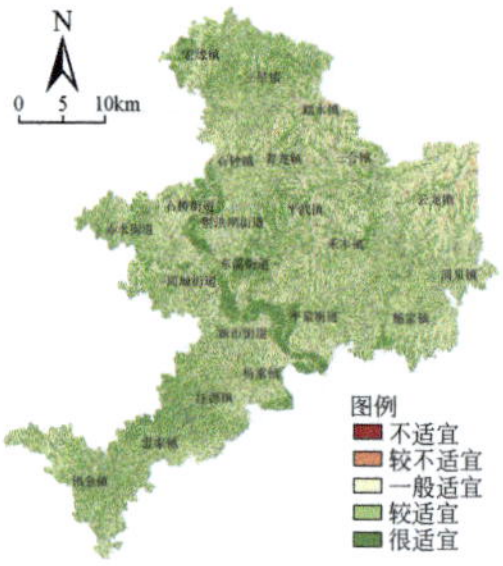 坡度	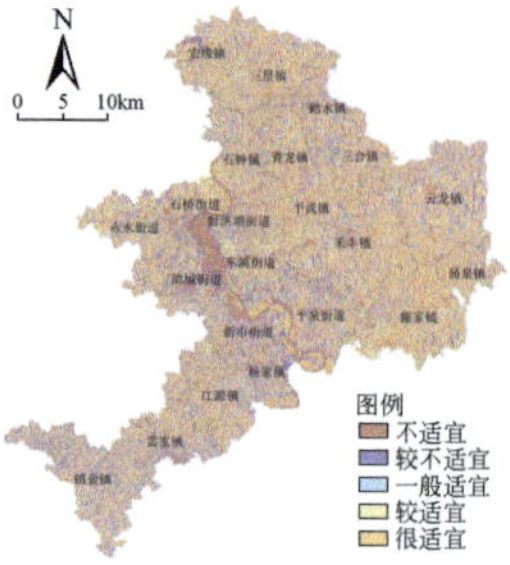 土地复垦难度	 永久基本农田
柔性指导类	 人均耕地面积	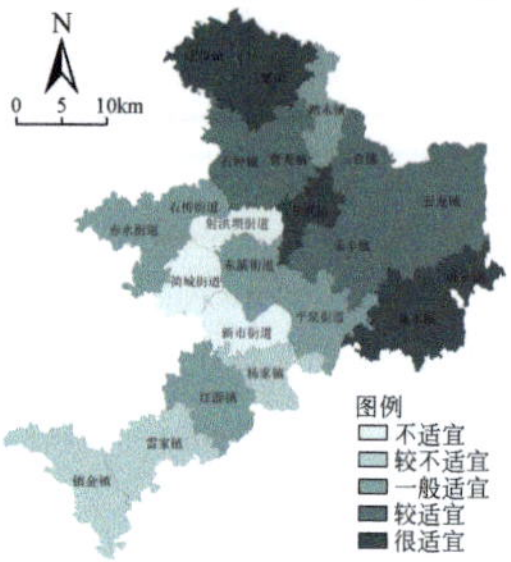 土地垦殖系数	 设施农业占比

表 5.23　简阳市生态保育功能适宜性评价

类别	单因子适宜性评价结果			
刚性约束类	 植被重要性	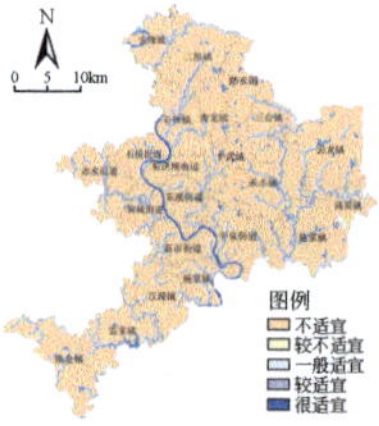 水域重要性	 饮用水源保护区	 生态保护红线

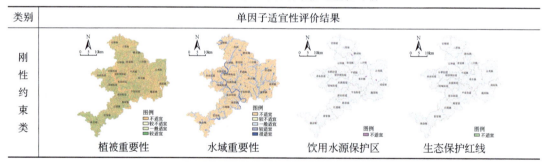

6）峨边彝族自治县单功能适宜性评价结果

从峨边彝族自治县城镇发展功能的适宜性评价结果来看，较适宜、很适宜和一般适宜的区域面积占全区的1%，主要位于沙坪镇、新林镇、新场乡、宜坪乡4个乡镇（表5.24和图5.18）。

从峨边彝族自治县农业生产功能的适宜性评价结果来看，较适宜、很适宜和一般适宜的区域面积占全区的7%，所涉区域较小，主要位于毛坪镇、五渡镇、新林镇等乡镇（街道），但分布较为零散（表5.25和图5.18）。

表 5.24　峨边彝族自治县城镇发展功能适宜性评价

类别	单因子适宜性评价结果
刚性约束类	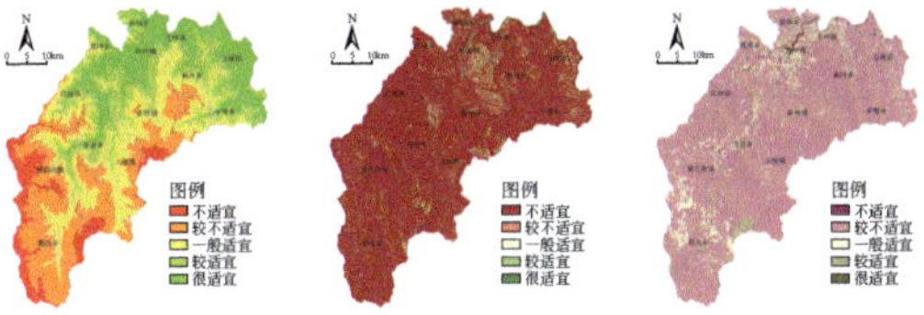 高程　坡度　建设用地转化难度
柔性指导类	 距城镇中心距离　距产业园区距离　距主要道路距离　人口密度　城镇化率 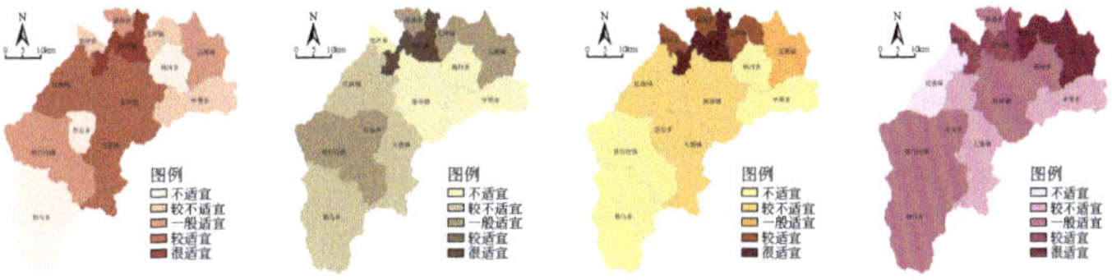 城镇居民人均可支配收入　规模以上工业企业个数　建设用地强度　城镇化扩张强度

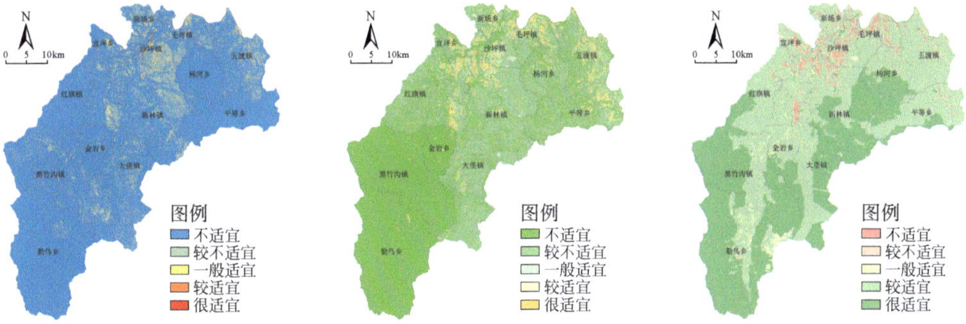

(a)城镇发展功能适宜性　(b)农业生产功能适宜性　(c)生态保育功能适宜性

图 5.18　峨边彝族自治县单功能适宜性评价结果

从峨边彝族自治县生态保育功能的适宜性评价结果来看，较适宜、很适宜和一般适宜的区域面积占全区的96%，主要位于自然保护区、森林公园、风景名胜区，以及多个饮用水源保护区所在的位置，几乎涉及所有的乡镇（街道）（表 5.26 和图 5.18）。

表 5.25　峨边彝族自治县农业生产功能适宜性评价

<table>
<tr><th>类别</th><th>单因子适宜性评价结果</th></tr>
<tr><td>刚性约束类</td><td>
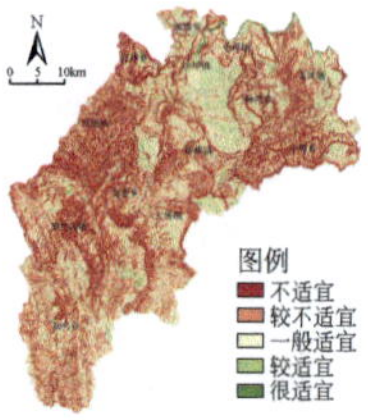

坡度

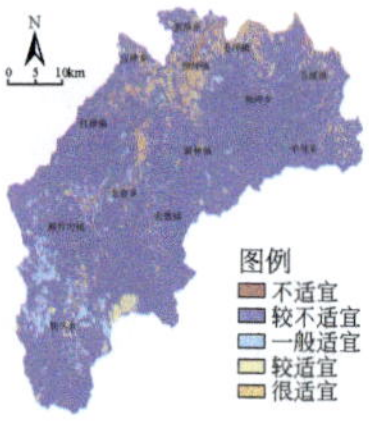

土地复垦难度

永久基本农田
</td></tr>
<tr><td>柔性指导类</td><td>

人均耕地面积

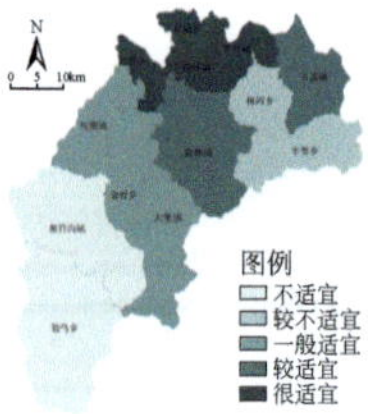

土地垦殖系数

设施农业占比

地均粮食产量

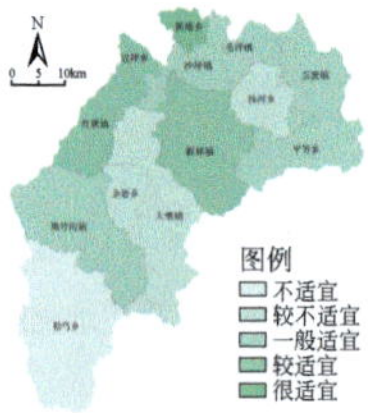

地均蔬菜产量

人均粮食产量
</td></tr>
</table>

表 5.26　峨边彝族自治县生态保育功能适宜性评价

<table>
<tr><th>类别</th><th>单因子适宜性评价结果</th></tr>
<tr><td>刚性约束类</td><td>
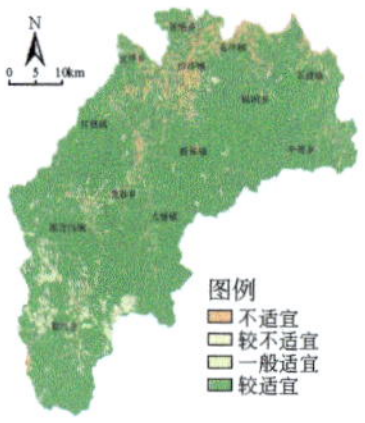

植被重要性

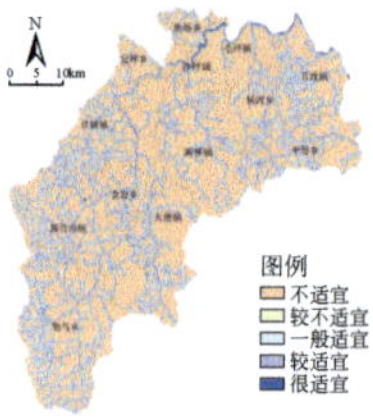

水域重要性

自然保护区

风景名胜区

饮用水源保护区

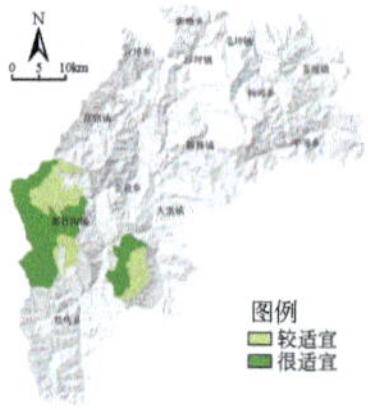

森林公园

生态保护红线
</td></tr>
</table>

5.2.4 多功能适宜性集成

从上文对成渝地区六个典型县（市、区）的单功能适宜性评价结果来看，存在部分国土空间同时适宜多种功能的情况，例如地势平坦、坡度较小的区域既适合农业的规模化种植，又有利于城镇的建设，这便带来城乡规划编制与城乡建设的过程中城镇发展、农业生产和生态保育相互之间的博弈与选择[279]。因此，在当前城乡融合发展、生态文明建设以及新时代国土空间体系建立的背景下，如何协调城镇、农业和生态空间的布局关系，需要根据当前的城乡发展模式进行综合分析和价值判断。

1. “三区协同”的集成原则

为了解决城镇、农业、生态等空间彼此之间缺乏整合、难以科学调配、相互挤占等问题[113,247]，我国开展了一系列关于区域空间功能整合的研究。空间协同的探索历程大致可以分为协调探索、创新推动、全面试点和体系健全四个阶段，形成“三规合一”“主体功能区”“多规合一”“三生空间”“三区三线”等不同形式的诸多成果（表 5.27）。各项工作内容逐步推动和深化了国土空间功能的内涵解读、界定标准、类型划分和管控措施。2019 年 5 月，《中共中央 国务院关于建立国土空间规划体系并监督实施的若干意见》中明确要求“在资源环境承载能力和国土空间开发适宜性评价的基础上，科学有序统筹布局生态、农业、城镇等功能空间”。不难发现，生态、农业、城镇等多功能空间的协同研究也是镇村功能适宜性评价的重要内容。

回顾我国国土空间功能协同的探索历程，城镇发展空间、农业生产空间和生态保育空间的协同路径愈发明确，逐步形成一套“先落棋盘，再落棋子”的规划逻辑[285]。为了进一步指导镇村共生单元的类型划分，本研究结合当前相关政策要求提炼出“生态保育底线约束、农业生产优先保障、城镇发展适度集约”的功能协同原则。

1）生态保育底线约束

生态优先、绿色发展是国土空间调查、规划和用途管制的总体原则。2015 年，中共中央 国务院印发《生态文明体制改革总体方案》，提出要按照“节约优先、保护优先”的原则，保护国家生态安全，促进人与自然和谐相处。2019 年 11 月，《关于在国土空间规划中统筹划定落实三条控制线的指导意见》中提出要按照“底线思维，保护优先”的原则，科学有序统筹布局生态、农业、城镇等功能空间。可见，生态保育已经成为各类规划与建设的核心价值与前提条件[286]，在功能协同中起到底线约束的作用。

2）农业生产优先保障

2021 年 2 月，中央一号文件《中共中央 国务院关于全面推进乡村振兴加快农业农村现代化的意见》提出：“严禁违规占用耕地和违背自然规律绿化造林、挖湖造景，严格控制非农建设占用耕地，深入推进农村乱占耕地建房专项整治行动，坚决遏制耕地‘非农化’、防止‘非粮化’”。2020 年《国务院办公厅关于防止耕地“非粮化”稳定粮食生产的意见》中明确提出耕地要优先满足粮食和食用农产品生产。可见，农业生产功能是我国粮食安全的基础，在功能协同中需要优先保障。

表 5.27　我国国土空间功能协同的探索历程

阶段	时间	事件与内容
协调探索阶段	2004 年	国家发展改革委在江苏苏州、福建安溪、广西钦州等地推动“三规合一”试点
	2006 年	浙江出台《关于加快推进县市域总体规划编制工作的若干意见》，开展第一批“两规”联合编制试点
	2008 年	广东提出建立全省空间规划协调机制，河源、云浮、广州陆续开展“三规合一”试点工作
	2009 年	重庆开始编制“四规叠合”综合实施方案试点
创新推动阶段	2011 年	《全国主体功能区规划》发布，将全国国土空间划分为优化开发、重点开发、限制开发和禁止开发四类
	2012 年	党的十八大报告提出“三生空间”，要求“促进生产空间集约高效、生活空间宜居适度、生态空间山清水秀”
	2013 年	《中共中央关于全面深化改革若干重大问题的决定》指出“建立空间规划体系，划定生产、生活、生态空间开发管制界限”
全面试点阶段	2013 年	中央城镇化工作会议提出建立空间规划体系，推进“多规合一”，建立统一的空间规划体系
	2014 年	国家发展改革委、国土资源部、住房和城乡建设部、环境保护部四部委联合发文开展 28 个试点城市的“多规合一”探索
	2015 年	中央全面深化改革领导小组第十三次会议同意海南开展省域“多规合一”改革试点
	2015 年	《生态文明体制改革总体方案》明确“划定生产空间、生活空间、生态空间……”
	2016 年	《省级空间规划试点方案》明确要求“划定城镇、农业、生态空间以及生态保护红线、永久基本农田、城镇开发边界”
体系健全阶段	2019 年 5 月	《中共中央 国务院关于建立国土空间规划体系并监督实施的若干意见》要求“在资源环境承载能力和国土空间开发适宜性评价的基础上，科学有序统筹布局生态、农业、城镇等功能空间”
	2019 年 11 月	《关于在国土空间规划中统筹划定落实三条控制线的指导意见》提出“底线思维，保护优先。以资源环境承载能力和国土空间开发适宜性评价为基础，科学有序统筹布局生态、农业、城镇等功能空间”

资料来源：根据参考文献[280-284]整理。

3）城镇发展适度集约

对于城镇发展功能而言，相对孤立、规模较小城镇空间难以形成有效的发展态势。2022 年 5 月，《关于推进以县城为重要载体的城镇化建设的意见》提出“建立集约高效的建设用地利用机制。加强存量低效建设用地再开发……推广节地型、紧凑式高效开发模式”。为了避免城镇建设用地面临无序蔓延、用地效率低下等问题，城镇发展功能应综合考虑资源承载能力、城镇发展阶段和发展潜力，按照集约、紧凑的要求集中进行开发建设[287,288]。因此，在功能协同过程中要加强对城镇空间的集约、集中布局。

2. 典型县域多功能适宜性集成结果

按照生态约束、农业优先的原则，城镇、农业、生态空间的图底关系已经由原来的先图后底转变为先底后图[289]。本研究按照生态保育功能大于农业生产功能大于城镇发展功能的优先级，采用叠图法将永川区、垫江县、忠县等 6 个典型县域的城镇发展、农业生产、生态保育的单功能适宜性评价结果进行集成，得到各县域的多功能适宜性集成结果（图 5. 19）。根据集成结果，重庆市永川区城镇发展、农业生产和生态保育功能面积占比分别为 5. 7%、53. 2%、41. 1%，垫江县城镇发展、农业生产和生态保育功能面积占比分别为 2. 7%、41. 3%、55. 9%，忠县城镇发展、农业生产和生态保育功能面积占比分别为 1. 4%、33. 2%、65. 5%。四川省郫都区城镇发展、农业生产和生态保育功能面积占比分别为 21. 5%、45. 5%、33. 0%，简阳市城镇发展、农业生产和生态保育功能面积占比分别为 3. 7%、54. 7%、41. 6%，峨边彝族自治县城镇发展、农业生产和生态保育功能面积占比分别为 0. 1%、3. 3%、96. 5%（图 5. 20）。

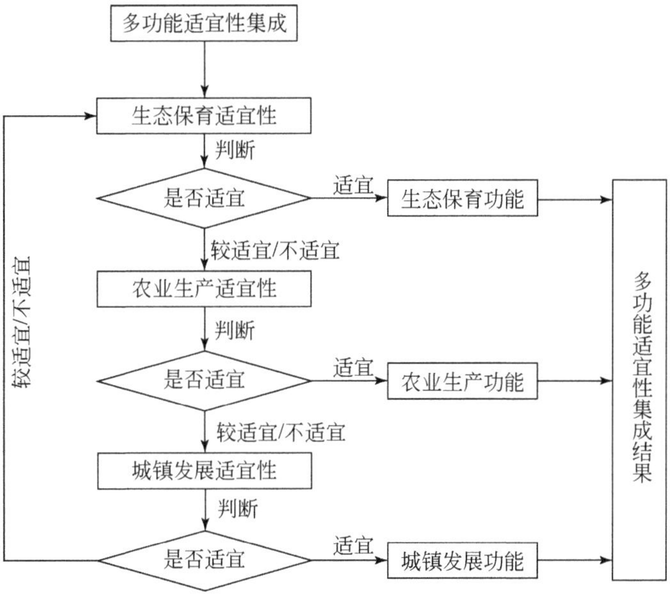

图 5. 19　多功能适宜性集成流程

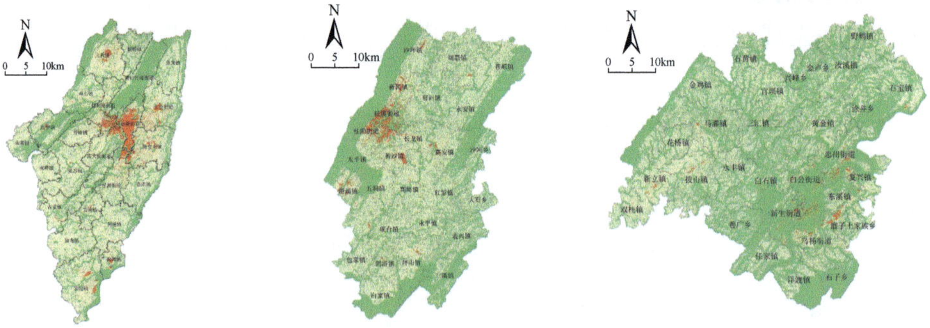

(a)永川区功能适宜性集成结果
(城乡一体型县域)

(b)垫江县功能适宜性集成结果
(差异协调型县域)

(c)忠县功能适宜性集成结果
(收缩重构型县域)

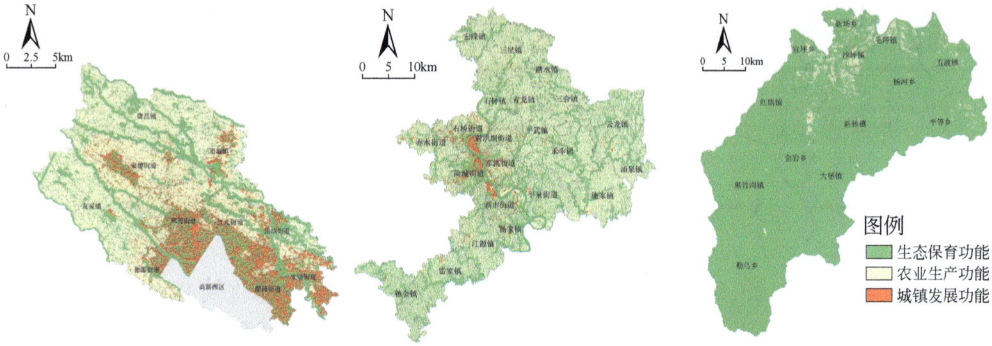

(d)郫都区功能适宜性集成结果
(城乡一体型县域)

(e)简阳市功能适宜性集成结果
(差异协调型县域)

(f)峨边彝族自治县功能适宜性集成结果
(收缩重构型县域)

图 5.20 典型县域多功能适宜性集成结果

将不同城乡融合类型的县域进行横向对比，可以得到以下结论：①城乡一体型县域（永川区和郫都区）的城镇发展功能面积占比高于差异协调型县域（垫江县和简阳市）和收缩重构型县域（忠县和峨边彝族自治县）；②重构型县域的农业生产功能面积占比明显低于差异协调型县域和城乡一体型县域；③收缩重构型县域的生态保育功能面积占比高于差异协调型县域和城乡一体型县域（图 5.21）。

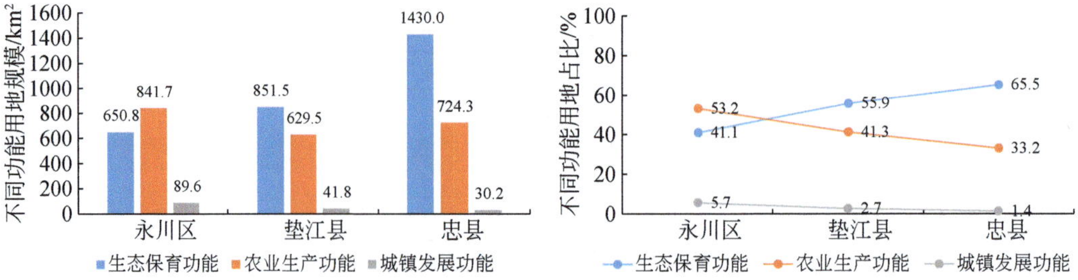

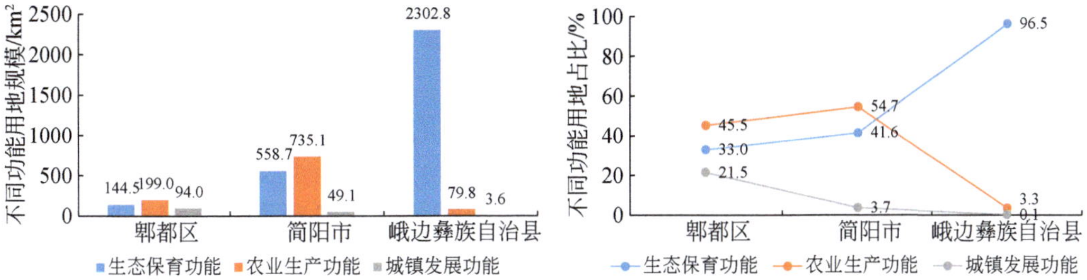

图 5.21　典型县域不同功能用地规模与占比

5.2.5　单元类型划分结果

本研究借鉴已有研究采用主导功能评价的方法确定乡镇类型，主导功能反映了其由于自身条件的差异而表现出的最适宜发展方向与发展策略。当乡镇行政范围内城镇发展、农业生产或生态保育中的某一功能具有较大规模面积或占整个乡镇的比重较大时，说明该乡镇承担了这一功能的主导角色，这一功能便是该乡镇的主导功能。

1）乡镇功能类型识别

各乡镇的主导功能可以通过各类功能的评价值大小进行量化判别，将评价值最大一类的功能作为乡镇的主导功能。值得说明的是，对于各类主导功能规模和占比相近的，可确定为综合功能，功能综合型乡镇应兼顾不同功能的发展需求（图 5.22）。

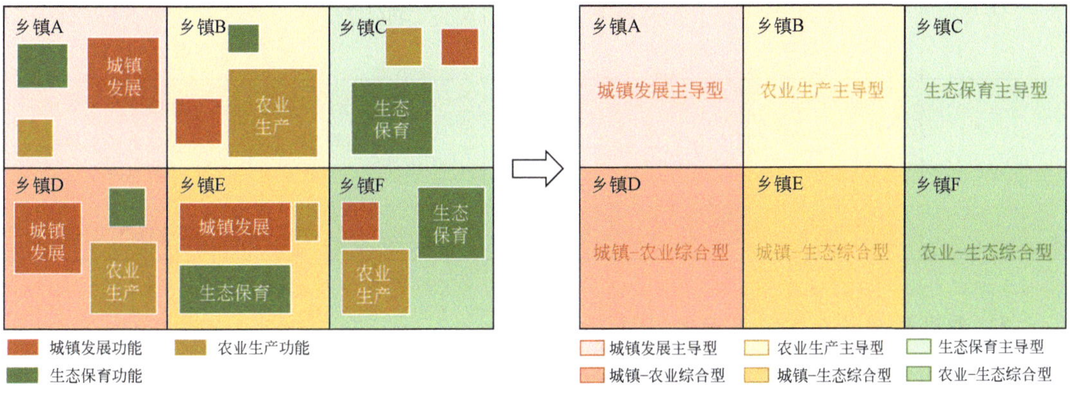

图 5.22　乡镇功能类型划分示意

功能评价值由该功能用地的面积规模和所占比例大小共同决定，可以采用式（5.1）对其进行综合计算：

$$Z_{ia}=\sqrt{A_{ia}\times P_{ia}} \tag{5.1}$$

式中，A_{ia}为乡镇（街道）i 的第 a 类功能面积标准化处理后的结果［标准化处理采用极差标准化方法，详见式（4.1）］；P_{ia}为乡镇（街道）i 的第 a 类功能占比标准化处理后的结果［标准化处理采用极差标准化方法，详见式（4.1）］；Z_{ia}为乡镇（街道）i 的第 a 类功能评价值。参考已有研究[274,290]，当 $Z_{ia}\geqslant 0.75$ 时，第 a 项功能为乡镇（街道）i 的优势功能；当 $0.5\leqslant Z_{ia}<0.75$ 时，第 a 项功能为乡镇（街道）i 的潜力功能；当 $Z_{ia}<0.5$ 时，第 a 项功能为乡镇（街道）i 的短板功能。

按照上述公式对六个典型县域所有乡镇（街道）的优势功能、潜力功能和短板功能进行识别，识别结果参照下述划分规则对各乡镇（街道）的功能类型进行划分（表 5.28）。当某乡镇（街道）存在多个优势功能或潜力功能时，将其确定为功能综合型，包括城镇–农业综合型、城镇–生态综合型和农业–生态综合型等；当某乡镇（街道）存在一个优势功能或潜力功能时，将其确定为功能主导型，包括城镇发展主导型、农业生产主导型和生态保育主导型；当某乡镇（街道）不存在优势功能或潜力功能时，按较强的短板功能划分。综上，镇村共生单元可以划分为六种类型。

表 5.28　乡镇（街道）功能类型划分规则

<table>
<tr><th>是否存在优势功能</th><th>是否存在潜力功能</th><th>优势功能（潜力功能）个数 N/个</th><th>功能类型大类</th><th>功能类型小类</th></tr>
<tr><td rowspan="2">是</td><td>—</td><td>$N>1$</td><td>功能综合型</td><td>城镇–农业综合型
城镇–生态综合型
农业–生态综合型</td></tr>
<tr><td>—</td><td>$N=1$</td><td>功能主导型</td><td>城镇发展主导型
农业生产主导型
生态保育主导型</td></tr>
<tr><td>否</td><td>是</td><td>$N>1$</td><td>功能综合型</td><td>城镇–农业综合型
城镇–生态综合型
农业–生态综合型</td></tr>
<tr><td rowspan="2">—</td><td>—</td><td>$N=1$</td><td>功能主导型</td><td>城镇发展主导型
农业生产主导型
生态保育主导型</td></tr>
<tr><td>否</td><td>—</td><td>—</td><td>按较强的功能划分</td></tr>
</table>

2）典型县域镇村共生单元类型划分结果

采用功能评价值公式对乡镇各类功能评价值进行计算，通过比较城镇发展功能、农业生产功能和生态保育功能的评价值大小，确定乡镇（街道）的主导功能，进而作为镇村共生单元的类型（图 5.23 和图 5.24）。

需要说明的是，上述乡镇（街道）功能类型的确定是基于过去或现在的研究数据分析得到的结果，难免对未来重要政策引导和重大工程建设带来的乡镇（街道）功能影响考虑不足。因此，在单元类型划分的过程中，乡镇（街道）功能类型还需要结合当地城乡建设的实际情况进行修正。例如，永川区朱沱镇和松溉镇由于农业种植条件较好，其功能分析结果为农业生产主导型，但朱沱镇和松溉镇是永川区港桥工业园区的所在地，未来工业发

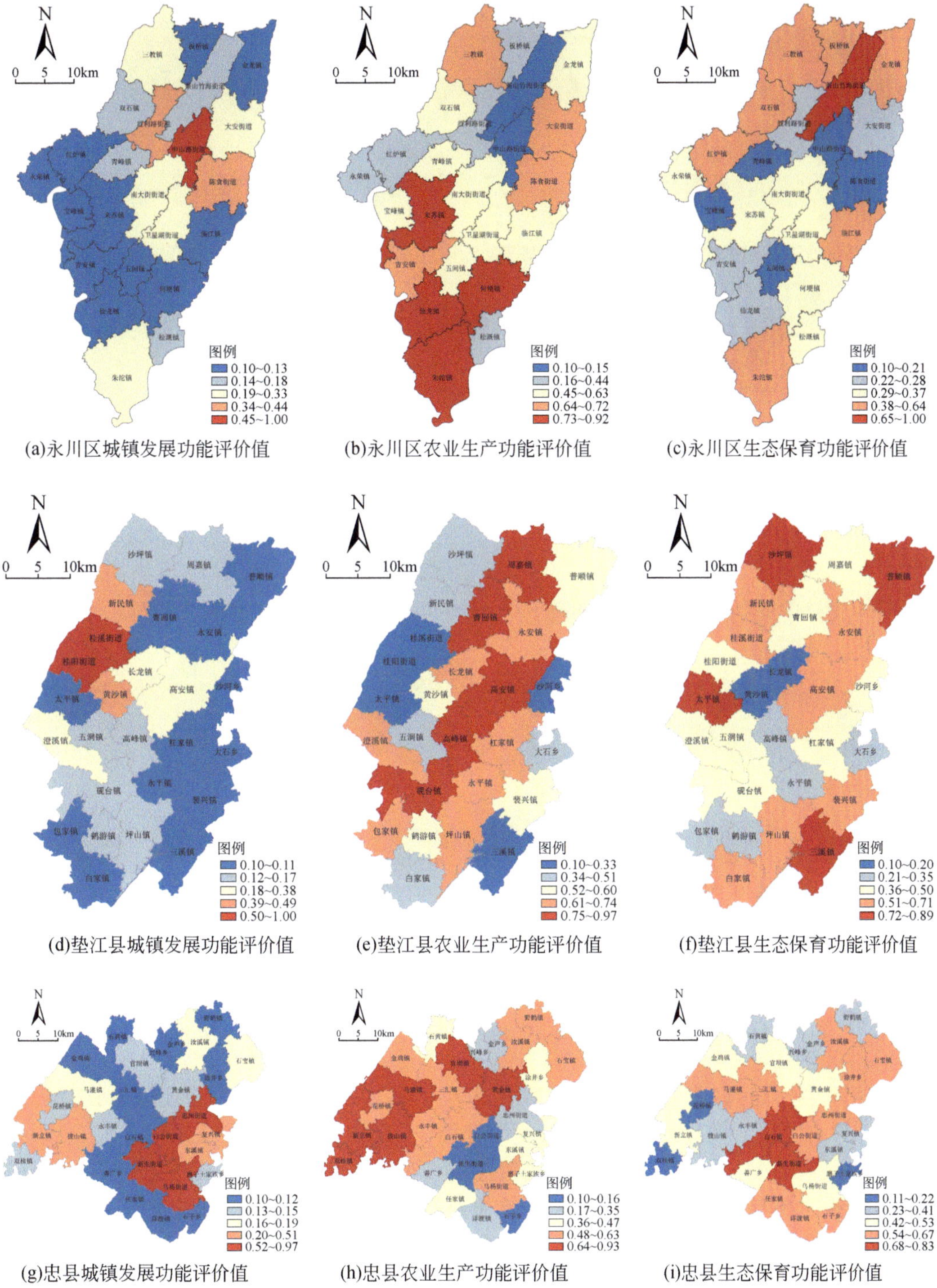

图 5.23　重庆市永川区、垫江县、忠县的乡镇（街道）功能评价值

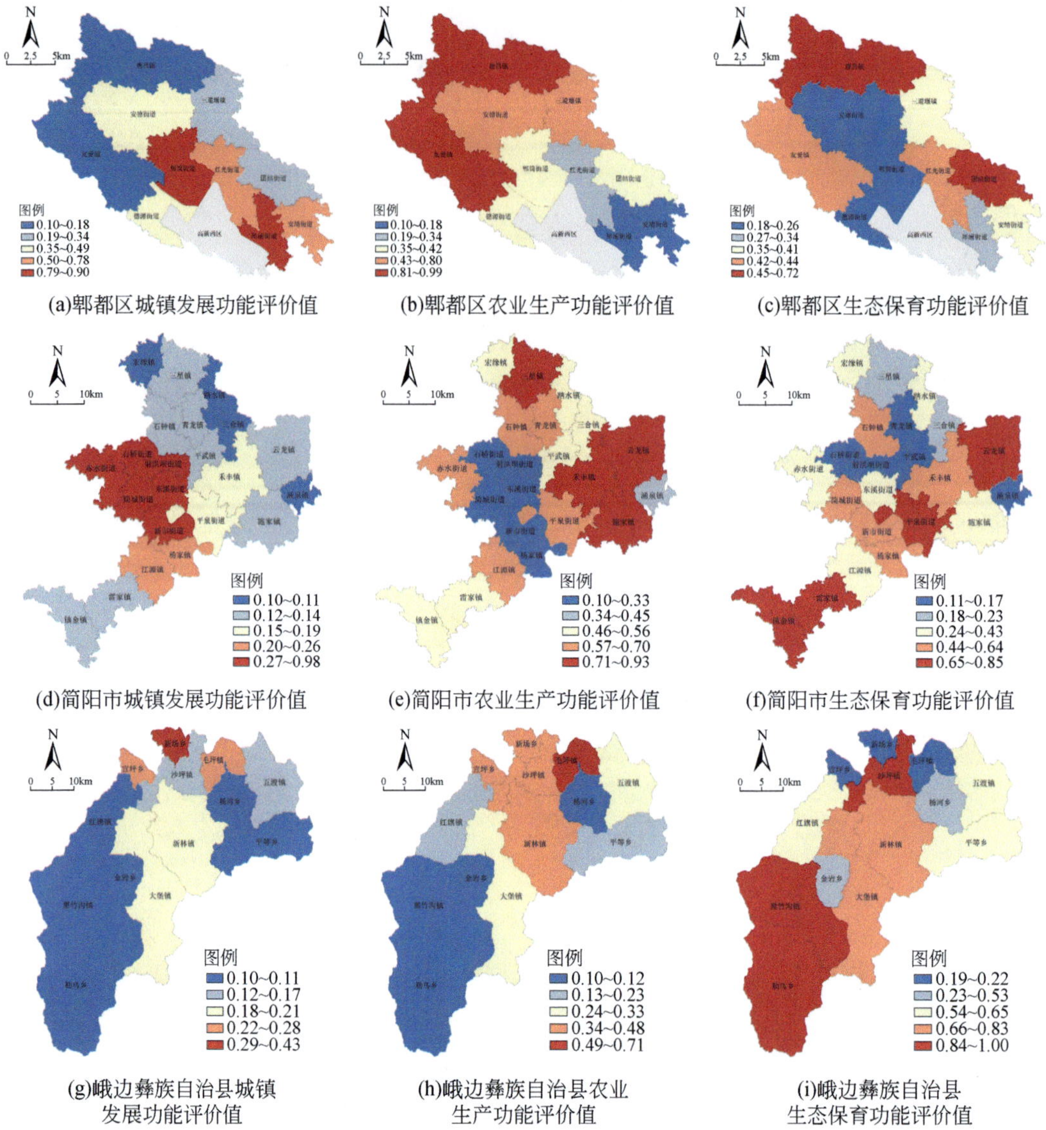

(a)郫都区城镇发展功能评价值　(b)郫都区农业生产功能评价值　(c)郫都区生态保育功能评价值

(d)简阳市城镇发展功能评价值　(e)简阳市农业生产功能评价值　(f)简阳市生态保育功能评价值

(g)峨边彝族自治县城镇发展功能评价值　(h)峨边彝族自治县农业生产功能评价值　(i)峨边彝族自治县生态保育功能评价值

图 5.24　成都市郫都区、简阳市、峨边彝族自治县的乡镇（街道）功能评价值

展的政策均会向此倾斜，因此，本研究将朱沱镇和松溉镇的乡镇（街道）功能类型由“农业生产主导型”调整为“城镇-农业综合性”。又如，垫江县太平镇的功能分析结果为生态保育主导型，但垫江县即将利用两江新区至垫江快速通道、长垫忠铁路、高新产业大道等枢纽工程和专业市场，在太平镇建设区域商贸物流基地，作为垫江未来城乡建设的四大工程之一。因此，宜将太平镇的类型由“生态保育主导型”调整为“城镇发展主导型”。

从单元类型划分的结果来看（图 5.25 和表 5.29）：永川区城镇-农业综合型乡镇（街道）有 6 个，城镇-生态综合型乡镇（街道）有 0 个，农业-生态综合型乡镇（街道）有 0 个，城镇发展主导型乡镇（街道）有 2 个，农业生产主导型乡镇（街道）有 13 个，生态

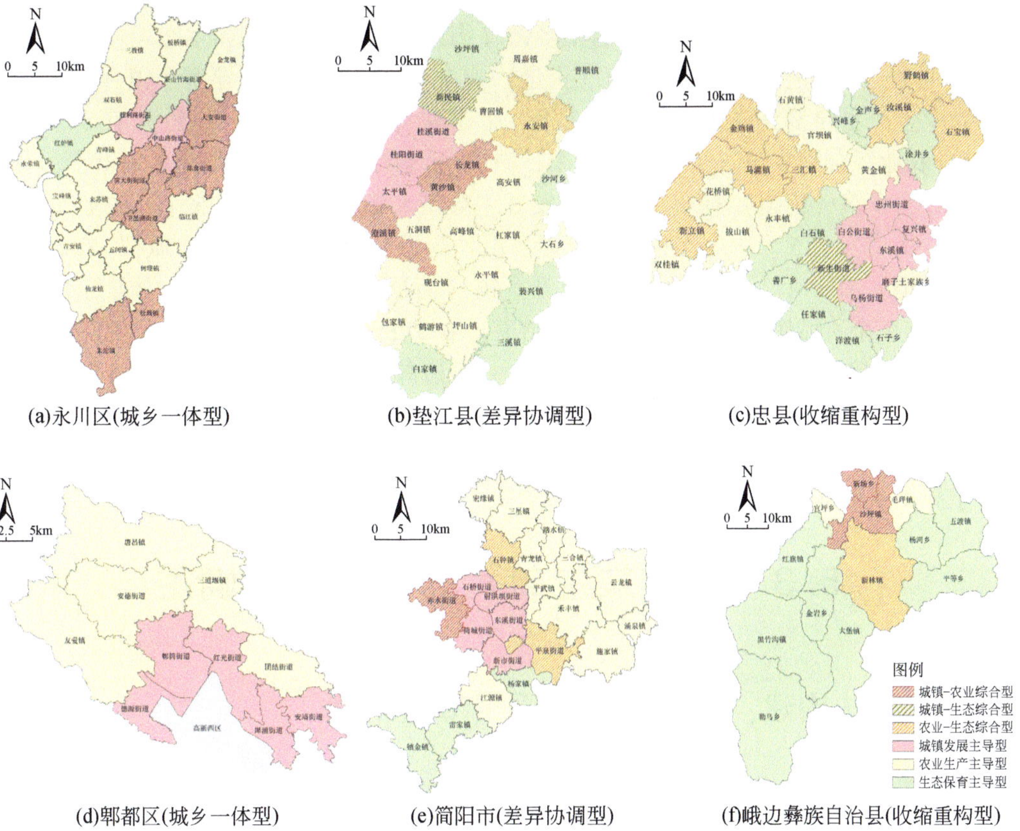

图 5.25　各典型县域的乡镇（街道）功能类型评价结果

表 5.29　各典型县域的乡镇（街道）功能类型统计　　　　（单位：个）

乡镇（街道）功能类型	永川区	垫江县	忠县	郫都区	简阳市	峨边彝族自治县	合计
城镇-农业综合型	6	3	0	0	1	2	12
城镇-生态综合型	0	1	1	0	0	0	2
农业-生态综合型	0	1	7	0	2	1	11
城镇发展主导型	2	3	5	5	5	0	20
农业生产主导型	13	12	8	5	11	2	51
生态保育主导型	2	6	8	0	3	8	27
小计	23	26	29	10	22	13	123

保育主导型乡镇（街道）有 2 个；垫江县城镇-农业综合型乡镇（街道）有 3 个，城镇-生态综合型乡镇（街道）有 1 个，农业-生态综合型乡镇（街道）有 1 个，城镇发展主导

型乡镇（街道）有3个，农业生产主导型乡镇（街道）有12个，生态保育主导型乡镇（街道）有6个；忠县城镇-农业综合型乡镇（街道）有0个，城镇-生态综合型乡镇（街道）有1个，农业-生态综合型乡镇（街道）有7个，城镇发展主导型乡镇（街道）有5个，农业生产主导型乡镇（街道）有8个，生态保育主导型乡镇（街道）有8个；郫都区城镇-农业综合型乡镇（街道）有0个，城镇-生态综合型乡镇（街道）有0个，农业-生态综合型乡镇（街道）有0个，城镇发展主导型乡镇（街道）有5个，农业生产主导型乡镇（街道）有5个，生态保育主导型乡镇（街道）有0个；简阳市城镇-农业综合型乡镇（街道）有1个，城镇-生态综合型乡镇（街道）有0个，农业-生态综合型乡镇（街道）有2个，城镇发展主导型乡镇（街道）有5个，农业生产主导型乡镇（街道）有11个，生态保育主导型乡镇（街道）有3个；峨边彝族自治县城镇-农业综合型乡镇（街道）有2个，城镇-生态综合型乡镇（街道）有0个，农业-生态综合型乡镇（街道）有1个，城镇发展主导型乡镇（街道）有0个，农业生产主导型乡镇（街道）有2个，生态保育主导型乡镇（街道）有8个。

5.3 镇村共生单元的中心乡镇确定

5.3.1 方法构建：场所中心与网络节点识别

在单元类型划分的基础上，本节依据前文构建的县域“镇村共生单元”划定技术路线对镇村共生单元的中心进行识别。镇村共生单元中心由场所中心和网络节点共同构成，其中场所中心可通过引力模型测度中心性强度来获取，网络节点可通过OD吸引力模型测度人流联系量来确定。

1. 场所中心识别：引力模型

1）分析方法

引力模型是采用社会经济统计数据研究空间相互作用的重要模型，该模型较为成熟，因其逻辑简单明确且分析数据容易获取等优势[291]，在城市地理学和经济地理学领域中广泛应用于城镇中心性评价的研究。根据引力模型的计算方法，镇村空间相互作用与镇村质量成正比，与交通距离成反比。

对于乡镇规模M而言，引力模型中的乡镇规模是个综合性指标，学界对其影响因素并无定论[292]，常常需要选取若干项合理的因子对其进行综合测度[10]。随着夜间灯光数据和POI数据可获得性、连续性和时效性的显著提高，利用夜间灯光数据和POI数据测度社会经济空间格局[293]、城镇活力[294]、城镇集中度与中心性[295]等的研究越来越多，弥补了镇村尺度统计数据不全、获取难度低、时效性差等问题。基于此，本研究参考已有研究[296,297]，采用部分统计数据与部分多源大数据相结合的形式对乡镇规模进行测度，在采用统计数据的同时，引入夜间灯光数据和百度POI数据，从宏观社会经济规模、中观活动场所规模、微观居民分布规模三个层次建构乡镇综合规模测度模型。

对于交通距离，已有研究常采用空间直线距离进行计算，这与镇村之间的实际交通联系距离有较大差异，尤其当研究对象为地形复杂的山地城市时，采用空间直线距离的计算方法对结果的准确性影响较大。为了解决上述问题，在考虑道路运行速度的基础上将空间距离转换为时间距离来修正引力模型的距离指标[291,298]。本研究通过程序设计的方式，以 Python 脚本语言为开发语言，基于百度地图 API 提供的地点检索服务与批量算路服务，实现批量计算各镇村之间的时间距离（图 5. 26）。

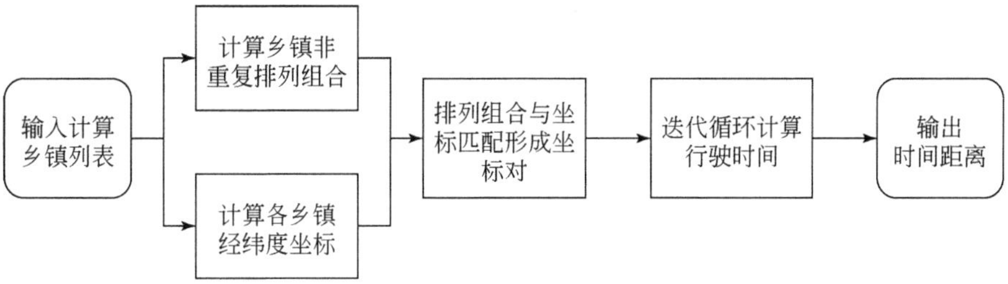

图 5. 26　基于百度地图 API 的出行时间距离计算流程图

修正后的引力模型为

$$R_{ij}=K\times\frac{M_iM_j}{D_{ij}^b} \tag{5.2}$$

$$K=\frac{M_i}{M_i+M_j} \tag{5.3}$$

$$M_i=\sqrt{\frac{g_ip_iv_i}{GPV}} \tag{5.4}$$

$$R_i=\sum_{j=1}^{n}R_{ij} \tag{5.5}$$

式中，R_i 为乡镇（街道）i 的中心性强度；R_{ij} 为乡镇（街道）i 对 j 的空间作用强度；M_i 为乡镇（街道）i 的规模；M_j 为乡镇（街道）j 的规模；K 为改进系数；D_{ij} 为乡镇（街道）i 与 j 的时间距离；b 通常取常数 2；G 为所有乡镇（街道）的社会经济总量；P 为所有乡镇（街道）的 POI 总数；V 为所有乡镇（街道）的夜间灯光辐射亮度总值；g_i 为乡镇（街道）i 的社会经济总量；p_i 为乡镇（街道）i 的 POI 总数；v_i 为乡镇（街道）i 的夜间灯光辐射亮度总值。

2）数据来源

针对宏观社会经济规模、中观活动场所规模、微观居民分布规模三个层次，采用不同的数据进行测度（表 5. 30）。社会经济规模选取常住人口、城镇居民人均可支配收入和地区生产总值进行测度，数据来源于各县（市、区）统计年鉴；活动场所规模采用高德 POI 进行测度，数据来源于高德开放平台；居民分布规模采用夜间灯光数据进行测度，数据来源于珞珈一号 01 星夜光影像数据，分辨率为 130m（图 5. 27）。

表 5.30　乡镇（街道）综合规模指标体系及数据来源

城镇规模类型	测度指标	具体数据	数据来源	采集时间	数据量/条
宏观 社会经济规模	社会经济发展水平	常住人口 城镇居民人均可支配收入地区生产总值	统计年鉴	2020 年	—
中观 活动场所规模	场所空间分布熵	工贸场所 POI 休闲旅游场所 POI 综合服务场所 POI	高德地图 POI 数据	2020 年	114 915
微观 居民分布规模	夜间灯光辐射亮度	夜间灯光数据	珞珈一号 01 星 夜光影像数据	2019 年	—

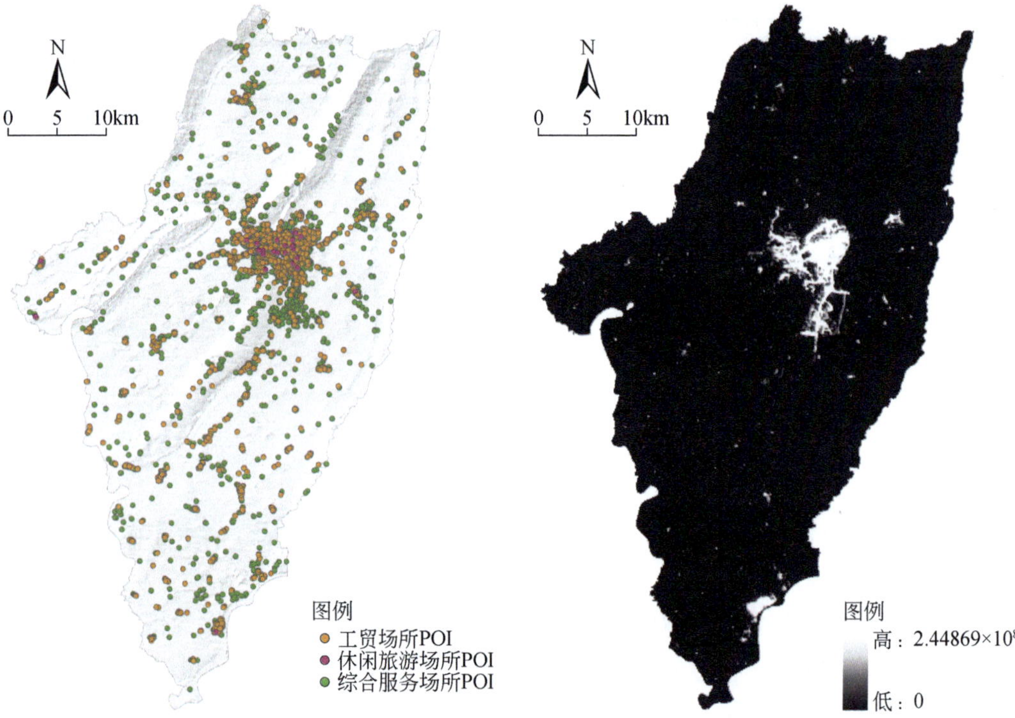

(a)永川区高德POI数据示意　　(b)永川区夜间灯光数据示意

图 5.27　永川区高德 POI 数据和夜间灯光数据示意

其中，高德 POI 数据的选取借鉴已有研究[281]，并综合考虑人的生活、生产需求，分为工贸场所、休闲旅游场所、综合服务场所 3 大类（表 5.31）。最终，6 个典型县域的 POI 数据量总计 114 915 条，其中永川区 20 476 条，垫江县 10 726 条，忠县 9008 条，郫都区 52 782 条，简阳市 20 327 条，峨边彝族自治县 1596 条。

表 5.31　高德 POI 数据采集分类

活动场所类型	高德 POI 类型
工贸场所	公司企业、金融保险服务
休闲旅游场所	风景名胜、体育休闲服务
综合服务场所	餐饮服务、购物服务、科教文化服务、生活服务、政府机构及社会团体、住宿服务、公共设施、医疗保健服务

2. 网络节点识别：OD 吸引量法

1）分析方法

流动空间“网络节点”的测度方法起源于社会网络分析方法[299,300]，利姆塔纳科尔（Limtanakool）在此基础上，从网络强度、结构和对称性三个维度提出了“S-dimensions”指数法[301]，对网络空间结构的研究提供了借鉴[302]。从已有研究来看，“网络节点”的空间联系测度可以通过联系强度和联系方向进行测度[303-304]。目前关于联系强度的计算往往通过航空网络、铁路网络、客运班车的班次或数量来计算网络联系度[305]，优点是数据相对容易获取，缺点是城市之间的交通运输班次往往是对等的，不能反映空间联系的方向性，同时客运班次无法反映实际载客量，以及无法统计私人交通方式的人流联系，这对空间联系的计算结果会造成一定影响。手机信令作为依附在居民个体出行行为下的一项重要数据来源，是手机用户在使用通信网络时留下的时空轨迹，具有大样本和较高空间精度的优点，在测算县域范围内镇村空间联系，从而测度镇村网络空间的结构关系方面具有先天优势[306,307]。

基于上述情况，本研究利用手机信令数据构建出行 OD 模型，具体采用吸引量法对镇村空间的“网络节点”进行测度。借鉴已有研究[308]，将某乡镇（街道）连续多日内的人流吸引总量作为测度该乡镇（街道）在网络中的联系度。OD 吸引量模型的计算公式为

$$N_j = \sum_{i=1}^{n-1} V_{ij} \tag{5.6}$$

式中，N_j 为乡镇（街道）j 连续多日的人流吸引总量；V_{ij} 为以乡镇（街道）i 为常住地，以乡镇（街道）j 为目的地的跨乡镇（街道）出行的人次总数；n 为区域内的乡镇（街道）总数。

2）数据来源

永川区、垫江县、忠县的出行数据来源于百度慧眼的 OD 分析数据，数据采集时间分别为 2022 年 2 月、9 月和 5 月。郫都区、简阳市和峨边彝族自治县的出行数据来源于中国联通手机信令数据，数据采集时间为 2020 年 11 月 8 ~ 15 日。总数据量为 108.8 万条（表 5.32）。

表 5.32　乡镇（街道）OD 出行数据来源

县（市、区）	数据来源	采集时间	数据量（记录用户）/个	
永川区	百度慧眼的 OD 分析数据	2022 年 2 月	451 076	1 088 090
垫江县		2022 年 9 月	202 710	
忠县		2022 年 5 月	179 737	
郫都区	中国联通手机信令数据	2020 年 11 月 8～15 日	150 229	
简阳市			92 759	
峨边彝族自治县			11 579	

5.3.2　场所中心识别

将乡镇（街道）综合规模代入前文 5.3.1 构建的引力模型公式计算得到各乡镇（街道）之间的空间作用强度。以永川区为例，分别计算永川区 23 个乡镇（街道）之间的宏观社会经济、中观活动场所和微观居民分布的空间作用强度，分别包含 506 对强度关系。然后，根据公式计算汇总 23 个乡镇（街道）的空间作用强度总量，得到永川区各乡镇（街道）的场所中心性强度。最后，基于 ArcGIS 的可视化分析功能，运用自然断点法将其划为一级、二级、三级、四级和五级 5 个等级（图 5.28）。

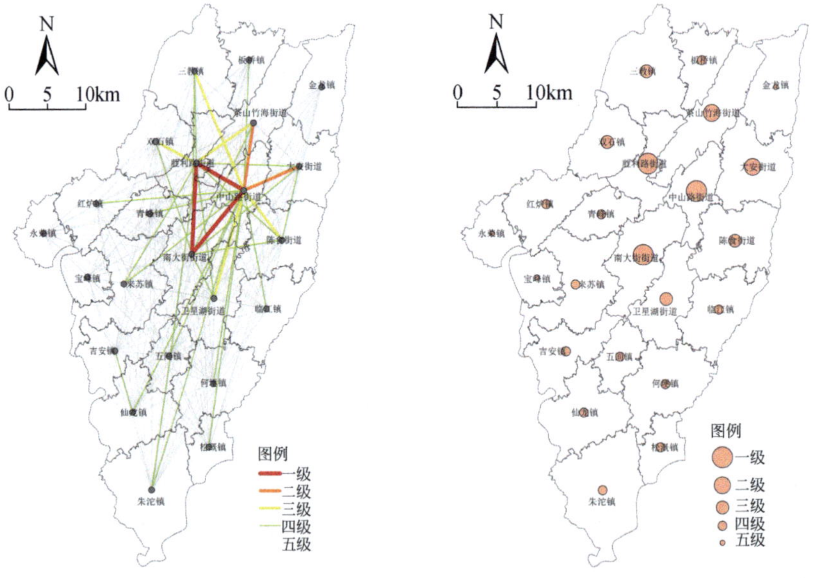

(a)永川区乡镇综合作用强度　　(b)永川区乡镇综合中心性

图 5.28　永川区乡镇（街道）空间作用强度与中心性分析

场所中心的分析结果表明：永川区一级乡镇（街道）有 3 个，分别为中山路街道、胜利路街道和南大街街道。二级乡镇（街道）有 2 个，分别为大安街道和茶山竹海街道。三级乡镇（街道）有 4 个，分别为卫星湖街道、陈食街道、双石镇和三教镇；四级乡镇（街道）有 11 个；五级乡镇（街道）有 3 个（表 5. 33）。

表 5. 33　永川区的场所中心等级

县（市、区）	等级	乡镇（街道）名称
永川区	一级	中山路街道、胜利路街道、南大街街道
	二级	大安街道、茶山竹海街道
	三级	卫星湖街道、陈食街道、双石镇、三教镇
	四级	朱沱镇、何埂镇、来苏镇、仙龙镇、临江镇、松溉镇、吉安镇、青峰镇、五间镇、板桥镇、红炉镇
	五级	永荣镇、宝峰镇、金龙镇

同理，采用同样的方法对垫江县、忠县、郫都区、简阳市和峨边彝族自治县等其他五个典型县域的空间作用强度与中心性强度进行计算，计算结果如图 5. 29 ~ 图 5. 33 所示。

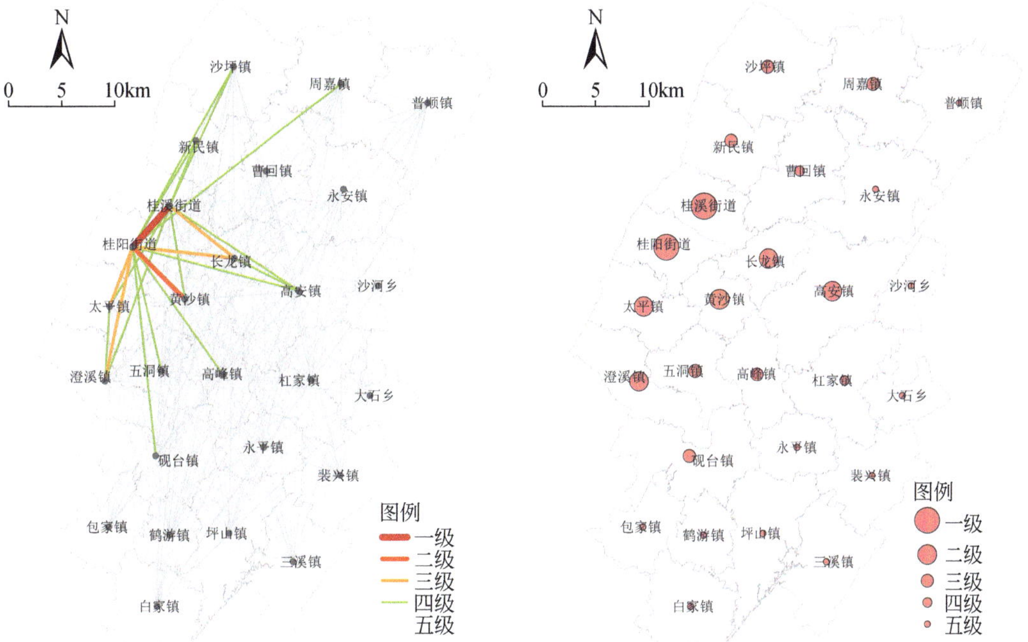

(a)垫江县乡镇综合作用强度　　(b)垫江县乡镇综合中心性

图 5. 29　垫江县乡镇（街道）空间作用强度与中心性分析

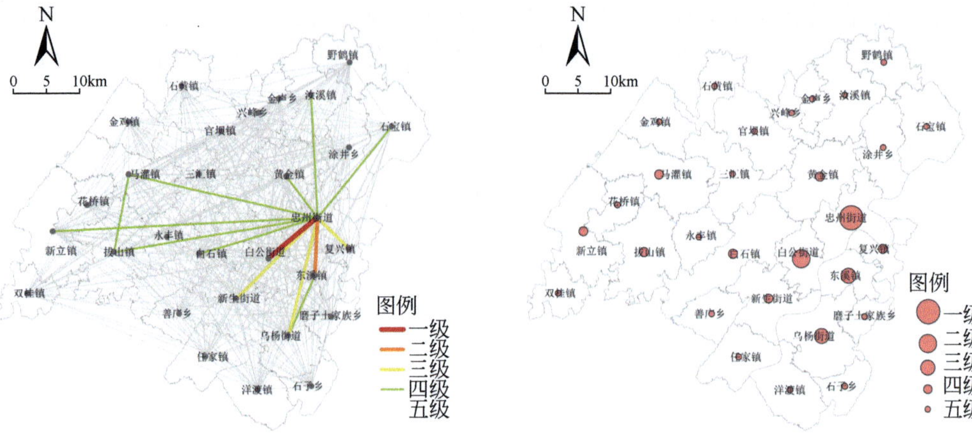

(a)忠县乡镇综合作用强度　　(b)忠县乡镇综合中心性

图 5.30　忠县乡镇（街道）空间作用强度与中心性分析

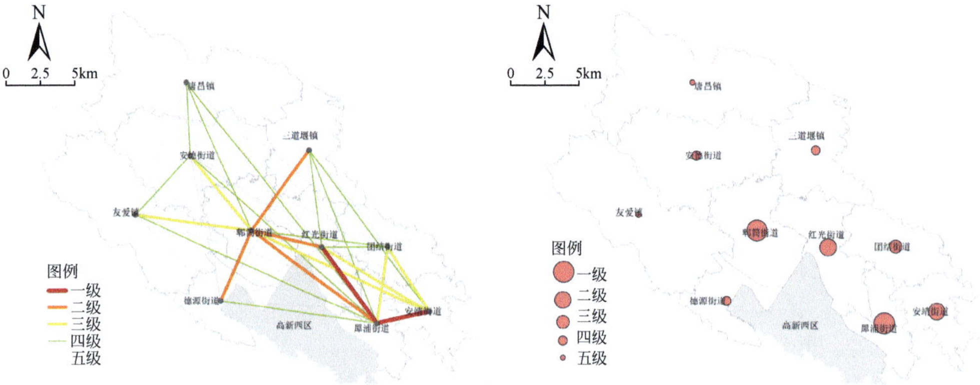

(a)郫都区乡镇综合作用强度　　(b)郫都区乡镇综合中心性

图 5.31　郫都区乡镇（街道）空间作用强度与中心性分析

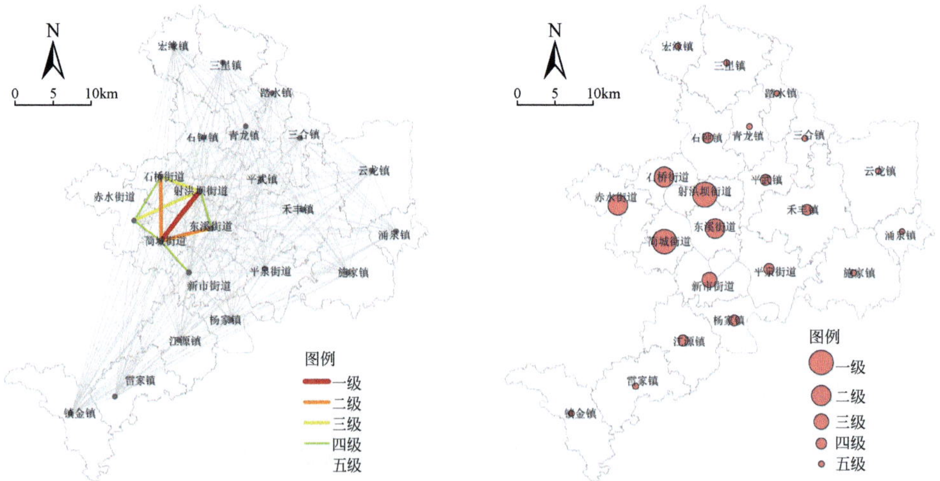

(a)简阳市乡镇综合作用强度　　(b)简阳市乡镇综合中心性

图 5.32　简阳市乡镇（街道）空间作用强度与中心性分析

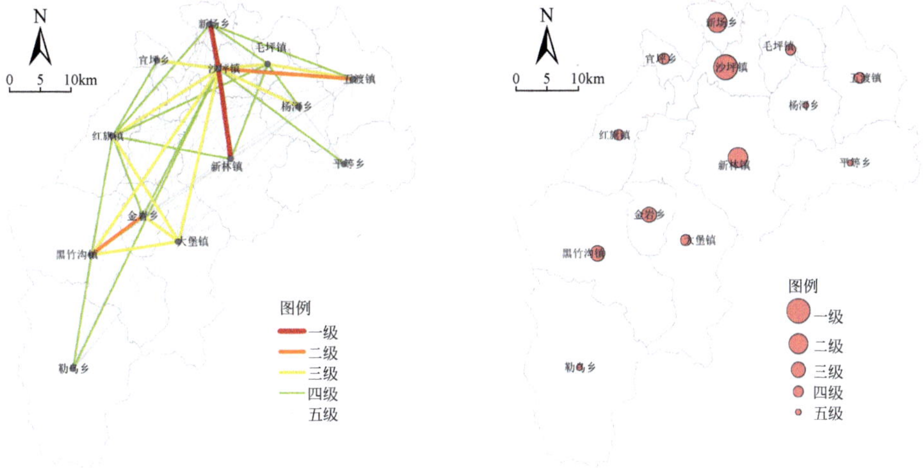

(a)峨边彝族自治县乡镇综合作用强度　　(b)峨边彝族自治县乡镇综合中心性

图 5.33　峨边彝族自治县乡镇（街道）空间作用强度与中心性分析

5.3.3　网络节点识别

根据前文 5.3.1 构建的 OD 吸引量模型公式计算得到各乡镇（街道）的人流联系总量，进而确定网络节点的等级。以永川区为例，基于 ArcGIS 的可视化分析功能生成 OD 出行网络，运用自然断点法将永川区各区乡镇的人流吸引总量划为一级、二级、三级、四级和五级 5 个等级（图 5.34）。网络节点的分析结果表明：永川区一级乡镇（街道）有 1

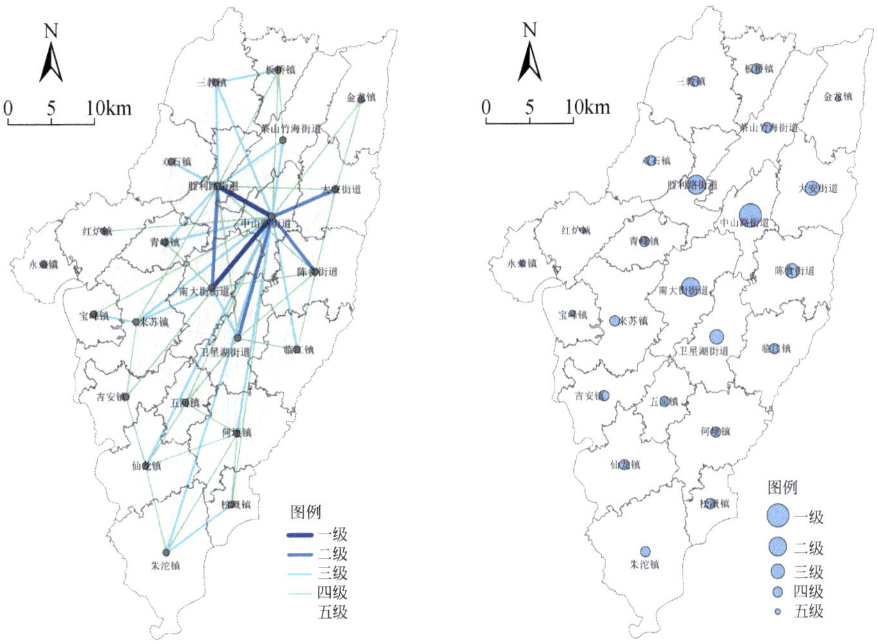

(a)永川区OD出行网络　　(b)永川区人流吸引总量

图 5.34　永川区网络节点分析

个，即中山路街道；二级乡镇（街道）有2个，分别为胜利路街道和南大街街道；三级乡镇（街道）有3个，分别为陈食街道、卫星湖街道、大安街道；四级乡镇（街道）有13个；五级乡镇（街道）有4个（表5.34）。

表5.34　永川区的网络节点等级

县(市、区)	等级	乡镇（街道）名称
永川区	一级	中山路街道
	二级	胜利路街道、南大街街道
	三级	陈食街道、卫星湖街道、大安街道
	四级	来苏镇、三教镇、茶山竹海街道、何埂镇、仙龙镇、朱沱镇、临江镇、五间镇、双石镇、青峰镇、松溉镇、板桥镇、吉安镇
	五级	金龙镇、宝峰镇、红炉镇、永荣镇

同理，采用同样的方法对垫江县、忠县、郫都区、简阳市和峨边彝族自治县等其他五个典型县（市、区）的人流吸引总量进行计算，进而识别出网络节点。计算结果如图5.35～图5.39所示。

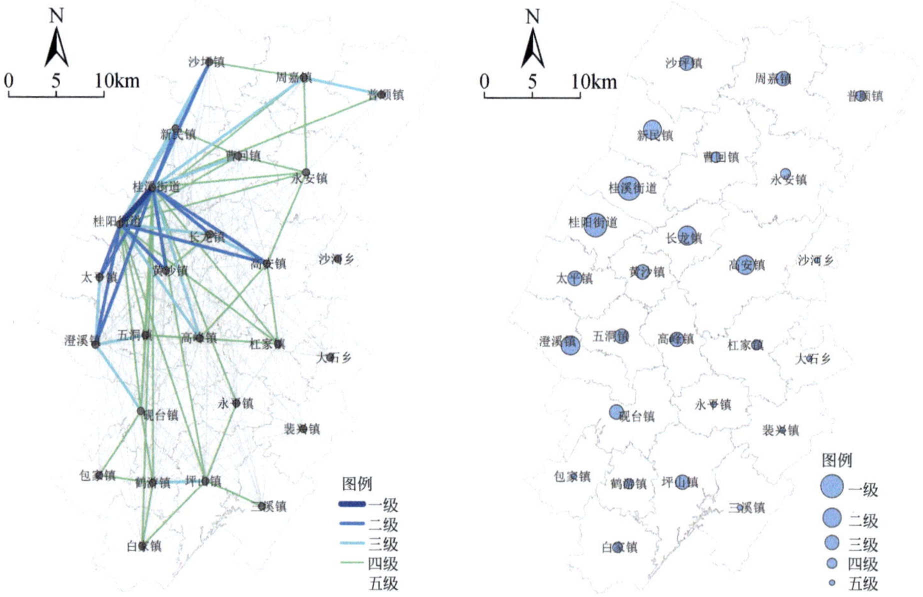

(a)垫江县OD出行网络　　(b)垫江县人流吸引总量

图5.35　垫江县网络节点分析

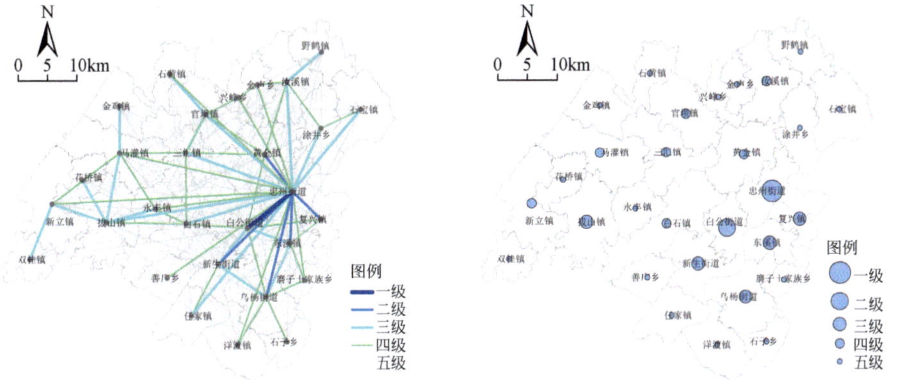

(a)忠县OD出行网络　　(b)忠县人流吸引总量

图 5.36　忠县网络节点分析

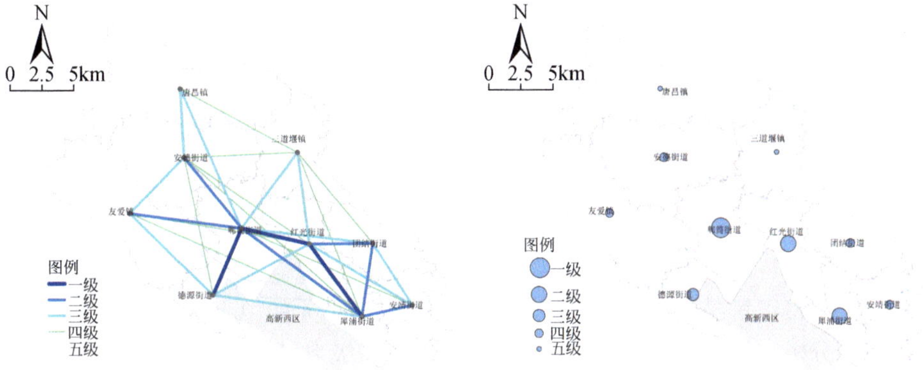

(a)郫都区OD出行网络　　(b)郫都区人流吸引总量

图 5.37　郫都区网络节点分析

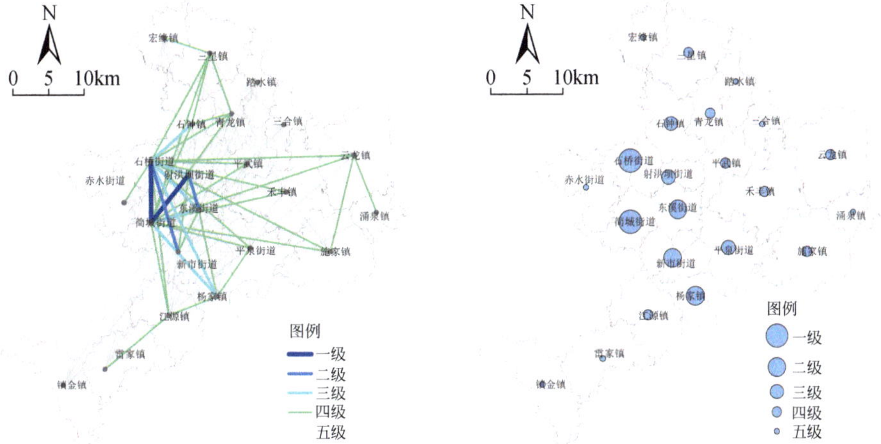

(a)简阳市OD出行网络　　(b)简阳市人流吸引总量

图 5.38　简阳市网络节点分析

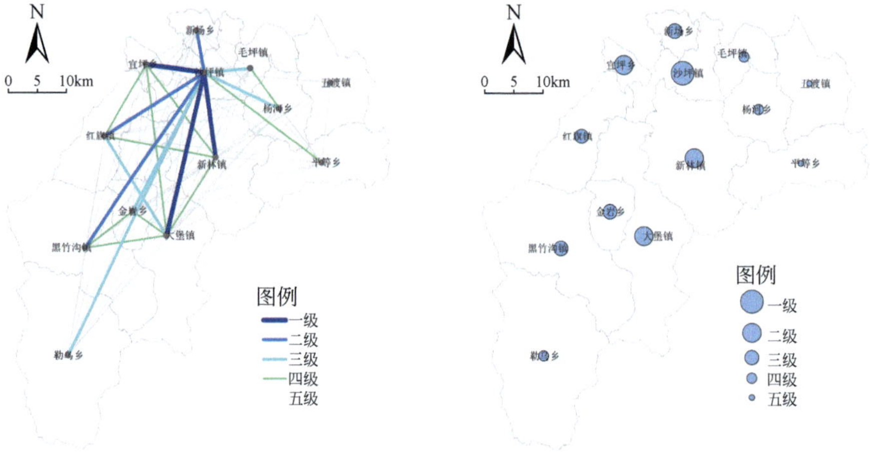

(a)峨边县OD出行网络　　(b)峨边县人流吸引总量

图 5.39　峨边彝族自治县网络节点分析

5.3.4　单元中心确定结果

由于镇村共生单元的中心由场所中心和网络节点共同构成，因此，将上述典型县域识别得到的场所中心与网络节点进行加权，得到加权中心等级。加权中心等级作为单元中心确定的依据，即将镇村共生单元内等级较高的乡镇作为单元的中心（图 5.40）。

加权中心分析结果表明：永川区 23 个乡镇中，一级乡镇（街道）有 3 个，分别为中山路街道、胜利路街道和南大街街道；二级乡镇（街道）有 4 个，分别为大安街道、陈食街道、茶山竹海街道和卫星湖街道；三级乡镇（街道）有 6 个，分别为三教镇、双石镇、来苏镇、何埂镇、朱沱镇和仙龙镇；四级乡镇（街道）有 6 个；五级乡镇（街道）有 4 个。垫江县 26 个乡镇（街道）中，一级乡镇（街道）有 2 个，分别为桂阳街道和桂溪街道；二级乡镇（街道）有 5 个，分别为黄沙镇、澄溪镇、长龙镇、高安镇和太平镇；三级乡镇（街道）有 6 个，分别为新民镇、沙坪镇、周嘉镇、高峰镇、五洞镇和砚台镇；四级乡镇（街道）有 7 个；五级乡镇（街道）有 6 个。忠县 29 个乡镇（街道）中，一级乡镇（街道）有 1 个，为忠州街道；二级乡镇（街道）有 1 个，为白公街道；三级乡镇（街道）有 4 个，分别为东溪镇、乌杨街道、复兴镇和新生街道；四级乡镇（街道）有 5 个；五级乡镇（街道）有 18 个。郫都区 10 个乡镇（街道）中，一级乡镇（街道）有 1 个，为郫筒街道；二级乡镇（街道）有 2 个，分别为犀浦街道和红光街道；三级乡镇（街道）有 3 个，分别为安靖街道、德源街道和团结街道；四级乡镇（街道）有 3 个；五级乡镇（街道）有 1 个。简阳市 22 个乡镇（街道）中，一级乡镇（街道）有 1 个，为简城街道；二级乡镇（街道）有 2 个，分别为石桥街道、射洪坝街道；三级乡镇（街道）有 1 个，为东溪街道；四级乡镇（街道）有 6 个；五级乡镇（街道）有 12 个。峨边彝族自治县 13 个乡镇（街道）中，一级乡镇（街道）有 1 个，为沙坪镇；二级乡镇（街道）为 1 个，为新林镇；三级乡镇（街道）为 2 个，分别为新场乡和大堡镇；四级乡镇（街道）有 5

个；五级乡镇（街道）有 4 个。

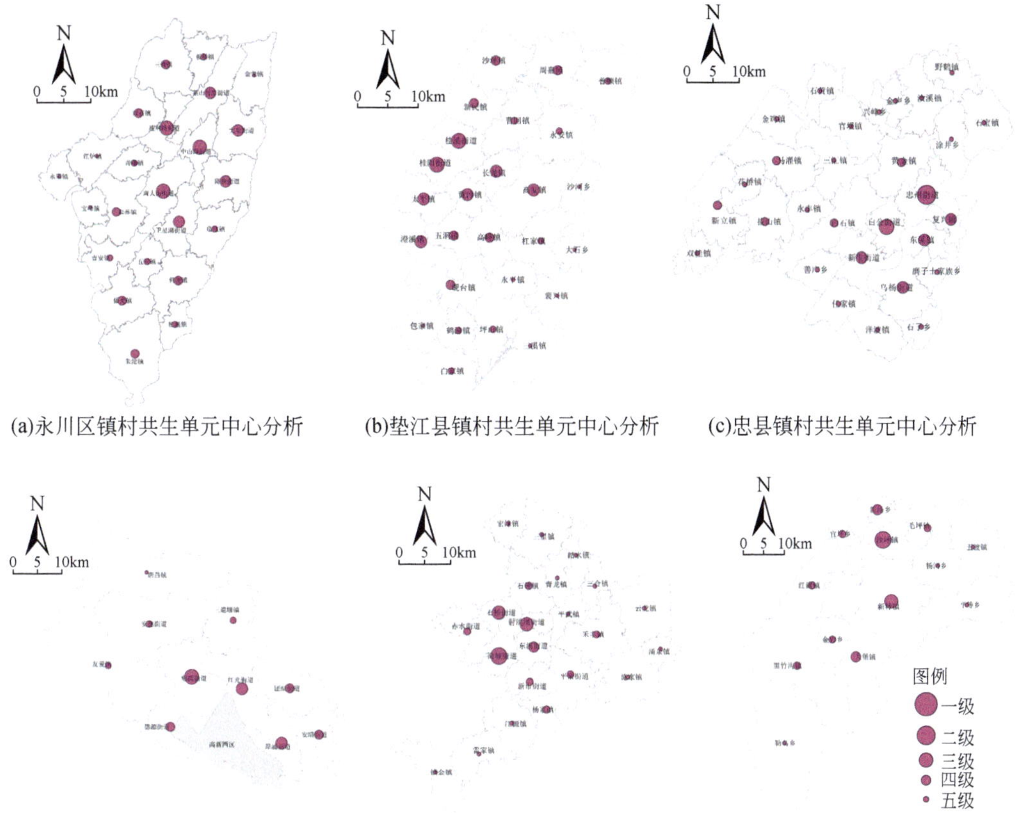

(a)永川区镇村共生单元中心分析　(b)垫江县镇村共生单元中心分析　(c)忠县镇村共生单元中心分析

(d)郫都区镇村共生单元中心分析　(e)简阳市镇村共生单元中心分析　(f)峨边彝族自治县镇村共生单元中心分析

图 5.40　典型县域镇村共生单元中心分析结果

5.4　镇村共生单元的边界范围划定

5.4.1　方法构建：网络联系测度

镇村共生单元范围的划定思路是将类型相同、地域相邻且联系紧密的乡镇（街道）划分为同一个镇村单元，可以采用测度同类型相邻乡镇（街道）之间的网络联系度的方法进行分析。

1）OD 优势流法

优势流法最早由 Nystuen 和 Dacey 在 1961 年提出，是一种通过筛选优势空间联系流判断区域关联程度的方法。例如，Wheeler 和 Mitchelson 采用美国联邦快递的优势流分析方法研究了 48 个大都市区之间的空间联系[309]。我国钮心毅等采用手机信令数据研究了昌九地区 40 个城市之间以及抚州市内部 11 个区县之间的优势流[308]。

借鉴上述研究，本研究采用手机信令数据和百度慧眼数据，采用 OD 优势流法对县域内各乡镇（街道）之间的网络联系度进行计算。具体而言，将连续多日内从某一乡镇（街道）出发至其他乡镇（街道）的出行联系流作为联系强度的计算指标，将每一乡镇（街道）出发的最大优势流、第二优势流、第三大优势流等视为联系强度最大、第二大或第三大。值得说明的是，研究区域的范围越大，各城镇之间的联系越复杂，需要对更多层级的优势流进行分析。例如，研究城市群内部各个城市之间的网络联系通常需要使用最大、第二大、第三大等多个层级的优势流进行综合分析。研究城市内部各县域之间的网络联系需要使用最大、第二大两个层级的优势流进行分析。由于本研究是研究县域内部各个乡镇（街道）之间的网络联系，乡镇（街道）之间的出行网络较为简单，因此采用最大优势流对同类型、相邻乡镇（街道）之间的网络联系度进行计算。

2）数据来源

OD 优势流分析的数据来源与 OD 吸引量分析相同，总数据量为 108.8 万条（表 5.32）。

通过数据分析筛选出典型县域内部相同功能类型乡镇（街道）之间的 OD 优势流。以永川区来苏镇的 OD 优势流筛选为例，根据前文 5.2.5 镇村共生单元功能类型的划分结果，来苏镇为农业生产主导型乡镇，因此将来苏镇作为出发地，将其他农业生产主导型乡镇作为目的地，建立出行 OD 模型，得到来苏镇到其他同类型乡镇的人流数量。根据人流数量筛选出来苏镇的最大优势流为“来苏镇–宝峰镇”（表 5.35）。

表 5.35　乡镇（街道）OD 优势流筛选（以永川区农业生产主导型乡镇来苏镇为例）

出发地	目的地	OD 出行	人数/人	OD 优势流
来苏镇	仙龙镇	来苏镇–仙龙镇	37	—
来苏镇	何埂镇	来苏镇–何埂镇	21	—
来苏镇	吉安镇	来苏镇–吉安镇	607	第二大优势流
来苏镇	五间镇	来苏镇–五间镇	26	—
来苏镇	临江镇	来苏镇–临江镇	8	—
来苏镇	宝峰镇	来苏镇–宝峰镇	916	最大优势流
来苏镇	永荣镇	来苏镇–永荣镇	11	—
来苏镇	青峰镇	来苏镇–青峰镇	268	第三大优势流
来苏镇	双石镇	来苏镇–双石镇	16	—

5.4.2　网络联系测度结果

镇村共生单元的划定原则需要满足功能相同、地域相邻、联系紧密等条件，据此，网络联系的评价可以按照以下三个步骤开展：首先从 OD 出行数据中排除不同类型乡镇（街道）之间的联系，得到相同类型乡镇（街道）之间的所有联系流；其次，剔除空间上不相邻的乡镇（街道）之间的联系，得到同类型相邻乡镇（街道）之间的所有联系流；最后，比较同类型相邻乡镇（街道）之间，从每一乡镇（街道）出发至其他乡镇（街道）的联系流，按出行量确定每一乡镇（街道）出发的最大优势流。

以永川区为例，永川区城镇-农业综合型乡镇有 6 个，城镇发展主导型乡镇有 2 个，农业生产主导型乡镇有 13 个，生态保育主导型乡镇有 2 个。通过各乡镇（街道）之间的 OD 出行分析，筛选出同类型相邻乡镇之间的 OD 最大优势流（表 5. 36），最终得到各乡镇之间的网络联系度。从筛选结果来看，胜利路街道和中山路街道联系紧密，南大街街道和卫星湖街道、陈食街道、大安街道联系紧密，松溉镇和朱沱镇联系紧密，三教镇和板桥镇、双石镇联系紧密，来苏镇和宝峰镇、青峰镇、永荣镇联系紧密，何埂镇和五间镇、临江镇联系紧密，吉安镇和仙龙镇联系紧密。另外，由于茶山竹海街道、红炉镇、金龙镇等三个乡镇在空间上与其他同类型的乡镇不相邻，直接划定为单独的镇村共生单元，因此这三个乡镇的网络联系不需要再分析。

表 5. 36　永川区同类型相邻乡镇（街道）之间的 OD 最大优势流统计

功能类型	OD 最大优势流	出行量/人
城镇-农业综合型	陈食街道-南大街街道	665
	大安街道-陈食街道	527
	南大街街道-卫星湖街道	1 145
	卫星湖街道-南大街街道	1 141
	松溉镇-朱沱镇	999
	朱沱镇-松溉镇	1 006
城镇发展主导型	胜利路街道-中山路街道	17 470
	中山路街道-胜利路街道	17 809
农业生产主导型	板桥镇-三教镇	931
	宝峰镇-来苏镇	915
	何埂镇-五间镇	631
	吉安镇-仙龙镇	743
	来苏镇-宝峰镇	916
	临江镇-何埂镇	258
	青峰镇-来苏镇	259
	三教镇-板桥镇	921
	双石镇-三教镇	240
	五间镇-何埂镇	642
	仙龙镇-吉安镇	735
	永荣镇-宝峰镇	11
生态保育主导型	—	—

同理，分别对垫江县、忠县、郫都区、简阳市和峨边彝族自治县等其他五个典型县域的同类型乡镇的最大优势流进行计算，识别出各自同类型乡镇（街道）之间的网络联系。各县（市、区）的同类型最大优势流分析结果如图所示（图 5.41）。

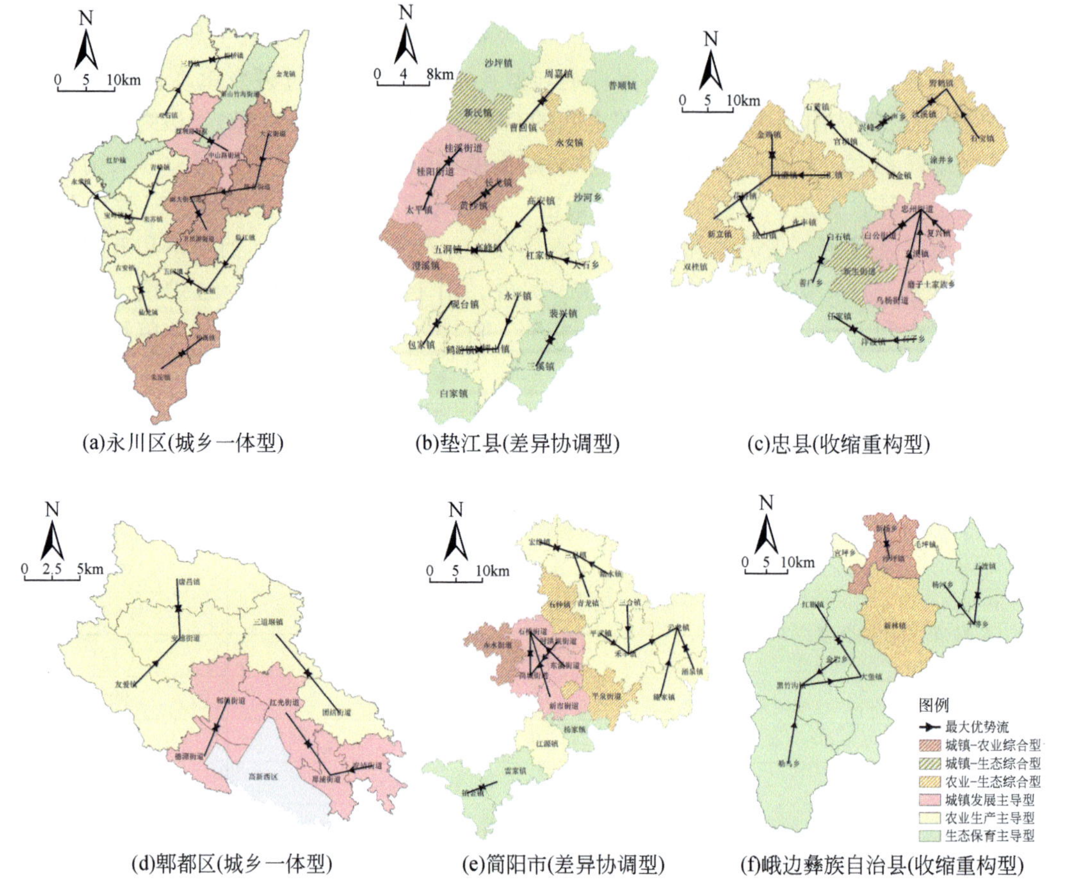

图 5.41　各典型县域同类型乡镇之间的最大优势流分析

5.4.3　单元范围划定结果

根据网络联系度确定镇村共生单元的范围，对 OD 出行最大优势流联系的乡镇进行整合，划定为同一个镇村共生单元。同时，单元内部各乡镇根据加权中心等级确定为中心镇或一般镇，由此便得到最终的镇村共生单元划定结果。

以永川区为例，县域范围内的 23 个乡镇最终被划定为 10 个镇村共生单元，其中城镇-农业综合单元为 2 个，城镇-生态综合单元为 0 个，农业-生态综合单元为 0 个，城镇发展主导单元为 1 个，农业生产主导单元为 5 个和生态保育主导单元为 2 个（图 5.42）。

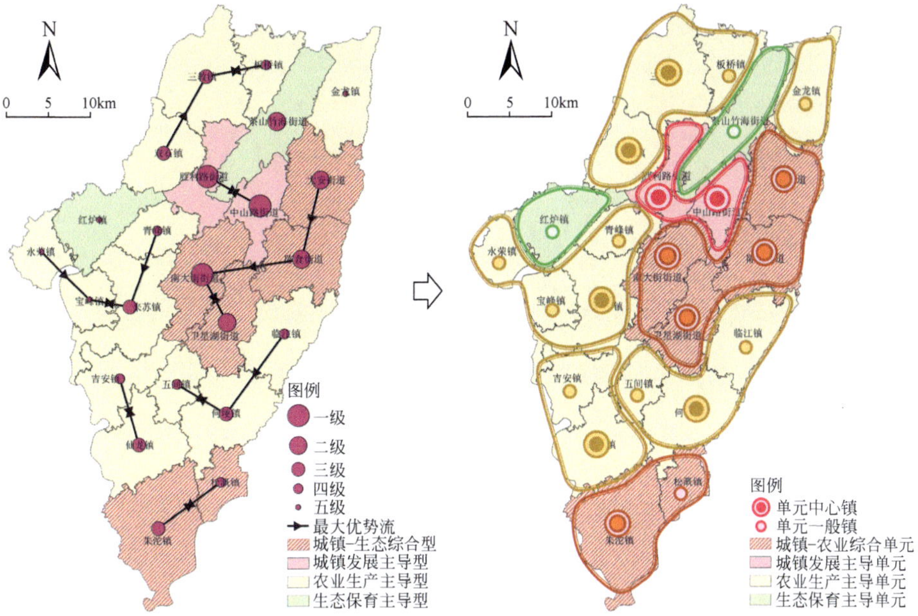

图 5.42　永川区镇村共生单元划定结果

同理，采取同样的方法得到垫江县、忠县、郫都区、简阳市和峨边彝族自治县等其他五个县（市、区）的镇村共生单元划定结果（图 5.43 ~ 图 5.47）：垫江县 26 个乡镇最终被划定为 14 个镇村共生单元，其中城镇-农业综合单元 2 个，城镇-生态综合单元 1 个，农业-生态综合单元 1 个，城镇发展主导单元 1 个，农业生产主导单元 4 个和生态保育主导单元 5 个；忠县 29 个乡镇最终被划定为 12 个镇村共生单元，其中城镇-农业综合单元 0 个，城镇-生态综合单元 1 个，农业-生态综合单元 2 个，城镇发展主导单元 1 个，农业生产主导单元 4 个和生态保育主导单元 4 个；郫都区 10 个乡镇最终被划定为 4 个镇村共生单元，其中城镇-农业综合单元 0 个，城镇-生态综合单元 0 个，农业-生态综合单元 0 个，城镇发展主导单元 2 个，农业生产主导单元 2 个和生态保育主导单元 0 个；简阳市 22 个乡镇最终被划定为 9 个镇村共生单元，其中城镇-农业综合单元 1 个，城镇-生态综合单元 0 个，农业-生态综合单元 2 个，城镇发展主导单元 1 个，农业生产主导单元 3 个和生态保育主导单元 2 个；峨边彝族自治县 13 个乡镇最终被划定为 7 个镇村共生单元，其中城镇-农业综合单元 1 个，城镇-生态综合单元 0 个，农业-生态综合单元 1 个，城镇发展主导单元 0 个，农业生产主导单元 2 个和生态保育主导单元 3 个。

最终，六个典型县域的 123 个乡镇被划定为 56 个镇村共生单元（表 5.37）。其中城镇-农业综合单元为 6 个，城镇-生态综合单元为 2 个，农业-生态综合单元为 6 个，城镇发展主导单元为 6 个，农业生产主导单元为 20 个，生态保育主导单元为 16 个。

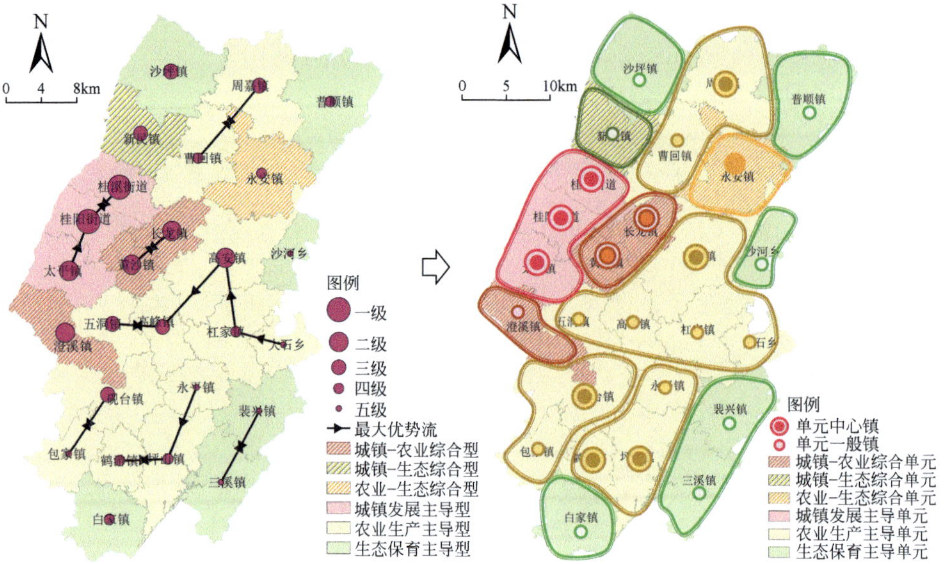

图 5.43 垫江县镇村共生单元划定结果

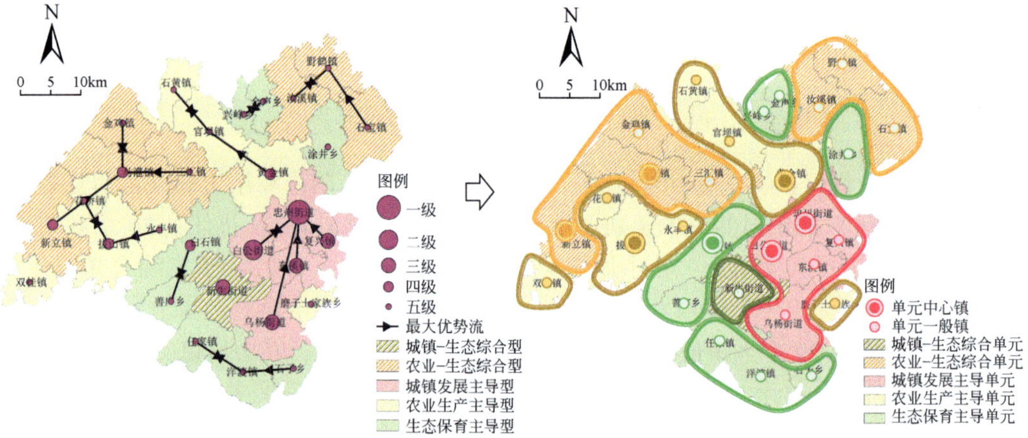

图 5.44 忠县镇村共生单元划定结果

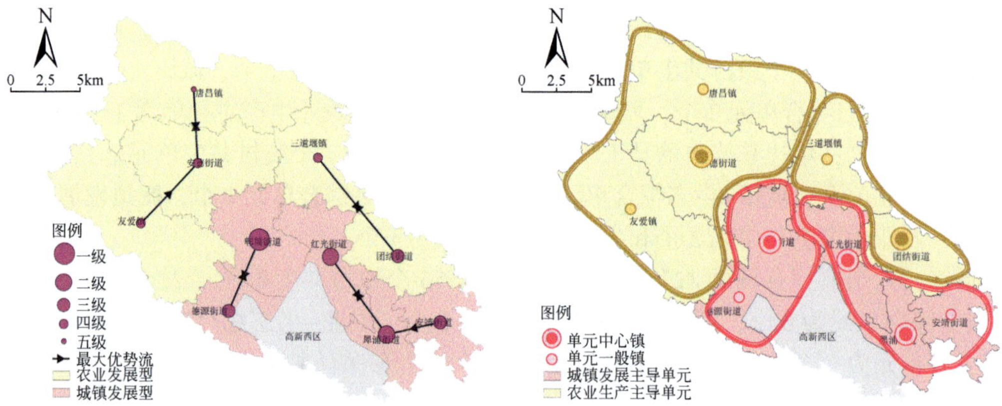

图 5.45 郫都区镇村共生单元划定结果

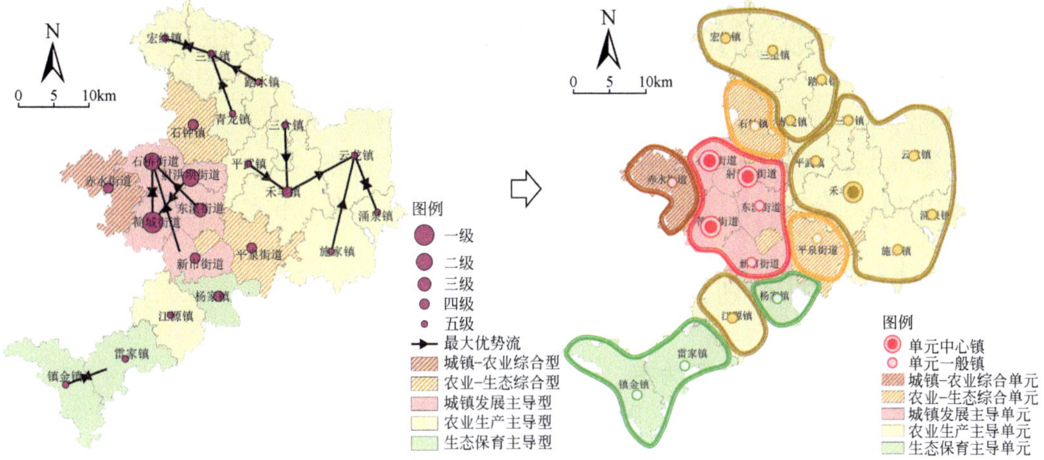

图 5.46　简阳市镇村共生单元划定结果

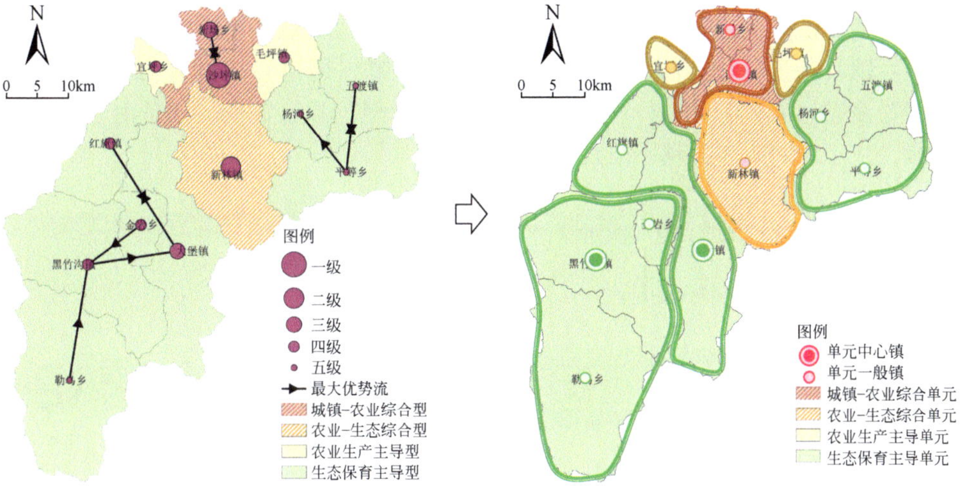

图 5.47　峨边彝族自治县镇村共生单元划定结果

表 5.37　各典型县域的镇村共生单元划定结果统计　　　　（单位：个）

单元类型	永川区	垫江县	忠县	郫都区	简阳市	峨边彝族自治县	小计
城镇-农业综合单元	2	2	0	0	1	1	6
城镇-生态综合单元	0	1	1	0	0	0	2
农业-生态综合单元	0	1	2	0	2	1	6
城镇发展主导单元	1	1	1	2	1	0	6
农业生产主导单元	5	4	4	2	3	2	20
生态保育主导单元	2	5	4	0	2	3	16
总计	10	14	12	4	9	7	56

5.5 成渝地区镇村共生单元划定标准总结

本研究进一步对划定结果进行分析，归纳与总结县域镇村共生单元在类型、规模和模式上的差异与共性，提炼出成渝地区的镇村共生单元划定标准，可以为四川省目前正在开展的县域内片区划分工作，以及重庆市未来开展单元划分工作提供参考与依据。

5.5.1 单元类型的划分标准总结

1）单元类型以功能主导型为主，功能综合型为辅

从单元类型的评价结果来看（图5.48）：①单元类型以功能主导型为主。6个县（市、区）的123个乡镇（街道）中，综合型乡镇（街道）数量总计25个，占比为20%，主导型乡镇（街道）数量总计98个，占比为80%。说明除少数功能综合的乡镇（街道）以外，大部分乡镇（街道）应按照"一镇一品"的方式，围绕一个主导功能进行发展。②功能综合型乡镇（街道）以"城镇-农业综合型"和"农业-生态综合型"为主。在25个综合型乡镇（街道）中，"城镇-农业综合型"乡镇（街道）数量有12个，"农业-生态综合型"乡镇（街道）有11个，"城镇-生态综合型"只有2个。这是由于生态条件越好的区域，生态约束越大，越不适宜城镇建设。

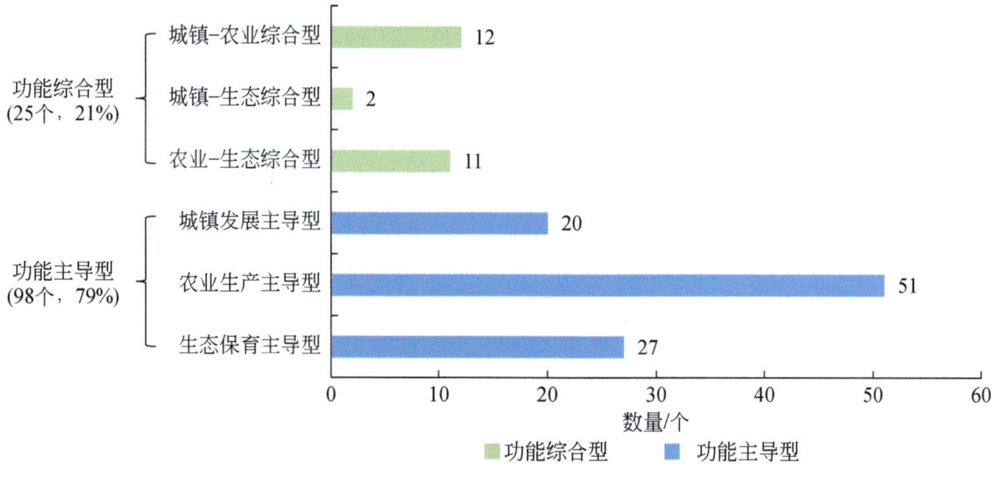

图5.48 各典型县域的乡镇（街道）功能类型对比

2）不同城乡融合共生模式县域的单元类型存在明显差异

从不同城乡融合共生模式县域的乡镇类型划分结果的对比分析来看（表5.38、图5.49）：①城乡一体型县域以"城镇-农业综合型""城镇发展主导型""农业生产主导型"为主。永川区和郫都区的"城镇-农业综合型""城镇发展主导型""农业生产主导型"三类乡镇在其所有乡镇中数量占比分别为18%、21%、55%，总计占比为94%。②差异协调型县域以"城镇发展主导型""农业生产主导型""生态保育主导型"三类为主。垫江县和简阳市的“城镇发展主导型”“农业生产主导型”“生态保育主导型”三类乡镇在其所有乡镇中数量占比分别为 17%、48%、19%，总计占比 84%。③收缩重构型县域以“农业-生态综合型”“农业生产主导型”“生态保育主导型”三类为主。忠县和峨边彝族自治县的“农业-生态综合型”“农业生产主导型”“生态保育主导型”三类乡镇在其所有乡镇中数量占比分别为 19%、24%、38%，总计占比为 81%。

表 5.38 不同城乡融合模式县域的乡镇（街道）功能类型统计

城乡融合模式	县域名称	城镇-农业综合型	城镇-生态综合型	农业-生态综合型	城镇发展主导型	农业生产主导型	生态保育主导型	合计
城乡一体型	永川区	6	0	0	2	13	2	23
	郫都区	0	0	0	5	5	0	10
	小计/个	6	0	0	7	18	2	33
	占比/%	18	0	0	21	55	6	100
差异协调型	垫江县	3	1	1	3	12	6	26
	简阳市	1	0	2	5	11	3	22
	小计/个	4	1	3	8	23	9	48
	占比/%	8	2	6	17	48	19	100
收缩重构型	忠县	0	1	7	5	8	8	29
	峨边彝族自治县	2	0	1	0	2	8	13
	小计/个	2	1	8	5	10	16	42
	占比/%	5	2	19	12	24	38	100

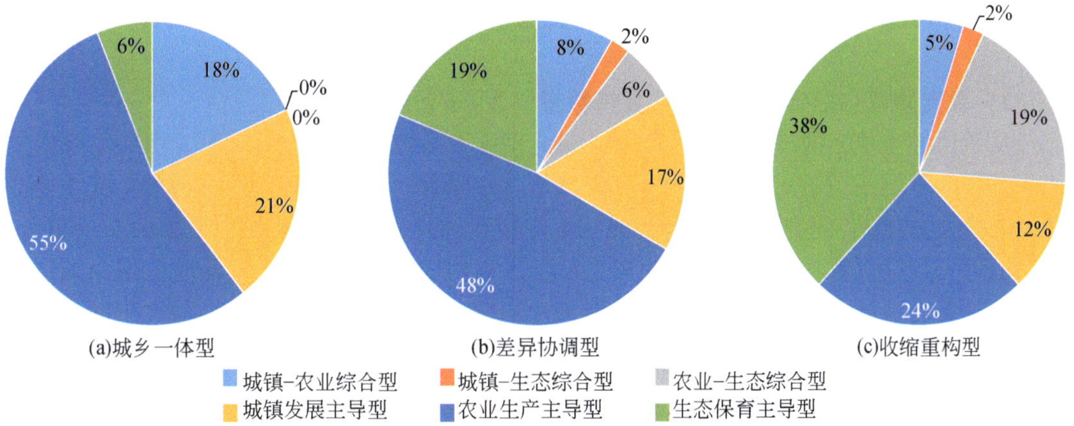

图 5.49 不同城乡融合模式县域的乡镇（街道）功能类型对比

5.5.2 单元数量与规模的划分标准总结

1）单元数量：重庆以10～14个为宜，四川以4～7个为宜

从镇村共生单元的数量来看，重庆地区县域内的单元数量为10～14个，四川成都地区县域内的单元数量为4～9个（图5.50）。这是由于镇村共生单元的划定受山地、丘陵和平原等地貌的影响，重庆大部分县（市、区）的地形地貌复杂，县域内各乡镇之间受自然山脉水系的阻隔，导致农业生产型、生态保育型的乡镇布局分散，且乡镇之间联系被减弱，因此单元的数量较成都地区更多。同时，由于近年来四川省大力推进全省乡镇行政区划调整改革工作，四川地区大部分县（市、区）的乡镇总数有所缩减，例如四川省夹江县在改革前有22个乡镇，改革后为9个乡镇，这也导致四川地区县域内镇村共生单元的数量较重庆地区较少。因此，本研究认为重庆地区县域内的单元数量宜为10～14个，成都地区县域内镇村共生单元的数量宜为4～7个，其中地形起伏较大、山水环境较为复杂或幅员面积特别大的县域可在上述标准基础上适当增加，按照“宜大则大、宜小则小”的原则进行划定。

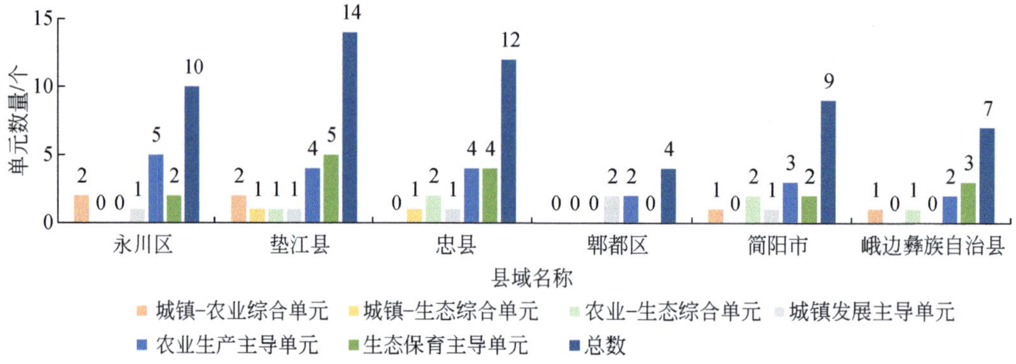

图5.50 各典型县域的镇村共生单元数量分析

2）单元规模：除特殊情况外，乡镇数量以2～4个为宜

从镇村共生单元的规模来看，最大的单元由六个乡镇组成，最小的单元由一个乡镇组成，单元的平均乡镇数量在2.5～3.7（图5.51）。同时，由5～6个乡镇组成的单元主要为农业生产主导单元，这是由于农业生产对于规模化连片发展和区域统筹发展的需求更大，形成的单元规模也就越大。另外，由单个乡镇独立构成的单元主要位于县域范围内地形条件较为复杂的区域，这是由于受自然地形条件的影响，乡镇之间的联系容易被阻断，导致相同类型的乡镇难以形成相对集中的布局模式。因此，本研究认为镇村共生单元宜为2～4个乡镇，地理位置独特的乡镇可单独划定为一个单元，同时，对于经济辐射能力较强，多个乡镇联系紧密的局部地区，乡镇数量可适当增加至5～6个。

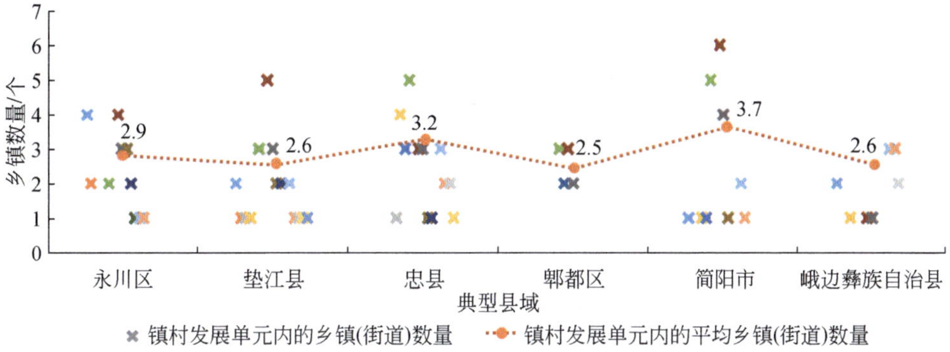

图 5.51　各典型县域镇村共生单元的乡镇（街道）数量分析

5.5.3　单元模式的划分标准总结

1）存在多中心、单中心、并列式和独立式四种模式

从镇村共生单元的空间模式来看，存在多中心、单中心和没有中心三种情况，同时没有中心的单元又分为并列式和独立式两种。因此，镇村共生单元的空间模式可以分为多中心、单中心、并列式和独立式四种类型（表 5.39）。例如，简阳市的镇村共生单元划定结果显示，简城街道、石桥街道、射洪坝街道、东溪街道和新市街道被划定为一个多中心镇村共生单元，禾丰镇、平武镇、三合镇、云龙镇、涌泉镇和施家镇被划定为一个单中心镇村共生单元，雷家镇和镇金镇，三星镇、宏缘镇、踏水镇和青龙镇分别被划定为并列式单元，其余乡镇被单独划定为若干个独立式单元。其中，多中心式镇村共生单元由于单元规模较大，乡镇较多，通过多个中心镇共同辐射带动周边多个乡镇发展，在空间上形成“N+X”的组合形式。单中心式镇村共生单元由一个区位优势突出、发展基础较好、经济实力雄厚的优势乡镇作为单元中心，带动周边乡镇发展，形成“1+X”的组合形式。并列式镇村共生单元由多个发展基础相近、经济规模相同的乡镇并列形成“$A_1+A_2+\cdots+A_n$”的发展模式。独立式镇村共生单元受地理位置、自然条件的影响仅由一个乡镇独立构成。

表 5.39　县域镇村共生单元的空间模式提炼

类型	多中心式	单中心式	并列式	独立式
实证		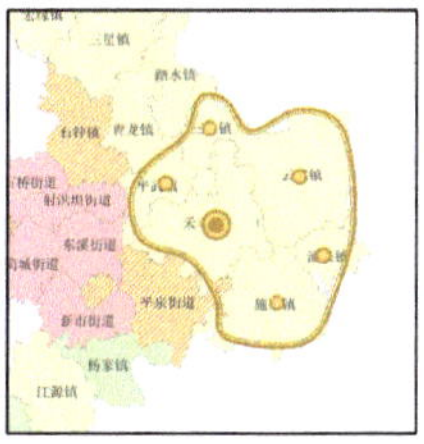		

续表

类型	多中心式	单中心式	并列式	独立式
空间模式	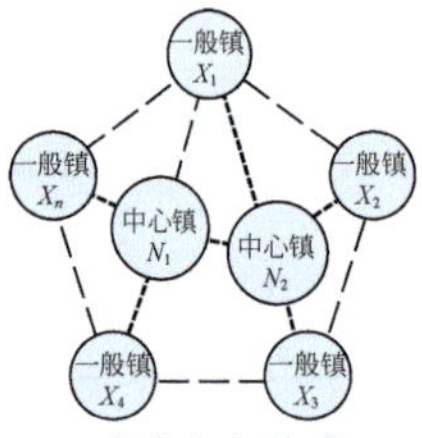 多中心主从式	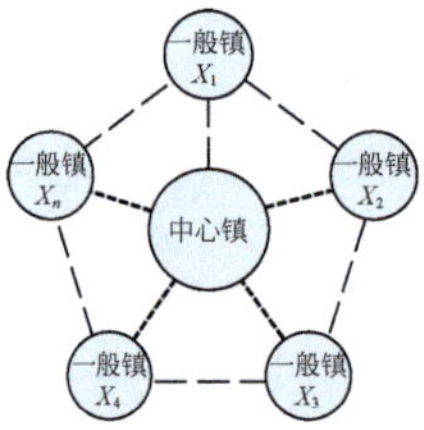 单中心主从式	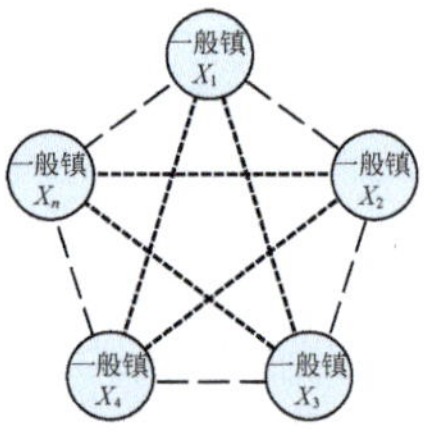 并列式	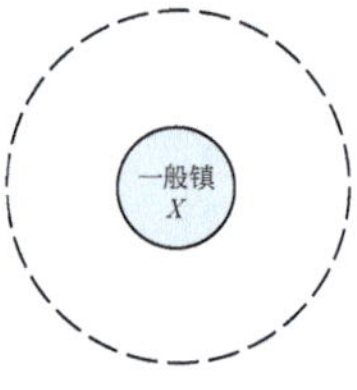 独立式

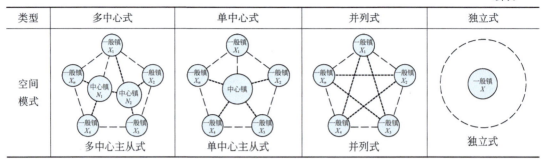

从单元模式的分析结果可以看出，县域内部存在部分独立的乡镇，例如重庆市永川区的茶山竹海街道、红炉镇，垫江县的澄溪镇、永安镇、沙河乡，忠县的涂井乡、双桂镇、磨子土家族乡等，这些乡镇由于难以与其他乡镇形成功能相同、区位相邻、联系紧密的共生关系，仍然需要按照“单个乡镇”的方式推进城乡融合发展或编制国土空间规划。这与我国现行国土空间规划体系的政策文件中对乡镇单元编制的要求是“可以”而不是“必须”的理念是一致的。因此，基于本研究的研究结果，县域内并不是所有的乡镇都适合一味地与其他乡镇合在一起形成镇村共生单元，而需要视情况而定。对于功能相同、区位相邻、联系紧密的多个乡镇要按照“镇村单元”的方式进行发展或编制规划，而对于地理位置独特、相邻乡镇功能不同、单个乡镇体量较大的则可以按照“镇村个体”的方式进行发展或编制规划。这样，根据实际情况选择合适的“镇村单元”或“镇村个体”的发展方式，可以更好地实现因地制宜的城乡融合发展，更加符合我国城乡发展的实际情况。

2）不同空间模式适用于不同类型的镇村共生单元

从典型县域镇村共生单元的划定结果来看，划定的 56 个单元中，多中心式单元为 10 个，单中心式单元为 17 个，并列式单元为 7 个，独立式单元为 22 个（表 5.40）。通过分析，不同单元类型的空间模式呈现出以下特点：①多中心模式主要适用于城镇发展主导单

表 5.40　典型县域的镇村共生单元空间模式分析

县(市、区)	多中心式	单中心式	并列式	独立式
永川区	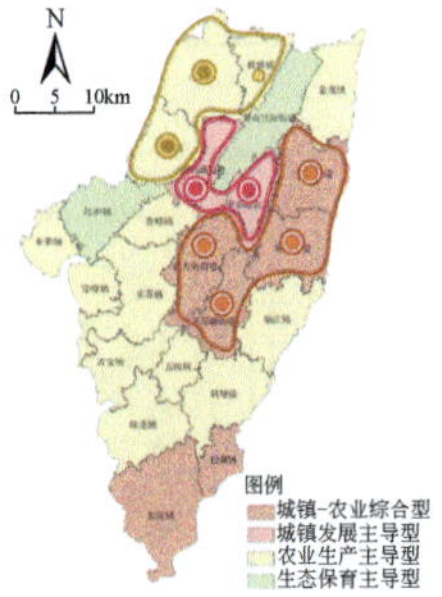	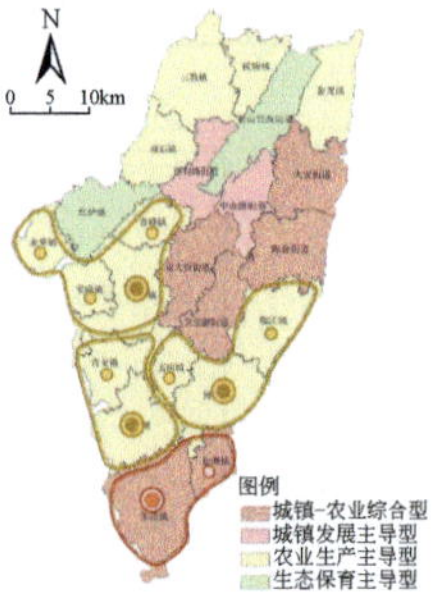	—	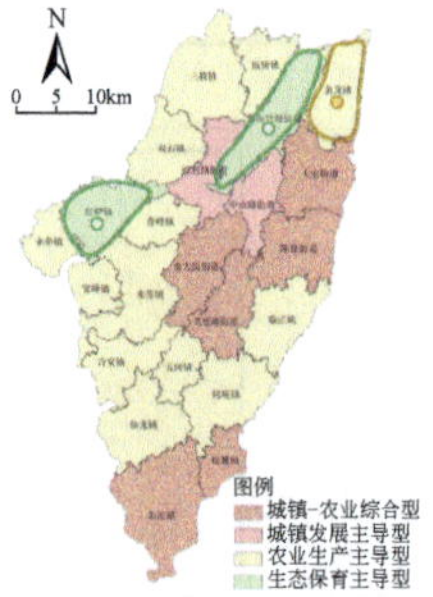

续表

<table>
<tr><th>县(市、区)</th><th>多中心式</th><th>单中心式</th><th>并列式</th><th>独立式</th></tr>
<tr><td>垫江县</td>
<td>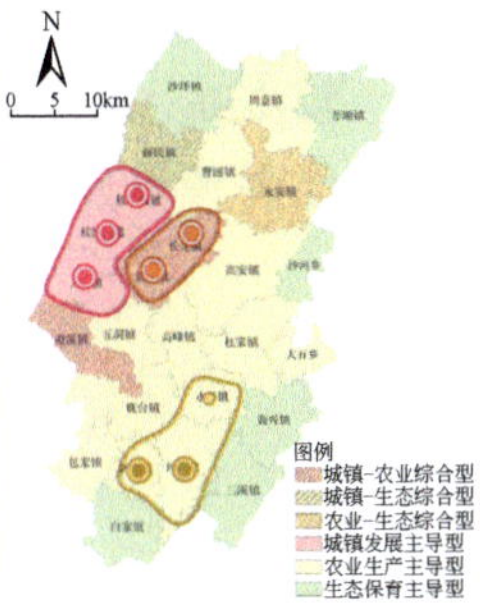</td>
<td>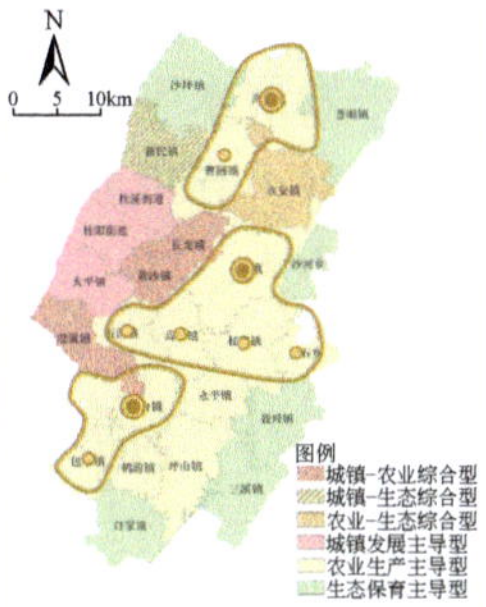</td>
<td>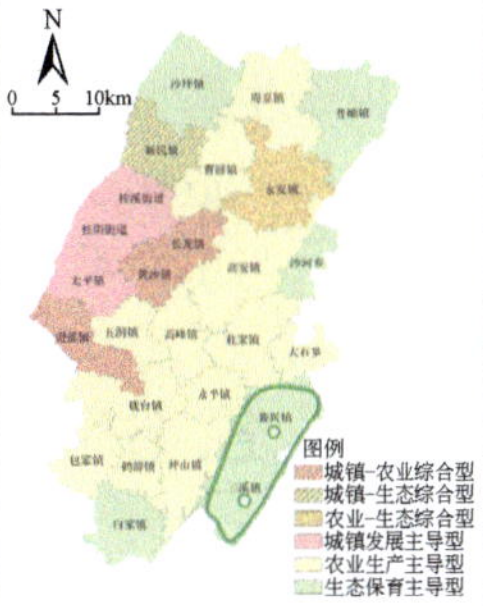</td>
<td>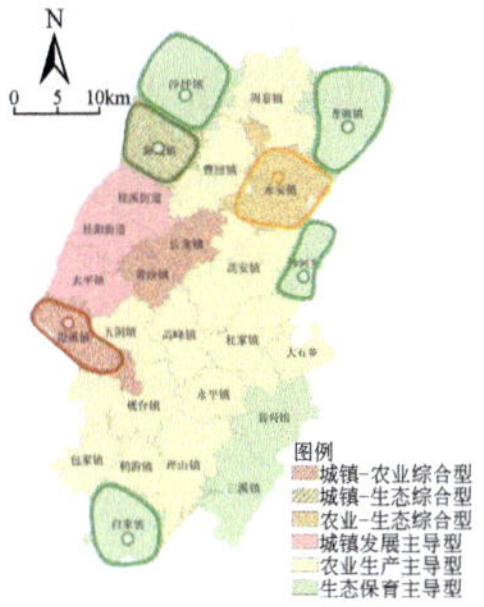</td></tr>
<tr><td>忠县</td>
<td>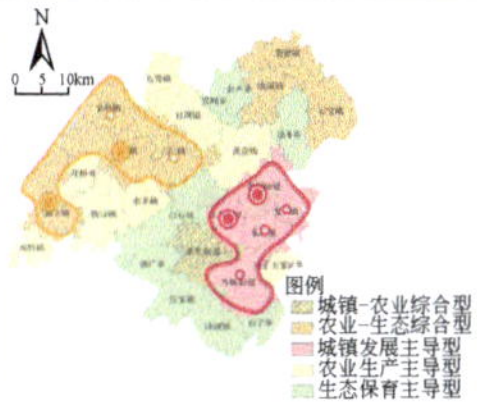</td>
<td>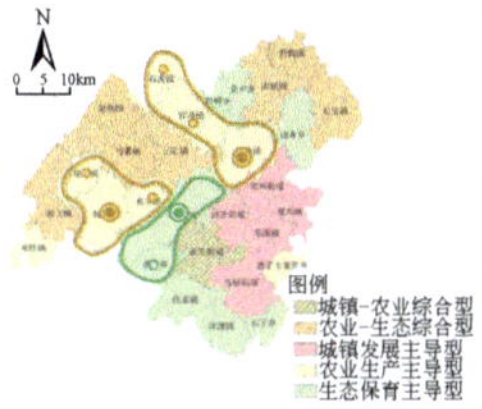</td>
<td>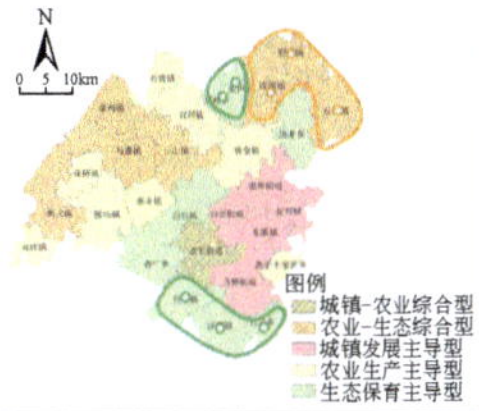</td>
<td>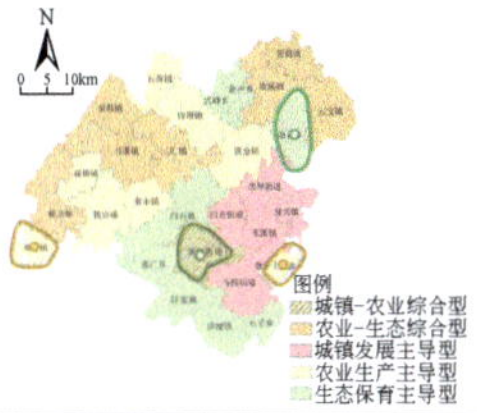</td></tr>
<tr><td>郫都区</td>
<td>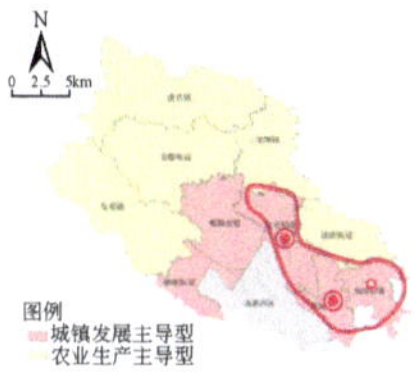</td>
<td>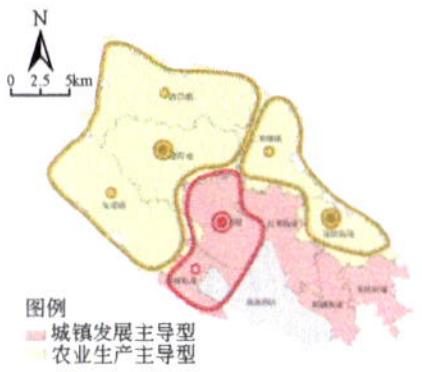</td>
<td>—</td>
<td>—</td></tr>
<tr><td>简阳市</td>
<td>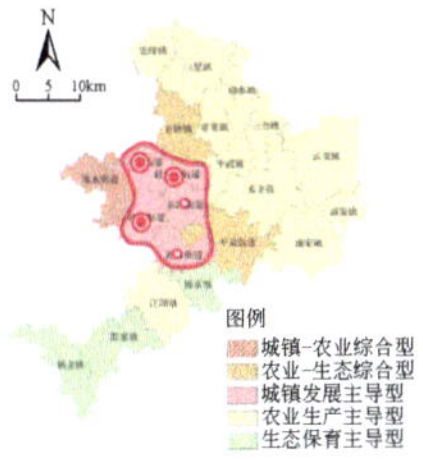</td>
<td>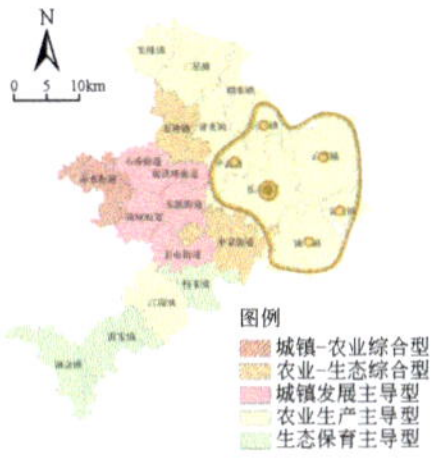</td>
<td>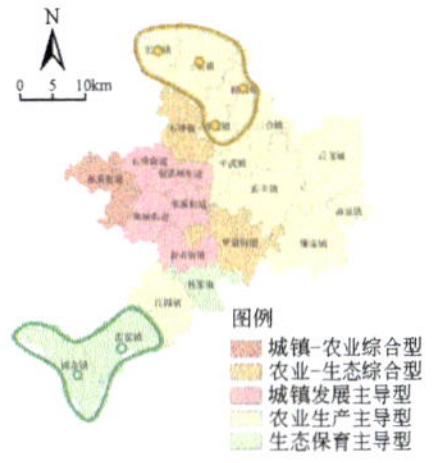</td>
<td>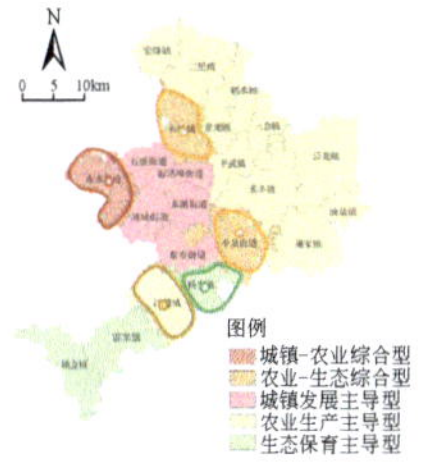</td></tr>
<tr><td>峨边彝族自治县</td>
<td>—</td>
<td>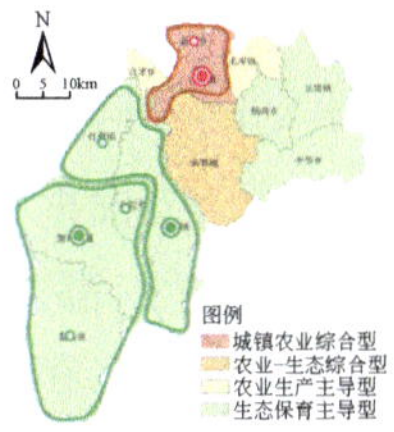</td>
<td>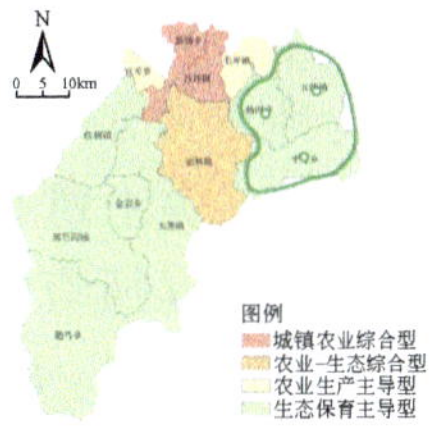</td>
<td>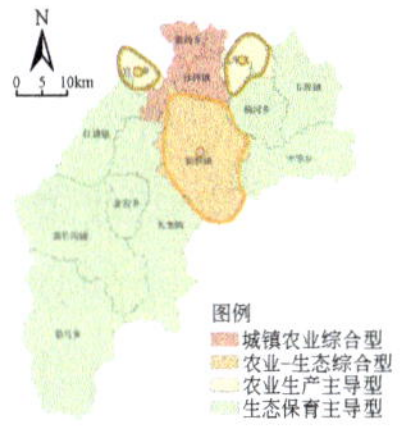</td></tr>
</table>

元、农业生产主导单元、城镇-农业综合单元和农业-生态综合单元四种单元类型，这是由于城镇型和农业型乡镇相较于生态型乡镇而言，区域发展水平更高，更容易在一定范围内形成多个发展中心。②单中心模式是单元的基本空间模式，适用于城镇发展、农业生产、生态保育等多种类型的单元。③并列模式主要适用于生态保育主导单元和农业-生态综合单元两种单元类型，这是由于生态型的社会经济发展水平一般较低，较难在区域中形成具有规模效应的中心。④独立模式适用于除城镇发展主导单元以外的其他多种单元类型，其形成主要受地理区位的影响，与单元类型的关系不大。

5.6 本章小结

本章重点开展了县域尺度的镇村共生单元划定的研究，在解析了县域内乡镇（街道）之间存在“主导功能-等级结构-邻近网络”的融合共生关系的基础上，采用多源数据和多项集成技术方法，针对城乡一体型、差异协调型和收缩重构型三种共生模式的六个典型县域开展了镇村共生单元划定的研究，归纳总结了不同类型县域之间的镇村共生单元的差异。

首先，借鉴空间生产理论的“空间实践-空间表征-表征的空间”的三元辩证法，提出镇村空间具有国土空间、场所空间和流动空间的复合属性，进而剖析出县域内乡镇（街道）之间存在“主导功能-等级结构-邻近网络”的多重融合共生关系。在此基础上，通过国土空间功能适宜性评价、场所中心和网络节点识别、网络联系度评价等空间分析方法，对镇村之间的多重融合共生关系进行识别，构建了“单元类型划分-单元中心确定-单元范围划定”的镇村共生单元划定的技术框架。其次，依据本研究构建的镇村共生单元划定技术框架，采用高德 POI、夜间灯光、百度慧眼、手机信令等多源大数据，运用引力模型、OD 出行模型等分析模型，分别从单元类型划分、单元中心确定、单元范围划定三个方面从对重庆市永川区、垫江县、忠县和成都市郫都区、简阳市、乐山市峨边彝族自治县等六个不同类型典型县域的镇村共生单元进行了划定。划定结果表明，城乡一体型县域以“城镇-农业综合型”“城镇发展主导型”“农业生产主导型”单元为主；差异协调型县域以“城镇发展主导型”“农业生产主导型”“生态保育主导型”单元为主；收缩重构型县域以“农业-生态综合型”“农业生产主导型”“生态保育主导型”单元为主。此外，基于镇村共生单元的划定结果，本章从单元类型、单元数量与规模、单元模式三个方面归纳总结出一套成渝地区镇村共生单元的划定标准。

本章的研究结论可以为地方政府针对不同类型的县域制定差异化的乡镇（街道）单元划定意见提供政策建议。首先，关于划不划的问题，要根据乡镇（街道）的实际情况确定镇村共生单元的划定与否，并不是所有的乡镇（街道）都需要按照“单元”的形式进行连片发展，只有功能相同、区位相邻、联系紧密的乡镇（街道）才适合划定在一起协同发展，而地理位置独特、功能类型特殊、单个体量较大的乡镇（街道）仍可按照“个体”的形式独立发展。其次，关于怎么划的问题，要合理确定镇村共生单元的类型、数量、规模与中心。单元类型方面，城乡一体型县域的单元类型要重点协调好城镇发展和农业生产之间的功能关系；差异协调型县域要兼顾城镇发展、农业生产和生态保育等三个方面功能的关系；收缩重构型县域要重点协调好农业生产和生态保育之间的功能关系。单元数量方面，重庆地区由于山地地形的影响，县域内单元数量以 10 ~ 14 个为宜；成都地区由于地势相比重庆而言更加平缓，以及乡镇行政区划调整改革的影响，县域内单元数量以 4 ~ 7 个为宜。同时，地形复杂或幅员面积特别大的县域可不受此限。单元规模方面，原则上镇村共生单元内的乡镇数量宜为 2 ~ 4 个，局部经济辐射能力较强，多个乡镇（街道）联系紧密的地区，乡镇（街道）数量可适当增加至 5 ~ 6 个。单元中心方面，原则上 1 个镇村共生单元设立 1 个中心乡镇（街道），单元范围较大、乡镇（街道）数量较多的，可设多个中心，单元内乡镇（街道）之间发展水平相近的，也可并列发展，不设中心。

第6章　基于镇村共生单元的镇村空间格局优化方法

依据第3章构建的城乡融合共生理论和县域镇村空间格局研究框架，以镇村共生单元为载体统筹镇村发展是推动城乡融合发展的有效形式，可以有效解决当前镇村发展存在的"就乡镇论乡镇、就乡村论乡村"问题。基于此，本章以"镇村共生单元"为基本空间单位探索镇村空间格局的优化方法，试图通过整合镇村之间的生产要素与特色资源，优化布局镇村等级体系、空间结构、功能布局和设施配套等空间要素，最终形成多镇村资源整合、区域共享、优势互补的镇村空间格局，促进城乡融合发展。

虽然理论上镇村共生单元的类型存在功能主导型和功能综合型两大类六小类。但从前文5.5.1镇村共生单元的划分结果可以看出，成渝地区的单元类型以功能主导型为主（功能主导型数量占80%）。同时，功能综合型单元的镇村发展路径与空间格局优化方法可以综合参考相应功能主导型单元执行，如城镇-农业综合型单元可以参考城镇发展主导单元和农业生产主导单元的发展路径和空间格局优化方法执行。因此，限于篇幅的影响，本研究仅对城镇发展主导单元、农业生产主导单元和生态保育主导单元的镇村发展路径和镇村空间格局的优化方法进行研究。其中，城镇发展主导单元以郫都区"郫筒-德源"单元为例，农业生产主导单元以郫都区"安德-唐昌-友爱"单元为例，生态保育主导单元以峨边彝族自治县"黑竹沟-金岩-勒乌"单元为例（图6.1）。

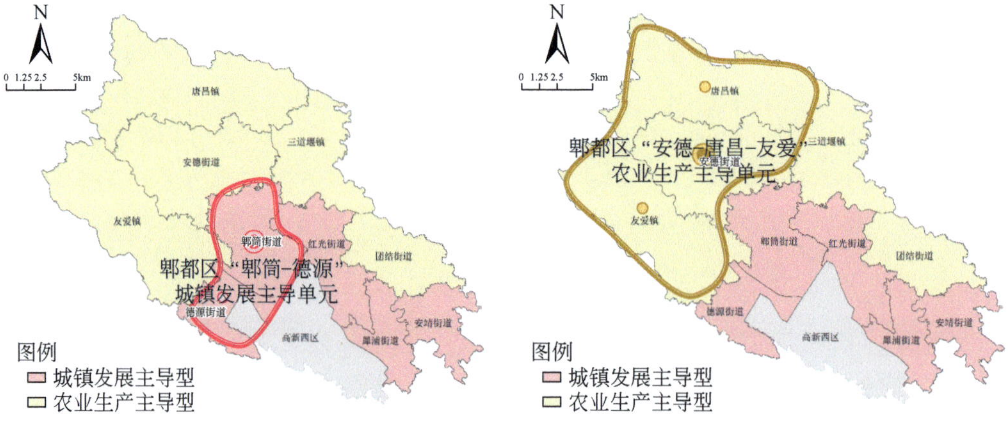

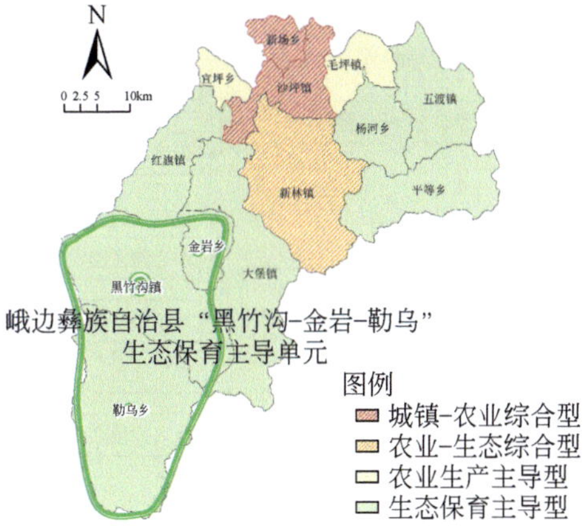

图 6.1　不同类型镇村共生单元实证案例选择

6.1　镇村发展路径研究

2018 年,《乡村振兴战略规划（2018—2022 年)》提出“健全不同主体功能区差异化协同发展长效机制”。2020 年 9 月,《市级国土空间总体规划编制指南》（试行）提出要“落实主体功能定位，明确空间发展目标战略”，并“按照主体功能定位和空间治理要求，优化城市功能布局和空间结构”。可以看出，镇村空间的主导功能是决定、指导镇村发展的主要依据，不同功能类型的镇村共生单元其发展路径必然存在明显的差异[247,267]。接下来，本研究分别对城镇发展主导单元、农业生产主导单元和生态保育主导单元的镇村发展路径开展研究。

6.1.1　城镇发展主导单元：以城带乡和城乡互补

城镇发展主导单元一般由县城周边的几个街道和乡镇构成，是县域范围内城镇化、工业化水平最高的区域。同时，由于与县城距离较近，该单元内的乡村地区往往成为城市居民追求休闲娱乐和田园观光的目的地。对于该类单元内的乡村，一方面，按照城镇规模发展与产业集群发展的路径，在各乡镇（街道）之间集合资源、联动产业，形成“大城镇”“大园区”，提升城镇化与工业化对乡村的辐射、牵拉作用，引导乡村人口转移和产业转型，在单元内部形成“产镇村一体”的发展模式[310]。例如，2000 年以来，苏南快速城镇化地区通过“择优培育重点中心镇、全面提高城镇发展质量”的方式带动了乡村地区的快速发展[216]。另一方面，统筹利用单元内的乡村特色景观资源，协同发展非农业态，与城镇建立“居住-休闲”“工作-娱乐”“生活-康养”等互补关系。例如，2020 年 12 月，江苏省特色田园乡村建设工作联席会议审议通过《江苏省特色田园乡村建设管理办法（试行)》，提出“开展特色田园乡村示范区建设”，通过植入乡村旅游、田园体验、文化创意、康养度假等功能，探索城乡互补、城乡互促的发展路径[4]。可以看出，城镇发展主导单元内的镇村可以通过“以城带乡”和“城乡互补”的方式进行发展（图6.2）。

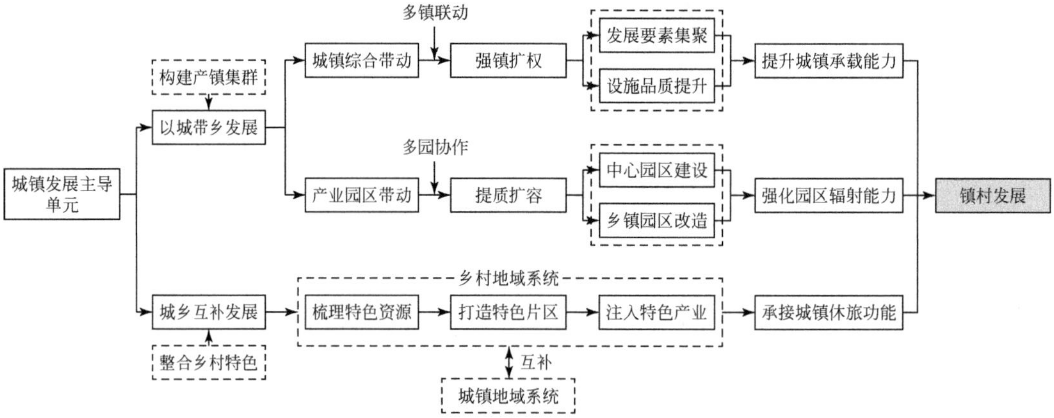

图6.2　城镇发展主导单元镇村发展路径

1. 构建产镇集群，提升以城带乡综合能力

“以工促农、以城带乡”是我国城乡发展的主要形式之一，《2021年新型城镇化和城乡融合发展重点任务》中提到要“坚持以工补农、以城带乡，推进城乡要素双向自由流动和公共资源合理配置”。有研究表明，中国城镇化根据经济、人口、产业规模等级和所处的经济地理区位呈现出不同的城镇化模式，经济与产业集聚的城镇往往通过工业化、城镇化双轮带动乡村发展[311]。可以看出，对于城镇化和工业化水平较高的城镇发展主导单元，整合多镇资源与产业，放大镇区和园区的规模集群带动效应，是促进单元内镇村发展的有效路径。

1）多镇联动，共同提升城镇服务能力

城镇综合带动是常见的以城带乡模式，伴随城镇化过程的推进，镇区可以通过极化效应不断吸纳周边资源实现自身能级的提升，达到一定阶段后又通过涓滴效应为乡村地区提供优质、多元的生活生产服务，最终形成“以镇带村、镇村联动”的发展模式。因此，对于城镇发展主导单元而言，首先需要对单元中心镇的综合承载能力进行提升，通过发展要素集聚、设施品质提升等手段对中心镇进行“强镇扩权”，使其综合服务能级逐渐从“小规模、低层次”升级为“规模化、高水准”，进而吸引更多的乡村剩余劳动力转移到城镇就业[153,312]。其次，对于一般乡镇而言，由于规模较小，单个镇区的带动能力有限，需要多个镇区联动发展、相互补充，共同形成带动乡村发展的城镇合力。因此，单元内的腹地乡镇要以中心镇镇区为核心，积极承接其外溢功能，补充其他服务功能，最终形成单元内各镇区相互衔接、互为补充、整体完善的“大城镇”服务体系，共同推进单元内乡村地区的人口城镇化。

2）多园协作，整体强化工业辐射能力

“十三五”规划纲要提出“引导农村二三产业向县城、重点乡镇及产业园区集中”，在此政策导向下，传统“内向型”乡村工业从乡村聚落中剥离出来，转向以“外向型”

发展为核心的开发区、产业园区新模式。在此背景下，城镇发展单元内的城乡工业资源逐步向园区集中发展，形成工业集群态势。单元中心镇便成为工业园区建设的主战场，与单元内其他乡镇的工业园区形成“大园区”的概念，大园区内部根据各乡镇的自身资源情况，形成专业化分工，分别带动单元内不同地区的乡村经济与产业发展，例如我国典型的“苏南模式”[313,314]。为了提升单元内产业园区的辐射带动能力，首先，需要在单元中心镇建设较高等级的中心工业园区，吸纳并整合乡村工业资源，除特殊情况需要保留的乡村工业外，其他乡村工业全部入园发展，提升中心工业园区的规模与集聚效应。例如，四川省夹江县在《夹江县环县城片区国土空间总体规划（2021—2035)》中提出“退厂入园”，推动片区内陶瓷企业进入吴场园区，马村机制造纸企业进入新场园区，腾退工业用地 550.43hm^2，用于补足木城园区用地、甘江仓储物流用地需求。其次，对其他乡镇内的工业园区进行升级改造[315]，围绕单元产业发展的总体目标与方向，与中心工业园区的产业类型相对接，结合自身资源情况选择优势产业进行发展，打造专业化、现代化的产业园区，促进乡镇工业园由外延式扩张向内涵式发展转型[316]。最后，单元内形成“中心工业园区-乡镇工业园区”分工协作的大园区产业体系（图 6.3)，吸引乡村地区的人口转移和产业转型[317]，通过“以工促农”的形式带动乡村发展。

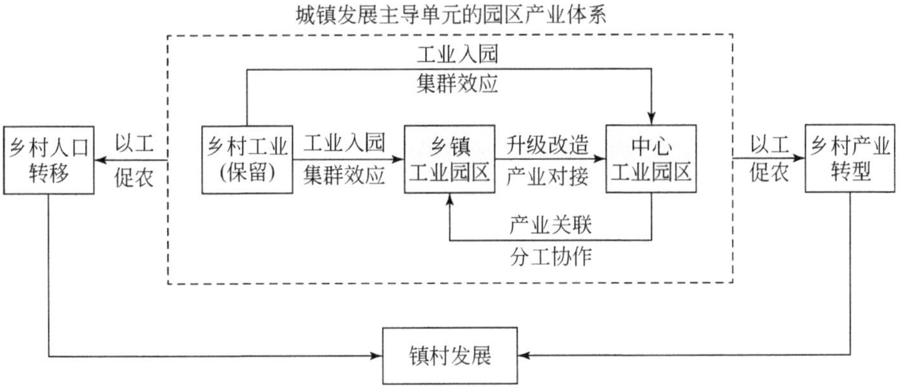

图 6.3　城镇发展主导单元的园区辐射带动乡村发展路径

2. 整合乡村特色，强化城乡互补功能关系

城镇发展单元内的城乡联系较为紧密，乡村地区在农业生产之外的经济、文化、生态等功能越来越受到重视。该单元内的乡村应充分挖掘自身多元价值，利用特色资源优势培育乡村复合功能，与单元内其他乡村一起打造特色片区，植入特色农业，承接县城休闲娱乐、旅游观光、度假康养等功能需求，形成多村连片发展的特色功能片区。最终，在单元内形成乡村与城镇“各美其美、共同繁荣”的互补发展关系。

1）梳理特色资源，挖掘乡村多元价值

乡村价值是乡村特有的自然环境、资源禀赋、风土人文的合集，是乡村自身区别于城市的竞争力所在。基于欧美等发达国家的普遍规律，乡村发展总体遵循“生产主义-后生产主义-多功能乡村”的演变历程[318,319]，相对应地，对乡村价值的认知也经历了从单一的农业生产向休闲观光、娱乐康养等多元化价值转变[157,320]。在多功能乡村的发展导向下，我国乡村资源的价值内涵正在重塑，已有学者开展了乡村多元价值的深入研究[156,321-323]，认为我国乡村地区除了作为农业生产和农民居住的载体以外，还要满足新型产业用地和新兴人群的居住和服务需求，乡村价值除了生产和生活的价值以外，还具备着其他的生态人文价值[279]。基于上述认识，本研究在已有研究的基础上，从内生价值和外源价值两个方面构建当代乡村的特色价值体系（表 6.1），其中内生价值是乡村内生发展的基础，体现在农业生产核心职能和传统人居的乡土风情之中，按照生产、生活、生态可细分为农业价值、人居价值和生态价值。外源价值是乡村外源发展的前提，体现在城乡互动、交流和运行之中，按照生产、生活、生态可细分为经济价值、社会价值和景观价值。

表 6.1　当代乡村“价值–功能–要素”体系

乡村价值		乡村功能	资源要素
内生价值	农业价值	保障国家粮食安全，维持农村村民生计	耕地资源、林地资源等
	人居价值	传承乡村人居记忆、乡土民俗风情	传统文化、地方习俗、家族情感、历史遗存等
	生态价值	为人类活动提供重要生态屏障，维持区域生物多样性	国家公园、自然保护地、风景名胜区等
外源价值	经济价值	通过农业与休闲、旅游、文化的深度融合，发展“农业+”经济，为城市聚居提供感知“乡愁”的消费空间	稻作文化、休闲农业、都市农业等
	社会价值	为城市农民工提供返乡就业，为老龄人口提供晚年养老的场所	广阔的地域空间、良好的景观环境等
	景观价值	为城市居民提供休闲度假、康体养老的优美环境	农业景观、园艺景观、聚落景观

城镇发展单元内的乡村需要基于内生价值，梳理单元内乡村的特色资源，积极拓展外源价值的深度与广度。首先，挖掘乡村地区的经济价值，在城市居民生活水平提高后开始追求乡村田园生活的背景下，通过农业与休闲、旅游、文化的深度融合，为城市居民提供休闲娱乐的消费空间。其次，重塑乡村地区的社会价值，传承丰富多彩的地方传统文化，在乡村融入现代生活的同时保留当地的人文特色，寄托城市社会快速发展背景下城市居民的“乡愁”“怀旧”等思乡情愫，通过改善乡村生活环境品质与设施配套，为城乡居民回归乡村自然人文生活提供理想的场所。最后，优化乡村地区的景观价值，根据乡村自身资源情况，通过田园景观、乡村园艺、建筑风貌的营造，形成风景如画的乡村聚落景观，推动各类形式的乡村旅游发展，诸如农业观光、农事体验、康体康养等。

2）打造特色片区，培育乡村复合功能

基于乡村多元价值认识，城镇发展单元内的乡村需要突破乡村单一农业生产功能，加强培育生态、文化、景观、休闲服务等复合功能[151]，与城镇形成优势转换、稀缺互补的功能关系。城镇化、工业化发展带来生活水平提高的同时，部分向往诗意田园生活的人群进入乡村地区，带来乡村发展的契机。同时，优美的自然环境、丰富的文化资源使得乡村地区在生态休闲、文化旅游等方面的价值优势得以体现[151,324]。在上述内外动力的综合作用下，单元内乡村发展的重点是对接城镇功能需求，推动生态、文化、耕地等“资源”向“资本”转变，促使乡村从单一传统农业功能向兼具休闲旅游、文化娱乐、度假康养的复合功能转型，进而与城镇地区形成“居住-休闲”“工作-娱乐”“生活-康养”等功能互补关系。同时，为了避免单个乡村发展动力不足、发展品质不高的问题，需要将多个特色资源相似的乡村进行连片打造。例如，四川省绵阳市德孝片区依托马尾河、射水河等景观资源，银柳等花卉特色农业资源，在单元内形成现代农业观光、流域旅游观光、年俗文化体验等功能发展片区，成都夹江县环县城片区围绕农文旅融合发展，沿青衣江流域形成现代农业文旅融合、乡村旅游造纸研学、茶旅融合等功能发展片区（图 6.4）。

3）植入特色农业，完善乡村非农体系

单纯的粮食生产对农村发展和农民收入提升的贡献非常有限，围绕乡村外源价值提升农业衍生产业以及非农产业的比例是促进乡村发展的重要途径之一。2016 年，“十三五”规划纲要提出“拓展农业多种功能，推进农业与旅游休闲、教育文化、健康养生等深度融合，发展观光农业、体验农业、创意农业等新业态”，可见，乡村非农产业发展对促进乡村发展至关重要[325]。城镇发展单元内的乡村由于与城镇互动密切，乡村地区的人口结构日趋多元化，城市型、短期型居住休闲人群比例升高，传统农业的重要性逐渐降低，乡村产业逐渐向农业生产之外的经济、文化、生态等功能延伸。因此，为了满足城乡居民日益增长的非农需求，城镇发展单元内的乡村特色功能片区需要结合各自的资源优势推动传统农业向休闲农业、创意农业、科技农业等“农业+”形态转型[149,325-327]，构建乡村特色农业体系（表 6.2）。例如，成都市红光街道的多利农庄，以“有机健康的田园生活方式”为目标，在绿色有机农业的基础上，积极引入文旅康养等服务，实现了农业生产与科普教育、田园休闲、康养度假等业态的融合发展。又如，四川省蒲江县明月国际陶艺村，依托当地的邛窑文化资源，积极引入文化创意、文化展示和文化交流等功能，将其植入到农业发展之中，发展成为以陶艺文创和田园度假相融合的旅游村落。再如，重庆市忠县三峡橘乡田园综合体，将柑橘产业与高新农科技术相结合，打造有机绿色生态的农产品特色品牌，同时拓展乡村旅游，最终走出一条“高科技柑橘园+生态旅游”的特色发展路径[328]。

6.1.2 农业生产主导单元：农业规模化和农业产业化

农业生产主导单元主要位于耕地资源丰富，农业生产条件优越的乡镇，是县域内粮食生产的主要区域。2016 年 10 月，国务院印发《全国农业现代化规划（2016—2020 年）》，强调了农业现代化发展的重要性。2018 年 9 月，《乡村振兴战略规划（2018—2022 年）》发布，要求加快构建“现代农业产业体系、生产体系、经营体系”[329]。基于上述背景，对于农业生产主导单元内的乡村，应按照国家农业发展的要求，围绕“农业现代化”推动乡村转型发展。农业现代化的推进包括两种形式，一种是农业规模化发展，通过整合单元内部的农业生产用地，形成连片规模的农业主产区，并结合现代化的农业生产设施设备，

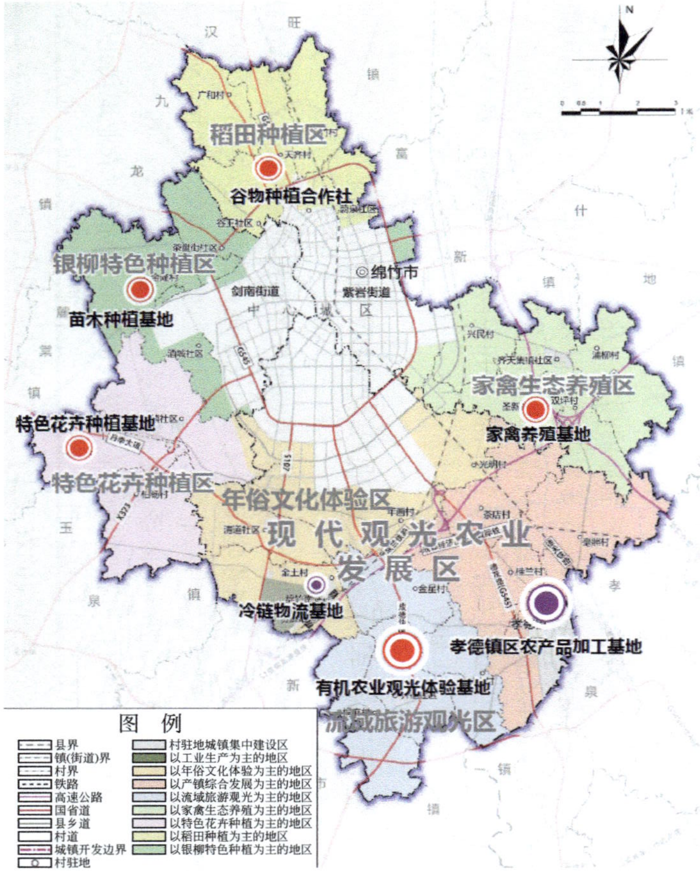

(a)绵阳市德孝片区乡村特色功能片区布局

(b)夹江县环县城片区乡村特色功能片区布局

图 6.4 四川省绵阳市德孝片区、夹江县环县城片区的乡村特色功能片区布局

资料来源：《绵竹市孝德片区国土空间总体规划(2021—2035年)》《夹江县国土空间总体规划(2021—2035年)》

表 6.2　城镇发展主导单元内的特色农业体系

特色农业类型	核心功能	发展思路	代表案例
休闲农业	农业+休闲观光+康养度假	依托都市近郊区位、田园风光和景观环境优势，推动农业与生态休闲、观光体验、康养度假等产业等结合，打造农业观光区、农事体验区和乡野康养区等	成都红光街道多利农庄
创意农业	农业+文化创意	依托当地特色文化资源，将其植入农业体系之中，通过文化加持推动农业与文化创意、娱乐活动等相结合，衍生新产业、新业态	四川省蒲江县明月国际陶艺村
科技农业	农业+科技研发+电子商务	依托高科技农业生产技术建立农业实验基地，创新品种培育、生产工艺与生产过程，通过科技兴农进行品牌化建设	重庆市忠县三峡橘乡田园综合体

资料来源：作者根据相关参考文献整理。

提升农业耕作效率与农产品产量。例如，“国家级农业高新技术产业示范区”陕西省杨陵区围绕农业规模化发展，在《杨凌城乡一体化发展规划（2014—2020）》中对五泉镇、大寨街道、揉谷镇三个镇区进行土地整治，将分散的农村居民点集中归并至新型社区，规划形成设施蔬菜片区、小麦培育基地、食用菌种植片区等一批规模化农业园区。另一种是农业产业化发展，根据农业发展的特点，凭借良好的农业发展基础，在单元内各乡镇之间形成农业全产业链条闭环，以此提升农产品价值，从而提高农民收入。例如，“中国蔬菜之乡”山东省寿光市，以农业发展为基础培育出 400 多家涉农加工企业，农产品加工率达到 65%，农业、工业与城镇化形成了“三化”互动的发展模式[330]。因此，农业生产主导单元内的镇村可以通过“农业规模化”和“农业产业化”的方式进行发展（图 6.5）。

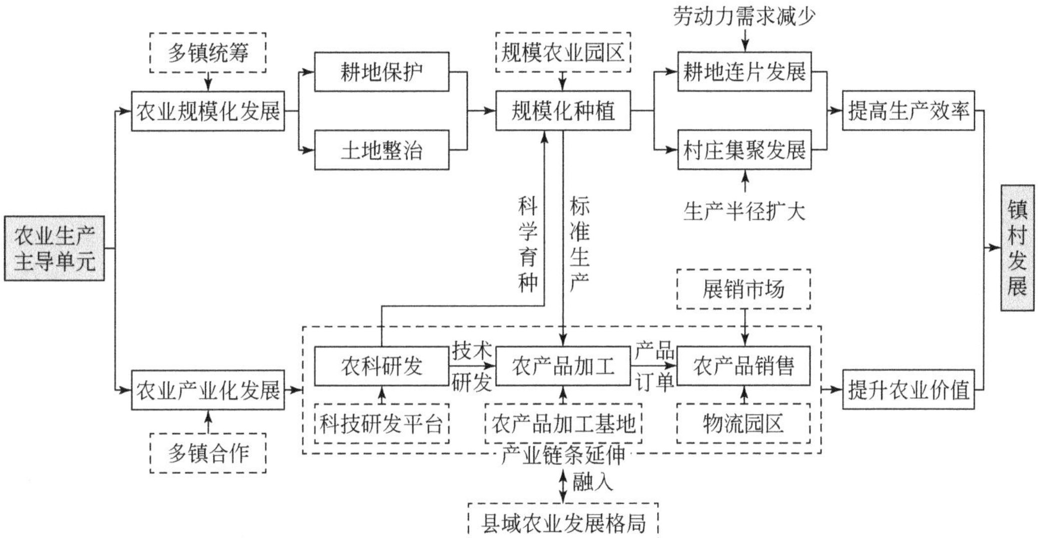

图 6.5　农业生产主导单元镇村发展路径

1. 统筹单元农地资源，推进农业规模化

2013年，中央一号文件《中共中央 国务院关于加快发展现代农业进一步增强农村发展活力的若干意见》明确提出“鼓励和支持承包土地向专业大户、家庭农场、农民合作社流转，发展多种形式的适度规模经营”。2014年，《关于引导农村土地经营权有序流转发展农业适度规模经营的实施意见》要求“土地流转和适度规模经营是发展现代农业的必由之路”。可见，农业规模化发展是历年以来农业发展的主要方式之一。农业规模化发展的关键词是规模量产、设备投入。将先进自动化的生产机械投入到大规模的农业生产之中，提高农业生产效率与生产产量，促使农民增收，实现产业兴旺的发展目标。从空间需求来看，地势平坦便于投入更多的生产机械进行自动化、智能化作业，规模化生产。耕地占比相对较大则利于通过土地流转整合耕地，形成一定规模的农业基地。因此，农业生产单元内耕地、基本农田分布较为集中且地势相对平坦的区域，是推动农业规模化的先行示范区，对全县乃至更大范围内的农产品供给具有重要的保障意义。农业规模化发展主要是通过农地资源保护与整合，现代农业基地与园区建设等措施来完成，具体内容如下。

1）加强耕地保护，巩固农业发展基础

首先，划定农田保护线，确保农产品供应安全，将农田保护纳入国土空间保护格局。例如，崇州市白头都市农业片区，聚焦“大农业，强集聚”的整体思路，以“国家级精品粮油复合产业示范基地，成都最具乡韵稻香农旅目的地”为发展目标，按照耕地应保尽保的原则，在单元内划定“平坝优质农业保护区”对耕地进行保护，明确永久基本农田10 956hm^2，永久基本农田储备区497hm^2的具体范围。同时，将现状农用地及维持农业生产的渠、机耕道、配套设施等划入农业生产空间进行保护，最终保护面积达到15 755hm^2。其次，针对划定好的农业保护空间，通过法律政策严格保障耕地和基本农田不被侵占。例如，美国明尼苏达州为了保护农业用地，制定了《明尼苏达农用地保护政策》《农场权法》等法律和计划（表6.3），政策内容明确提出要保护现存的农业用地和部分空地不转为其他用途[331]。

2）推动土地整治，优化农业连片布局

首先，加大对单元内的闲置房屋、废弃工厂、废弃坑塘等乡村闲置资源的整理和复垦。推进农村建设用地集约化布局，通过土地流转的方式，在有条件的前提下有序地将分散的农村居民点的归并集中[332]。同时，在上述居民点归并的过程中削减农村建设用地总规模，将腾挪出来的建设用地复垦为耕地，保障耕地资源的连片规模发展。其次，在耕地品质较高、分布相对集中的区域，通过耕地的提质改造和灌溉设施、作业道路、农田防护林等生产设施的建设，打造高标准农田，形成农业示范区。例如，崇州市白头都市农业片区，通过开展全域园、林、塘、草恢复实施性调查和农用地整治，修复局部农田断点、碎片，形成集中连片、形态规整的农田网络，同时，结合农业农村局高标准农田建设规划，提质改造农田5942hm^2，新增建设农田3432hm^2，建成9374hm^2的高标准农田。

表 6.3　明尼苏达农业用地保护法律体系

<table>
<tr><th>行政级别</th><th colspan="2">政策名称</th><th>政策内容</th></tr>
<tr><td>州政府</td><td colspan="2">明尼苏达农用地保护政策</td><td>①保护农业用地和某些空地不转为其他用途；②养护和加强水土资源，以确保其长期质量和生产力；③鼓励城乡有计划地增长和发展，确保最有效地利用农业土地、资源和资本；④保证农民拥有和经营农业用地</td></tr>
<tr><td rowspan="2">地方政府</td><td rowspan="2">农业土地保护计划</td><td>大都会农业保护计划（双城区）</td><td>通过地方和区域规划过程，对指定用于长期农业用途的大都市区土地以公平的方式征税，并给予符合要求的生产性农场经营所需的额外保护</td></tr>
<tr><td>明尼苏达农用地土地保护计划（双城区以外）</td><td>①公众意识培养：提高公众对农田保护和养护的必要性的意识；了解资源退化的后果、影响农业土地使用的自然、环境和社会因素。②财政和技术援助计划：为地区内农业土地保护和养护活动提供技术和财政援助，并协助各县市编制农业土地保护计划和管理办法</td></tr>
</table>

资料来源：根据参考文献[331]整理。

2. 闭合单元农业链条，促进农业产业化

多年以来，我国乡村农业发展普遍存在生产效益落后、产业类型单一、产品附加值低下等问题。中国农业科学院的数据统计显示，2020 年我国农产品加工业营业收入超过 23.2 万亿元，与农业产值之比接近 2.4∶1，农产品加工转化率为 67.5%①。对比美国农产品加工达到 80% 以上[333]，我国基于纯劳力的传统农业和简单初加工业附加值低，难以支撑农村经济发展。2019 年，《国务院关于促进乡村产业振兴的指导意见》提出“加快全产业链、全价值链建设，健全利益联结机制”。2021 年，《“十四五”规划和 2035 年远景目标纲要》提出“发展县域经济，推进农村一二三产业融合发展，延长农业产业链条，发展各具特色的现代乡村富民产业”。可见，以单元为基本载体延伸农业产业链条并健全农业产业体系，促进农业产业化发展，是农业生产单元内镇村未来发展的主要趋势。

1）延伸农业链条，健全单元农业体系

在做强农业生产的同时，延伸拓展农业产业链条，把工业化、城镇化与农业现代化紧密结合起来，实现农业与第二、第三产业的渗透融合。以农业生产为起点，向前加强技术研发、科学育种等环节，培育高质量特色农产品品牌，向后链接农产品加工、物流运输、网络展销等环节，打通市场销售通道，在单元内形成“产加研销”的农业全产业链[128,334]，实现农产品价值增值（图 6.6）。例如，崇州市白头都市农业片区，以优质粮油为核心延伸产业链条，提升粮油产业能级，依托高标准农田建设形成优质粮油种植示范区，结合现状桤泉工业园区的低效用地再开发形成粮油食品加工园区，围绕廖家镇镇区形成农产品精深加工基地，依托农科院校形成川农研发基地，最终在单元范围内形成“粮油

① 资料来源：新华社新媒体，中国农业科学院：强化现代农业科技和物质装备支撑 构建现代乡村产业体系，https://baijiahao.baidu.com/s?id=1695199480178630808&wfr=spider&for=pc。

研发—粮油生产—粮油加工”的农业产业链。

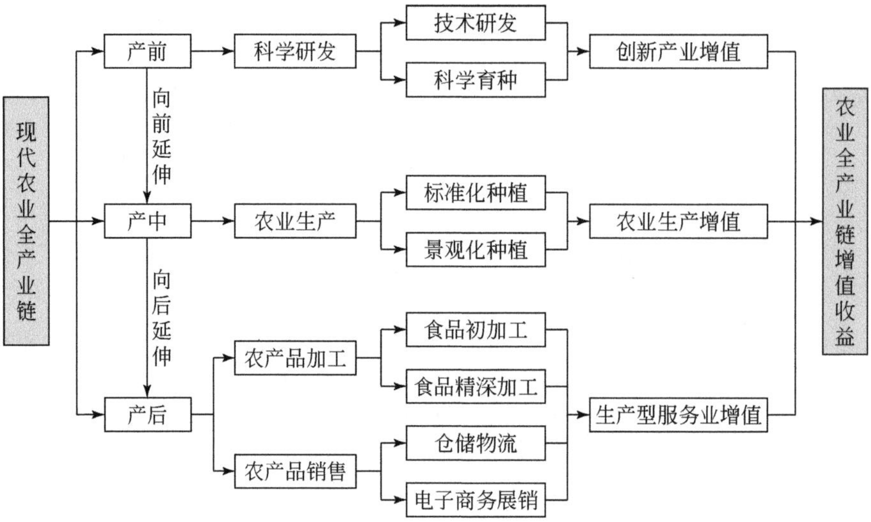

图 6.6 “产加研销”的农业全产业链

2）加强单元合作，融入县域发展格局

由于农业生产单元相较于城镇发展单元而言，工业与物流水平相对较低，在短时间内形成大规模的“产加研销”产业体系存在一定难度。基于此，在农业现代化发展的初期，农业生产单元要积极融入区域发展格局，加强多个农业生产单元之间的协同合作，共享农科研发中心、农产品加工基地、区域物流中心等大型涉农设施，共同构建农业产业生态圈。例如，崇州市白头都市农业片区在崇州市农业产业功能区战略发展要求下，与东侧的羊马现代服务发展片区形成农业产业联动、互补的发展格局。利用三江镇的农产品区域物流中心与羊马街道的冷链物流中心为本单元内的农业产业化发展提供服务，与单元内的农产品精深加工基地和农产品研发中心形成差异化的产业项目布局。

6.1.3 生态保育主导单元：绿色发展和择优发展

生态保育单元一般位于县域内地形复杂、自然资源禀赋优良、生态约束较大的区域。这类单元内的乡村，一方面乡村自然环境优越，生态价值较高，自然人文景观丰富。另一方面乡村社会经济发展规模较小，部分地区存在人口流出、产业衰败等现象。面对上述情况，有学者提出，生态资源富集的地区要按照生态优先、绿色发展的理念，将生态环境约束转化为生态经济优势，通过发展生态旅游、生态农业和生态工业等绿色产业促进地区发展[335,336]。也有学者提出，对于规模较小、分布较散、条件落后的地区，要顺应乡村收缩趋势，择优发展有潜力的乡村[100]，鼓励部分衰败的乡村按照合理退出和优化重组的方式进行重构[337]。例如，2004 年，浙江省出台撤村并点的政策，要求“合并小型村、缩减自然村、拆除空心村、搬迁高山村、保护文化村、改造城中村、推进中心村建设”[338]。因此，对于生态保育单元内的乡村，可以采取“绿色发展”与“择优发展”的路径推动乡村转型发展（图 6.7）。

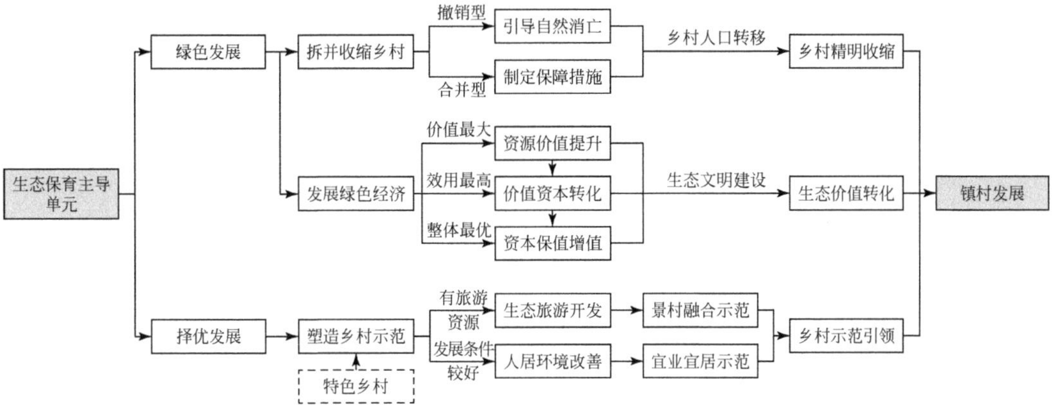

图 6.7　生态保育主导单元镇村发展路径

1. 有序拆并收缩乡村，大力发展绿色经济

对于收缩型的乡村，要适应人口流出的趋势，尤其是位于生态环境安全控制区内或边缘的村镇，生态敏感性较高，生态环境不稳定，易受到天气、环境的影响而引发自然灾害，其重构优化要采取精明收缩的方式，以积极、发展的态度对待乡村衰退的现象[339]。一方面逐步引导规模小、人口少和活力差的村庄自然消亡或拆除，加强拆并后的中心居民点的基础设施、公共服务设施建设。另一方面，破除生态约束条件的制约，将“劣势”转变为“优势”，以生态资源的价值转化来驱动城乡融合发展。

1）拆并收缩乡村，提供适当政策保障

对于人口、产业、经济等要素收缩的乡村，应采取精明收缩的方式对收缩型乡村进行适当拆并。考虑到短期内集中搬迁的制约因素较多、实施困难较大，可采用渐进式集聚的方式引导村民自愿、主动地向集聚点集聚[340]。拆并的方式根据集聚的位置可分为原址收缩和新址集聚两种形式[341]，其中原址收缩主要针对本身规模较大、区位条件较好，只是分布较散、密度较小的村庄，将拆并的居民点或自然村向本村内较大的居民点或行政村拆并。新址集聚主要针对位于生态保护地区且规模小、人口少、活力差的村庄，通过生态移民向邻近优势村庄、镇区集聚。例如，四川省若尔盖县是黄河流域生态保护和高质量发展带上游重要的生态节点，县域范围内的唐克片区由三个乡镇组成，生态空间占比为 93.48%，是典型的生态保育单元。为了更好地保护生态环境，优化镇村布局，《唐克片区乡镇级国土空间总体规划（2020—2035 年）》将位于生态保护区以内的乡村居民点拆并到镇区、道路两侧等区位较好的地方集聚，形成了“3 个城乡融合集聚核心+6 个村庄集聚点”的镇村居民点布局（图 6.8）。值得注意的是，乡村撤并切忌自上而下的“一刀切”，部分村庄虽然规模小、条件不佳，但历史、文化底蕴深厚或环境特色突出，也应予以保留，这类村庄可以通过环境改善、设施投入等措施重塑乡村特色。

同时，对于撤销的村庄，严格控制建设用地与宅基地的新增与建设，逐步引导村庄自然消亡或拆除[342]。同时，出台相应的政策鼓励建设用地复垦。对于合并的村庄，要避免

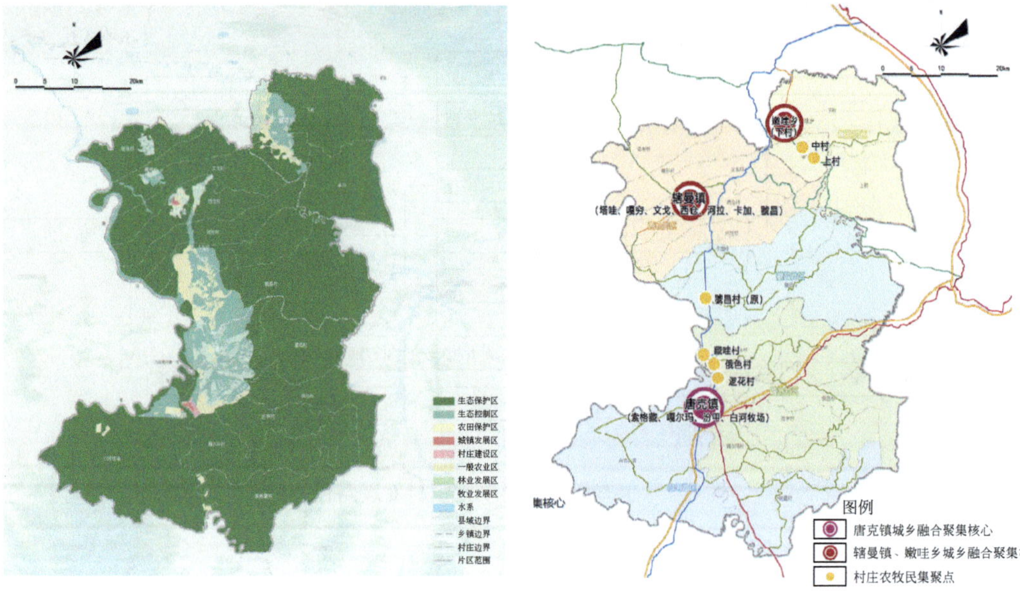

(a)若尔盖县唐克片区三生空间分布　　(b)若尔盖县唐克片区镇村聚居点布局

图 6.8　四川省若尔盖县唐克片区的镇村聚居点规划

资料来源：《唐克片区乡镇级国土空间总体规划（2020—2035）》，上海同济城市规划设计研究院有限公司

“半城镇化”问题出现[312]，对迁入的居民提供适当的优惠政策与财政补贴，提供充足的就业岗位，保障其搬迁后能解决住房和基本生活保障问题。增配基础设施与公共服务设施，保证人口增加后原村镇的生活配套水平不受影响。另外，完善相应的户籍管理与公服配套机制，保障农村人口进城后能纳入当地的公共服务体系之中，实现真正意义上的城镇化。

2）发展绿色经济，促进生态价值转化

虽然生态环境约束是制约乡村发展的重要因素，但已有研究表明，生态资源向生态资本的转化可以有效实现城乡内循环发展，避免乡村工业化、城镇化等发展模式带来的资源消耗、环境破坏、乡村异化等危机。2012 年 11 月，党的十八大做出“大力推进生态文明建设”的战略决策，2017 年 10 月，党的十九大提出“必须树立和践行绿水青山就是金山银山的理念”。可以看出，生态价值在我国城乡发展中的地位越来越受到重视，未来的城乡发展，尤其是生态资源条件较好的地区，需要转变以往的发展理念，探索绿色低碳的可持续发展道路[335]。因此，对于生态保育单元内的乡村，应将“精明收缩”的理念与“生态发展”的理念相结合，在乡村拆并的同时推动生态价值转化，进而驱动乡村转型发展。

首先，促进生态资源价值化。以“生态优先”为导向，将生态环境保护作为乡村发展的前提，通过全域生态要素保护、全域土地综合整治和全域景观风貌修复，维护区域生态环境健康，全面提升生态资源的综合价值。其次，推进生态价值资本化。将生态价值视为乡村发展的基础，通过生态价值资产化和生态资产资本化将乡村地区的生态资源作为一种资本纳入市场之中，使其具有增值性和可交易性[336]。最后，实现生态资本增值化。根据使用用途，将生态资源的价值分为生产价值、服务价值和调节价值三种类型，根据不同价值类型实现生态资本的增值（图 6.9）。对于生产价值而言，可以通过提供生态、绿色农产品获得更高的市场增值，例如，近年来，江津把花椒作为促进农户增收的支柱产业来打造，全区种植面积达 53 万亩，江津花椒品牌价值达 63.66 亿元①。对于服务价值而言，可以通过向城市居民提供生态康养、生态度假、生态旅游等产品获得非农产业的增值。对于调节价值而言，则可以通过设计“生态券”“生态票”等可以量化的媒介形式，在县域内建立统一的“生态资源市场”，如重庆“地票”制度、浙江的土地发展权转移、德国“生态账户”制度等[343,344]。这样，生态资源便可以进入市场，在城乡之间、村镇之间或更大范围的区县之间进行交易。

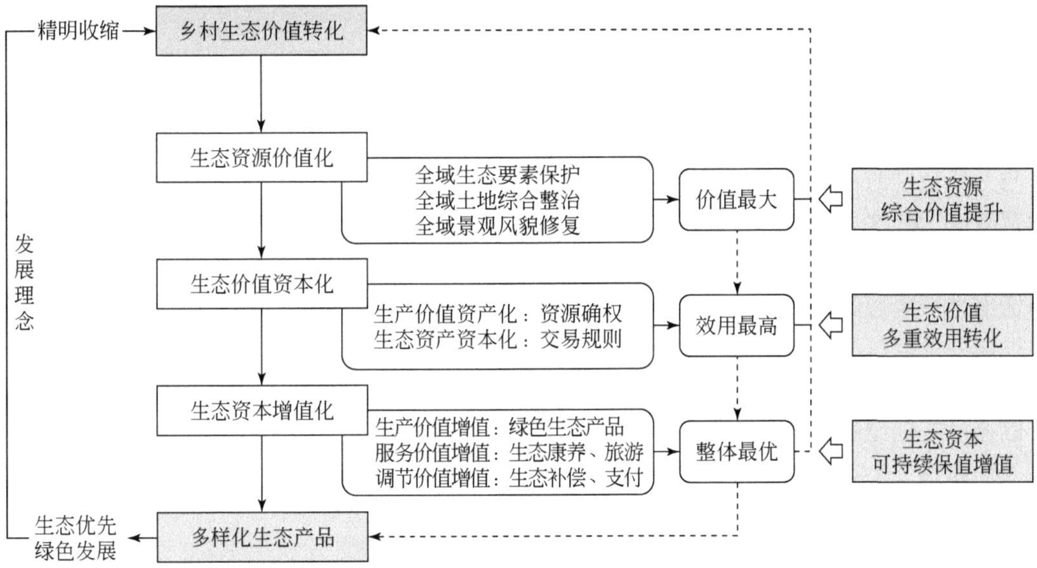

图 6.9　生态价值转化的基本路径

2. 择优发展特色乡村，分步带动单元发展

城乡融合的实质是乡村振兴，但并非所有的乡村都能发展[100]，尤其对于产业基础一般、资源特色缺乏的镇村，短时期内难以形成实质性成效。因此，对于生态保育单元内的乡村，可采取“试点先行、择优发展”的原则，将发展要素集中于发展条件和资源本底较好的村镇，形成乡村振兴示范点，以此为样板逐步开展其他乡村的振兴工作，最终实现乡村区域整体振兴发展[58]（图 6.10）。

1）评估乡村潜力，择优塑造乡村示范

首先，重新审视与评价单元内各个乡村的发展潜力，根据评价结果将乡村分为特色乡

① 数据来源于：江津融媒体中心，品牌价值 63 亿元！江津花椒上榜国家级名单，https://new.qq.com/rain/a/20231010A06FGY00。

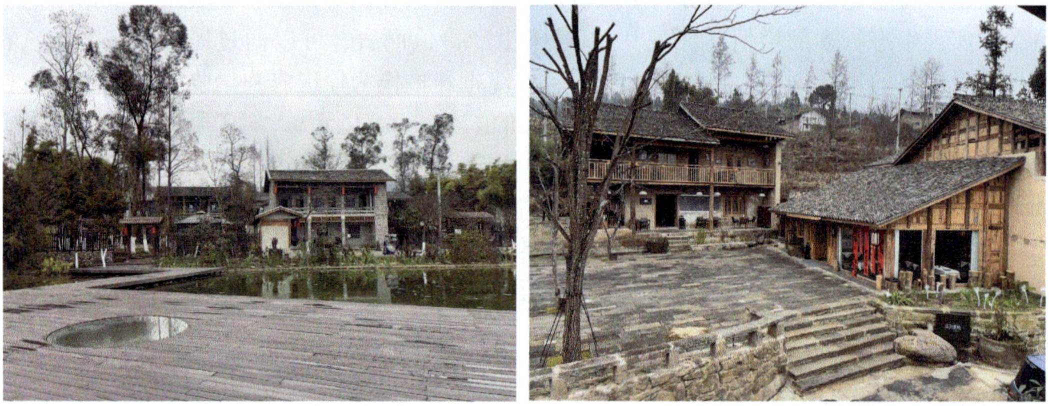

(a)重庆市梁平区龙印村　　(b)重庆市石柱县瓦屋村

图 6.10　重庆市的乡村振兴示范村

村与一般乡村两种类型，近期择优发展特色乡村，力求以最少的投入、最短的时间，形成示范效应。其次，对特色乡村进行精品化打造，形成“一村一业、一村一品、一村一景”的乡村振兴示范。对于靠近风景名胜区、森林公园、历史文化遗存的乡村，可依托特色资源适度进行生态旅游开发，采用全域风景化理念[345]，把特色乡村作为一个景区来建设。通过旅游景点打造、建筑风貌改善和旅游设施配套等措施，发展精品旅游、民俗度假等特色产业，塑造“景村融合”示范乡村。对于总体发展水平较高，但没有特色资源的乡村，可以通过基础设施提升、农房整治、庭院美化、产业培育等行动，推进生态环境体系、生态人居体系、生态文化体系和生态经济体系的建设[346]，形成环境优美、生活甜美、社会和美的现代化农村社区，打造“宜业宜居”示范乡村。

2）分步带动周边，全局谋划乡村振兴

按照“择优发展、抓点成线、延伸扩面”分步骤循序渐进推动单元内所有乡村的振兴工作（图 6.11）。在特色乡村取得示范效应的基础上，借鉴成功经验，充分发挥乡村振兴示范点的引导作用，带动示范点附近的一般乡村开展环境综合整治和宜居宜业建设，通过

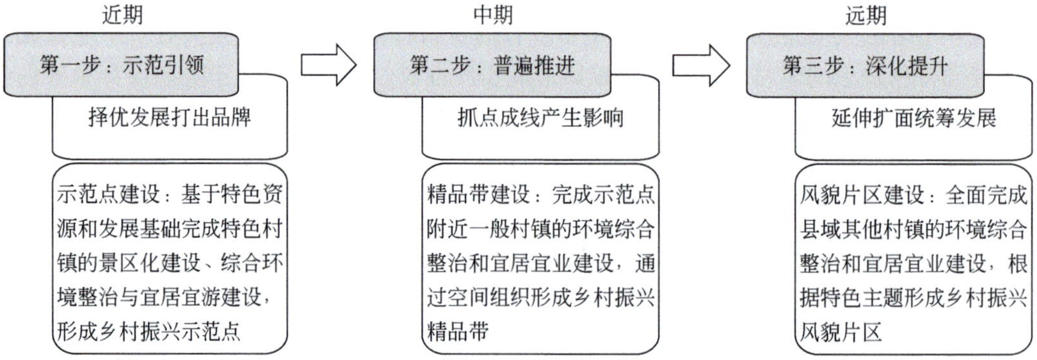

图 6.11　生态保育单元“择优发展、抓点成线、延伸扩面”的乡村发展步骤

发展特色农业、庭院经济、民宿、农家乐等特色产业，形成乡村振兴精品带。在乡村振兴示范点与精品线建设取得成效的基础上，全面推进单元内其他乡村的乡村振兴工作，深入挖掘每个村庄的历史遗迹、风土人情、风俗习惯等人文元素，体现村庄个性魅力，彰显单元整体的风格和特色。

6.2 镇村等级体系优化

6.2.1 总体优化趋势：扁平化发展

我国现行县域镇村等级体系为“县城—副中心—重点镇——般镇—中心村—基层村”的多级体系结构，其背后的发展逻辑为“县城带动乡镇、中心镇带动一般镇、中心村带动一般村”。然而在实际的镇村发展中，县城高品质的公共服务设施和规模化的产业发展难以覆盖县域范围内所有的乡镇，地理区位偏远的乡镇受县城的辐射带动作用不足。另外，伴随工业化、市场化和信息化的变革，乡村与乡镇、县城的联系得到加强，中心村不再承担辐射带动基层村发展的作用，中心村这一体系层级“名存实亡”。基于上述情况，现行镇村等级体系存在“层级过多、带动不足”的问题，导致多层级的垂直结构无法适应当前城乡融合发展的需求。

在交通条件改善、网络经济发展以及乡村生活生产方式变化的影响下，镇村等级体系开始呈现出“扁平化”的发展趋势。一方面，由于交通工具的改善和道路体系的完善，农民出行的便捷度得到有效提升，可以方便地到达城镇与县城，进而获得更好的教育、医疗、购物等服务。例如，2020 年郫都区农村常住人口中有 46% 的工作地为城镇，城乡之间逐渐形成了村内居住、城镇就业的新型职住关系。另一方面，信息技术与网络经济的发展，打破了地理空间的限制，区位较差、规模较小的镇村也能获得发展的机会。这导致乡村农业物资的购买、技能的培训、农产品的销售等多个环节不再需要与中心村产生联系，人口、经济等要素出现跨级流动的普遍现象[135]。因此，传统“重点镇——般镇—中心村—基层村”的多级镇村等级体系不再适用于当下的县域城乡发展[347,348]，中心村失去了存在的必要。同时，伴随乡村生活、生产方式的改变，耕地半径对农村生活空间的制约被打破，集中式的新型农村社区不断出现，取代了传统中心村与基层村的分散布局模式，促使镇村等级体系走向“扁平化”。

基于上述情况，镇村共生单元内部的镇村等级体系应按照“扁平化”趋势进行调整：①中心村层级的取消：由于中心村辐射基层村发展的作用不复存在，镇村等级体系中应将中心村与基层村两个等级合并。②新型农村社区建设：对于资源集中、地势平坦的镇村共生单元，乡村由规模较大的一个或多个农村社区构成。对于资源破碎、地形复杂的镇村共生单元，部分居民点受自然山脉水系阻隔难以集中在一起形成大规模农村社区，因此可保留部分农村居民点，乡村由中等规模的农村社区和小规模的农村居民点共同构成（图 6.12）。据此，县域镇村等级体系由传统“县城—副中心—中心镇——般镇—中心村—基层村”的六级体系转变为“镇村共生单元—中心镇（非必须）——般镇—新型农村社区/农村居民点”的四级体系（图 6.13）。值得说明的是，根据前文 5.5.3 镇村共生单元的划分结果，并列式和独立式镇村共生单元不存在单元中心，因此在镇村共生单元的等级体系中，中心镇不是必须的。

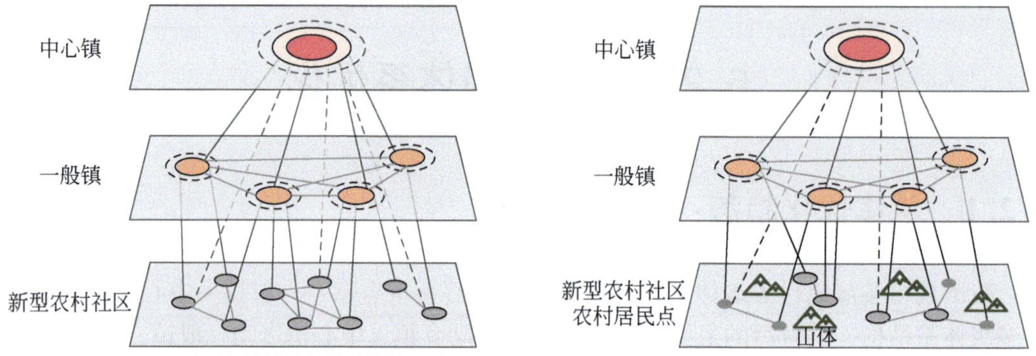

(a)平原型镇村共生单元等级体系　(b)山地型镇村共生单元等级体系

图 6.12　平原型与山地型镇村共生单元的等级体系差异

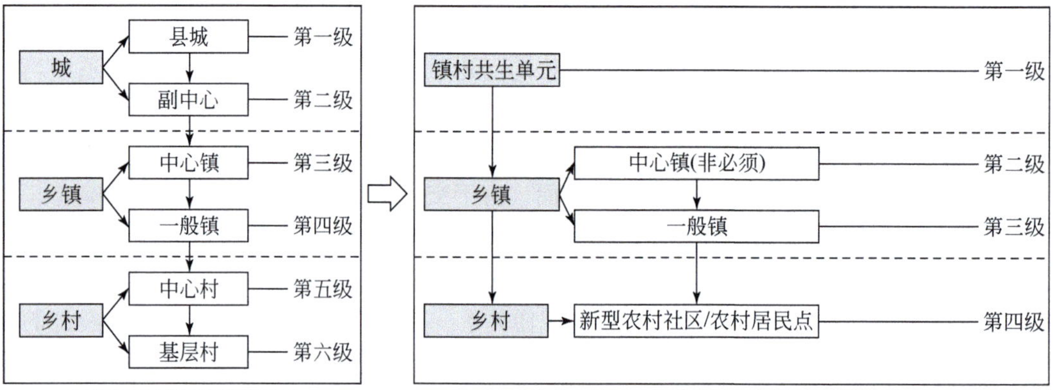

(a)传统县域镇村等级体系　(b)基于“镇村共生单元”的县域镇村等级体系优化

图 6.13　镇村共生单元的镇村等级体系示意

可以看出，上述“镇村共生单元—中心镇（非必须）——一般镇—新型农村社区/农村居民点”是一种镇村等级体系的基本范式。为了进一步因地制宜地针对不同类型的镇村共生单元提供差异化、精准化引导，中心镇、一般镇和新型农村社区需要结合各单元的主导功能从特色化、专项化的方向进行细化与深化。接下来，本研究分别对城镇发展主导单元、农业生产主导单元和生态保育主导单元的等级体系做详细说明。

6.2.2　城镇发展主导单元：综合服务中心镇—工贸特色镇—产旅社区

城镇发展主导单元内的镇村按照“以城带乡”和“城乡互补”的发展路径，形成“综合服务中心镇—工贸特色镇（工业特色镇/商贸特色镇）—产旅社区（产业社区/农旅社区)”的镇村等级体系。其中，综合服务中心镇主要通过城镇化、工业化提升综合服务水平，辐射带动区域乡村发展；工贸特色镇通过产业资源的向上对接与向下整合实现乡村非农产业转化，促进乡村就地城镇化；产旅社区主要通过园区服务配套与都市旅游发展，与城镇形成功能互补（图 6.14）。

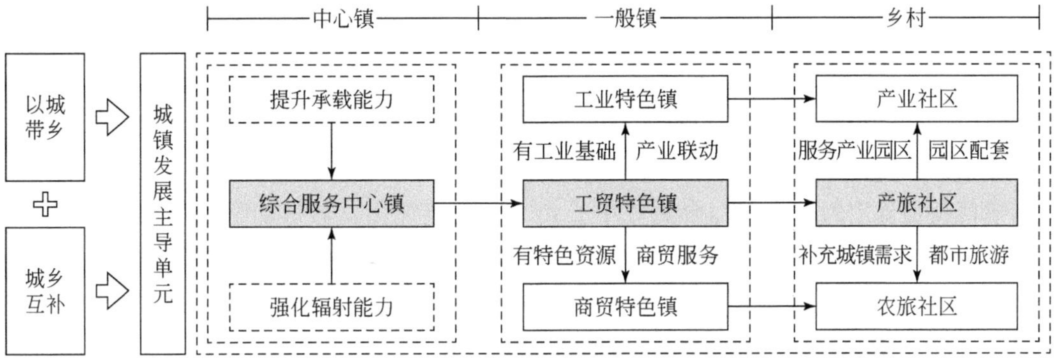

图 6.14　城镇发展主导单元的镇村等级体系优化

1）中心镇：综合服务中心镇

城镇发展主导单元内的中心镇应重点提升城镇化、工业化水平，通过“强镇赋能”的手段，加大资源要素投放，优先布局新增建设用地，打造形成县域重要的人口集聚中心、交通枢纽节点、经济发展极核和公共服务高地，进而更好地发挥中心镇的规模辐射效应，带动单元内的乡村发展[349]。对于有产业园区的单元，要以工业化发展促进城镇化建设，完善其生产制造、交通物流、市场交易等功能，通过扩大产业规模，提供更多的就业岗位，推动全域城镇化[350,351]。对于没有产业园区的单元，可以引入城市高端职能，建设大型公共服务设施，完善其商业商贸、文化娱乐、休闲旅游等功能，通过提供高标准、高品质的服务水平加强城镇化吸引力，促进乡村人口转移。

2）一般镇：工贸特色镇

一般镇是单元内城镇化水平较高的乡镇，主要起到促进乡村人口就地城镇化的作用。城镇发展单元内的一般镇应结合自身的产业基础与优势资源，向上承接中心镇的外溢产业，向下整合乡村的潜力资源，通过壮大自身产业规模形成特色产业集聚，进一步提升自身的城镇化水平，促进就地城镇化[352]，形成工贸特色镇。具体职能可以细分为两种：一种是发展工业特色镇。对接中心镇产业园区的发展趋势，调整自身产业结构，通过产业联动和项目协作在单元内部形成园区产业集群。另一种是发展商贸特色镇。结合镇域内的商业服务需求和文化旅游资源，大力发展特色商贸、文化旅游等产业，通过商业服务设施、文化产业园、旅游服务设施的建设在镇区周边形成商贸产业集聚。

3）乡村：产旅社区

城镇发展主导单元内的乡村一般位于城区附近或产业园区附近，在“以城带乡”和“城乡互补”发展路径的引导下，逐步发展成为以园区服务配套与都市旅游发展为重点的产旅社区。一方面，位于产业园区附近的乡村，受工业化辐射带动的影响，与产业园区之间容易形成互动的“产业-服务”联系，这一类乡村应主动承接园区的外溢功能，通过为园区提供孵化基地、办公场所、职工居住等配套服务形成产业社区；另一方面，位于城区附近的乡村，在城市居民休闲娱乐、旅游观光、度假康养等多元需求的影响下，乡村非农功能的重要性愈发重要，这一类乡村应结合城镇的多元化需求，以农业生产为基础发展都市旅游，为城市居民提供休闲、康养、度假等旅游服务，形成农旅社区。

“郫筒-德源”城镇发展主导单元由郫筒街道、德源街道组成，2020 年常住人口为 39.04 万人，农村人口为 2.36 万人，城镇化率为 94%，是郫都区城区的重要组成部分，除镇区外单元内包含长乐村、景岗村、梨园村等七个行政村（表 6.4）。在镇村等级体系优化时，首先，根据前文 5.4.3 镇村共生单元的划定结果，郫筒街道为中心镇，德源街道为一般镇，同时，德源街道范围内具有现代工业港南片区和新经济产业园等工业基础，因此将郫筒街道确定为单元的综合服务中心镇，通过城镇化发展带动整个单元内乡村的发展，将德源街道确定为单元的工业特色镇，通过园区产业集群带动镇域范围内的乡村发展。其次，按照镇村等级体系扁平化发展趋势，对上述七个行政村、社区内的居民点进行整合，通过“化散为整”的方式将靠近城区的居民点直接划入城镇建设范围，将其余居民点归并到区位与资源较好的区域，形成九个不同规模集中布置的新型农村社区（表 6.5）。其中，长乐村、景岗村、梨园村、太平村和护国社区主要依靠郫筒街道城区带动进行发展，与城镇形成“居住-休闲”功能互补的城乡关系，因而将这几个村的社区类型确定为农旅社区。禹庙村和东林村主要依附德源街道内的现代工业港南片区和新经济产业园进行发展，与城镇形成“产业-服务”功能协作的城乡关系，因而将这几个村的社区类型确定为产业社区。最终，“郫筒-德源”单元构建出“一个综合服务中心镇、一个工业特色镇、六个农旅社区、三个产业社区”的镇村等级体系（图 6.15）。

表 6.4　郫都区“郫筒-德源”单元的人口与城镇化情况

乡镇（街道）	包含的乡村（不包括镇区）	常住人口/万人	城镇人口/万人	农村人口/万人	城镇化率/%
郫筒街道	长乐村、景岗村、梨园村、太平村、濂溪村	32.52	30.91	1.61	95
德源街道	禹庙村、东林村	6.52	5.77	0.75	88
合计		39.04	36.68	2.36	94

资料来源：成都市规划设计研究院.《郫都区城镇村体系规划研究（2022）》。

表 6.5　郫都区“郫筒-德源”单元的新型农村社区规划

社区类型	所属行政村	人口规模/人	用地规模/hm^2	社区类型	所属行政村	人口规模/人	用地规模/hm^2
农旅社区	长乐村 a 社区	1100	4.33	农旅社区	濂溪村社区	600	3.90
农旅社区	长乐村 b 社区	800	2.29	产业社区	禹庙村 a 社区	1171	7.84
农旅社区	景岗村社区	500	3.25	产业社区	禹庙村 b 社区	941	6.26
农旅社区	梨园村社区	640	4.03	产业社区	东林村社区	3024	19.8
农旅社区	太平村社区	600	3.90	—	—	—	—

资料来源：成都市规划设计研究院.《郫都区城镇村体系规划研究（2022）》。

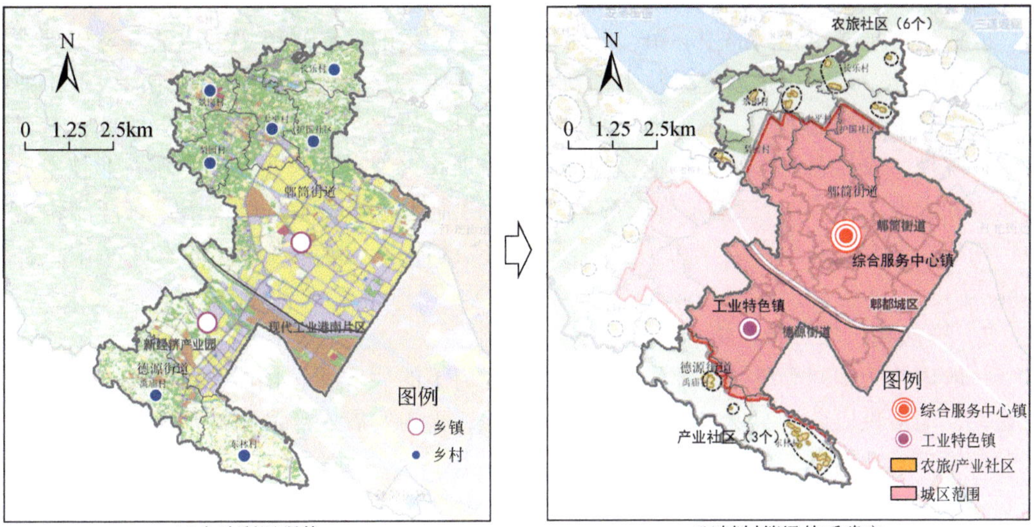

(a)土地利用现状　　(b)镇村等级体系确定

图 6.15　郫都区“郫筒-德源”单元的镇村等级体系优化

6.2.3　农业生产主导单元：三农服务中心镇—农工特色镇—农业社区

农业生产主导单元内的镇村要围绕“农业规模化”和“农业产业化”发展路径，形成“三农服务中心镇—农工特色镇—农业社区”的镇村等级体系。其中，三农服务中心镇主要围绕农科技术研发和农产品销售提升三农综合服务水平，带动单元内农业现代化发展；农工特色镇通过发展农产品加工与配套仓储物流运输，延伸产业链条、打通供应渠道，促进农业价值转化；农业社区主要通过农业规模化发展和农业品牌化建设，提高农业生产效率和质量，提升产品附加价值（图 6.16）。最终，各等级镇村之间通过涉农产业的相互协作，实现农业种植、加工、销售等多环节的融合发展。

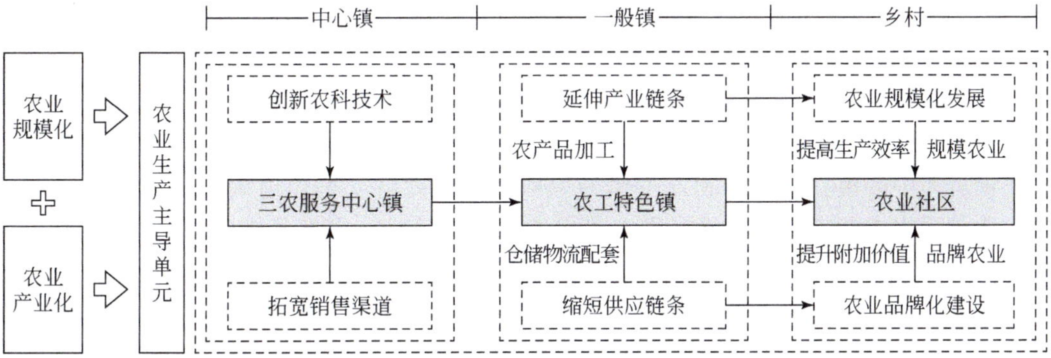

图 6.16　农业生产主导单元的镇村等级体系优化

1）中心镇：三农服务中心镇

农业生产主导单元内的中心镇，除了为单元范围内的城乡居民提供生活服务以外，应为农业规模化、产业化发展提供技术创新、市场保障等综合服务，提升单元内农业产业链向前、向后的拓展能力。一是加强中心镇的农业科技研发、农业技能培训等职能，通过建设农科院校、农科企业、研发基地，举办农业培训等，为乡村农业提供高新农业技术、农业资本和农业人才[329]；二是加强农产品销售、物流运输等职能，通过拓宽农产品销售渠道，构建面向全县乃至周边城市消费市场的供应链体系，为乡村地区的农产品销售提供保障[128]。

2）一般镇：农工特色镇

一般镇作为中间等级的村镇，应发挥好承上启下的“农业转化器”的作用，通过延伸产业链，缩短供应链，实现农业产业增值。首先，大力发展农产品精深加工业，促进第一产业向第二产业转化，加快建设农产品加工产业园区、小型食品加工、食品包装园区等，以农产品价值转化为核心健全食品加工产业链。其次，完善冷链物流与仓储配送，打通产品加工与销售之间的流通通道，配备小型物流基地等。最终形成支撑农业产业化发展的农工特色镇。

3）乡村：农业社区

农业生产主导单元的主要任务是农业生产，因此，乡村应按照农业现代化发展的要求优化耕地与建设用地布局，形成便于提升农业耕作效率与农产品的质量、产量的农业社区。一是推动农业由传统小农化模式向规模化、产业化生产模式转变。通过土地流转和土地整治的方式促进农业向规模经营转变，建设高标准农田，形成由专业公司、农民合作社、种田大户、租种大户等多种经营主体经营的现代农业园区和农业基地。同时解放农民与土地的“人地关系”[353]，优化居住空间布局，推动居住向社区适度集中。二是推动农业向精细化、品牌化发展，借力农业科研技术发展科技农业，塑造农业品牌。尤其在山地地区，由于自然地形条件对农业生产模式有重要影响，山地农业生产模式在农业生产规模、生产成本以及村庄布局等方面与平原存在较大差别[354,355]，这导致山地乡村无法实现大批量的土地流转，农业园区和农业基地的难以形成较大规模，因此，农业发展需要在适度规模的基础上探索品牌农业带来的附加价值。

“安德-唐昌-友爱”农业生产主导单元由安德街道、唐昌镇和友爱镇组成，2020 年常住人口为 19.81 万人，农村人口为 14.70 万人，城镇化率为 26%，除镇区外单元内包含红专村、安宁村、泉水村等 41 个行政村和吉祥寺社区、万寿社区、三元场社区等 5 个社区（表 6.6）。在镇村等级体系优化时，首先，根据前文 5.4.3 镇村共生单元的划定结果，安德街道为中心镇，唐昌镇和友爱镇为一般镇，因此将安德街道确定为三农服务中心镇，为单元内农业现代化发展提供农科研发、农技培训、农产品销售物流等三农服务，将唐昌镇和友爱镇确定为农工特色镇，通过农产品加工促进第一产业向第二产业转化，提升农产品价值。其次，聚焦“大农业，强集聚”的整体思路优化乡村空间，按照规模化耕地和集约化住宅的布局方式对乡村耕地和农村居民点进行重构，形成不同规模的农业社区，促进农业现代化发展（表 6.7）。其中，新民场、唐元场和三元场是原场镇镇区所在地，具备场镇与乡村双重属性，镇村建设用地规模较大，兼具生活、生产服务功能。最终，“安德-唐昌-友爱”单元构建出“1 个三农服务中心镇、2 个农工特色镇、64 个农业社区”的镇村等级体系（图 6.17）。

表 6.6　郫都区“安德-唐昌-友爱”单元的人口与城镇化情况

乡镇/街道	包含的乡村（不包括镇区）	常住人口/万人	城镇人口/万人	农村人口/万人	城镇化率/%
安德街道	11 个村，1 个社区	6.90	2.50	4.40	36
唐昌镇	17 个村，2 个社区	6.84	1.80	5.04	26
友爱镇	13 个村，2 个社区	6.07	0.81	5.26	13
合计		19.81	5.11	14.70	26

资料来源：成都市规划设计研究院.《郫都区城镇村体系规划研究（2022）》。

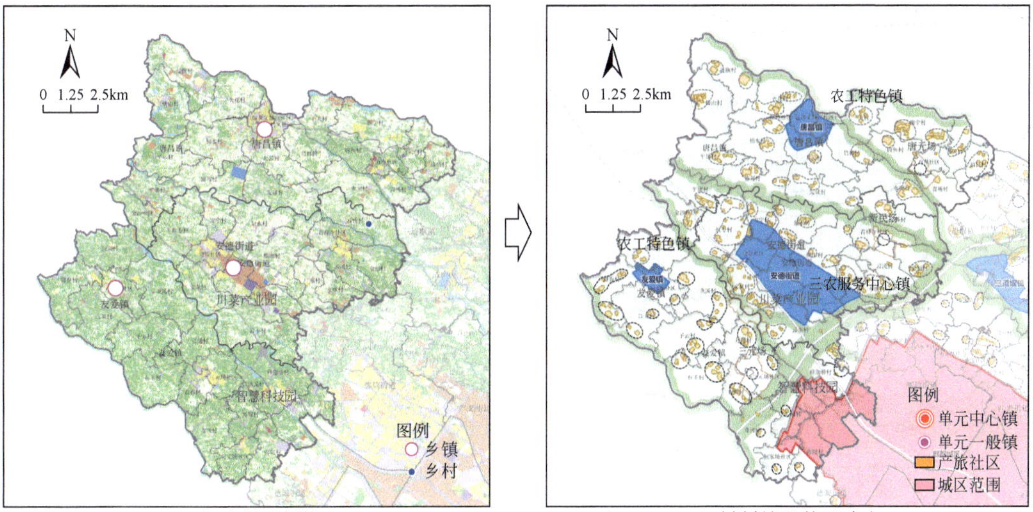

(a)土地利用现状　　(b)镇村等级体系确定

图 6.17　“安德-唐昌-友爱”单元的镇村等级体系优化

6.2.4　生态保育主导单元：生态服务中心镇—生态特色镇—生态社区

生态保育主导单元内的镇村应按照“绿色发展”和“择优发展”的路径，形成“生态服务中心镇—生态特色镇（生态旅游镇/生态农业镇）—生态社区（生态旅游社区/生态农业社区）”的镇村等级体系。其中，生态服务中心镇通过生态产业化和产业生态化的方式，促进区域产业结构转型，构建生态循环经济服务体系；生态特色镇通过生态旅游和生态农业发展，构建特色生态产业体系；生态社区则依托自身资源条件，大力发展生态旅

表 6.7　郫都区“安德–唐昌–友爱”单元的新型农村社区规划

社区序号	所属行政村	人口/人	用地/hm^2	社区序号	所属行政村	人口/人	用地/hm^2
1	战旗村	2500	9.84	33	泉水村	1128	8.07
2	战旗村	1760	15.22	34	泉水村	586	4.57
3	横山村	2000	16.85	35	安宁村	1115	8.85
4	火花村	1000	6.65	36	安宁村	615	6.05
5	火花村	2500	10.31	37	红专村	631	4.41
6	柏木村	2500	10.59	38	红专村	1696	11.86
7	柏木村	2500	10.24	39	红专村	605	4.23
8	平乐村	2500	13.88	40	安龙村	1923	17.44
9	平康村	3000	13.27	41	安龙村	1235	12.22
10	金沙社区	3000	14.14	42	云丰村	1350	10.09
11	留驾村	3000	13.65	43	云丰村	1279	8.96
12	留驾村	1000	6.24	44	新民场社区	4000	30.00
13	大云村	1500	9.88	45	唐元场社区	4000	30.00
14	先锋村	2500	11.22	46	向阳村	1800	9.16
15	先锋村	1000	5.75	47	向阳村	1500	7.75
16	竹林村	2500	11.23	48	筒春村	1596	8.45
17	千夫村	2400	14.73	49	筒春村	2028	12.22
18	钓鱼村	2500	10.30	50	江安村	1000	4.97
19	锦宁村	2587	32.35	51	江安村	1500	7.00
20	锦宁村	1958	21.04	52	花园场社区	700	3.50
21	沙河村	2000	11.81	53	龙溪村	2345	12.00
22	福昌村	2500	14.44	54	龙溪村	2500	15.00
23	永安村	3000	18.72	55	子云村	1500	8.86
24	云桥村	1654	11.59	56	子云村	2000	10.71
25	金柏村	1694	12.80	57	石羊村	1000	6.51
26	永盛村	2058	15.33	58	石羊村	2500	18.00
27	吉祥寺社区	1297	9.11	59	达通村	2500	13.77
28	广福村	976	7.15	60	农科村	2300	12.60
29	棋田村	1121	7.97	61	兴福村	700	3.40
30	棋田村	596	4.18	62	青冈村	900	4.68
31	棋田村	389	2.73	63	何家场社区	900	4.68
32	泉水村	802	6.64	64	三元场社区	6000	40.00

资料来源：成都市规划设计研究院.《郫都区城镇村体系规划研究》(2022)。

注：新民场社区现已撤销。

游和生态农业产品，构建生态产品体系（图 6.18）。各等级镇村之间通过生态服务体系、生态产业体系和生态产品体系的相互衔接，探索形成一条生态保护与经济发展共存的模式。

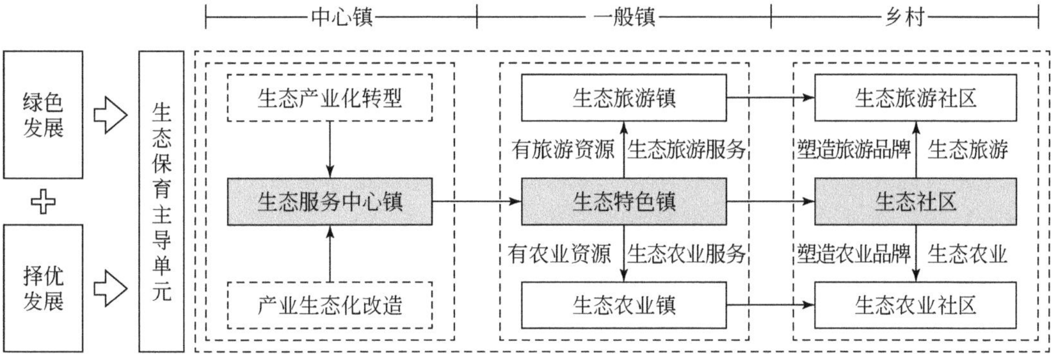

图 6.18　生态保育主导单元的镇村等级体系优化

1）中心镇：生态服务中心镇

生态保育主导单元内的中心镇除了为单元范围内的镇村提供综合服务以外，应以“生态文明建设”为指导思想，肩负起带动区域内传统产业向资源节约型和环境友好型产业转型的任务[356]。一方面，按照“生态产业化”的理念，基于自身生态资源积极引入新兴产业、创新产业等产业类型。通过制定相应的财税、土地等鼓励政策吸引新兴创新产业入驻，加大生态产业和服务业在经济发展中的占比。通过制定环境管治与产业负面清单[357]，降低资源消耗型、污染型工矿企业的比例，构建绿色循环经济体系[358]。另一方面，按照“产业生态化”的理念，逐步推动既有产业的生态化改革。由于绿色经济体系的构建需要时间过渡，当前存在的制造业、石化企业等还将继续存在一段时间，在这段过程当中需要对传统“低效、零散、污染”的乡村工业进行改革，在适当环节引入生态化、绿色化生产方式[216,359]，加大废弃物的循环利用，减少污染排放，通过生态产业园区的改造解决短期内的生态发展问题。最终，通过“生态产业化”和“产业生态化”的转型和改造，形成促进单元内经济转型的生态服务体系。

2）一般镇：生态特色镇

受资源环境承载力的影响，生态保育单元内的一般镇相较于城镇发展单元和农业生产单元，往往城镇化与工业化水平较低，经济规模较小，甚至存在人口流失与老龄化的现实情况，导致这类乡镇不适合发展大规模集聚的综合性城镇[360]。基于这一特征，生态保育单元内的一般镇应结合自身的资源特色，按照“一镇一品”“一镇一业”的发展模式择优塑造特色小镇，构建生态产业体系，形成具有行业竞争力的“单打冠军”[361]。根据 2019 年农业农村部印发的《农业绿色发展先行先试支撑体系建设管理办法（试行）》，绿色农业产业体系包括种养结合、生态循环农业和乡村休闲旅游产业两类。据此，择优发展的生态特色小镇可以分为两种类型。一类是具有风景名胜区、自然保护区、湿地公园、文化特色等旅游资源的乡镇，可以在生态保护的前提下依托旅游资源进行适度开发，形成独具特色的公园小镇、风情小镇、花园小镇等生态旅游特色小镇。另一类是特色资源较少，不具备旅游优势的乡镇，但具有农业基础，可以结合生态农业种植、绿色有机食品加工等发展生态农业特色小镇。

3）乡村：生态社区

生态保育主导单元内的乡村应按照“绿色发展”的要求，有序拆并位于生态保护区内的乡村，不断促进乡村生态价值转化，形成以“生态旅游”和“生态农业”为核心竞争力的生态社区。同时，按照“择优发展”的要求，优先选择生态资源优势的乡村构建“品牌化”“品质化”的乡村生态产品体系[362]，促进乡村转型发展。一是生态旅游的品牌塑造和品质提升，大力发展生态体验、康养度假、文化创意等旅游产业，把乡村作为景区来进行打造，通过风貌与环境的整治形成生态旅游社区[363]。二是生态农业的品牌塑造与品质提升，面向高端农业市场发展绿色农业和有机农业，形成生态农业社区。

“黑竹沟-金岩-勒乌”生态保育主导单元由黑竹沟镇、金岩乡和勒乌乡组成，2020 年户籍人口为 2.05 万人，农村人口为 1.98 万人，城镇化率为 3.4%，除镇区外单元内包含西河村、马杵千村、解放村等 20 个行政村（表 6.8）。在镇村等级体系优化时，首先，根据前文镇村共生单元的划定结果，黑竹沟镇为中心镇，金岩乡和勒乌乡为一般镇，因此将黑竹沟镇确定为生态服务中心镇，为单元内生态价值转化和生态产业发展提供服务。将勒乌乡和金岩乡确定为生态特色镇，立足单元内的省级风景名胜区、国家森林公园和国家级自然保护区等资源（图 6.19）发展生态旅游，同时结合农林资源和工业企业发展基础发展生态农业①。其次，顺应人口收缩趋势，对部分乡村和居民点开展生态移民，将引导巴溪村、依乌村、古井村、底底古村等位于生态保护红线内的居民点搬迁至省道 309 沿线进行集中安置，形成“大分散，小集聚”的农村住宅布局模式。同时，将余坪村、柑子口村等靠近生态保护红线、位置偏远且交通不便的乡村整体拆并到勒乌乡镇区，因地制宜推动乡村地区农民适度聚居。最终，“黑竹沟-金岩-勒乌”单元构建出“一个生态服务中心镇、两个生态特色镇、多个生态社区、多个生态居民点”的镇村等级体系（图 6.20）。

表 6.8　峨边彝族自治县“黑竹沟-金岩-勒乌”单元的人口与城镇化情况

乡镇/街道	包含的乡村（不包括镇区）	户籍人口/万人	城镇人口/万人	农村人口/万人	城镇化率/%
黑竹沟镇	西河村、马杵千村、解放村、依乌村、古井村、底底古村、巴溪村	0.69	0.04	0.65	5.8
金岩乡	金岩村、挖吉村、俄罗村、挖托村、温泉村、团结村、共和村、罗卜村	0.80	0.02	0.78	2.5
勒乌乡	勒乌村、祖马村、余坪村、柑子口村、马井村	0.56	0.01	0.55	1.8
合计		2.05	0.07	1.98	3.4

资料来源：《峨边彝族自治县年鉴（2017）》。

① 2018 年，勒乌乡有工业企业 10 个，规模以上企业 1 个，金岩乡有工业企业 5 个，规模以上企业 2 个。

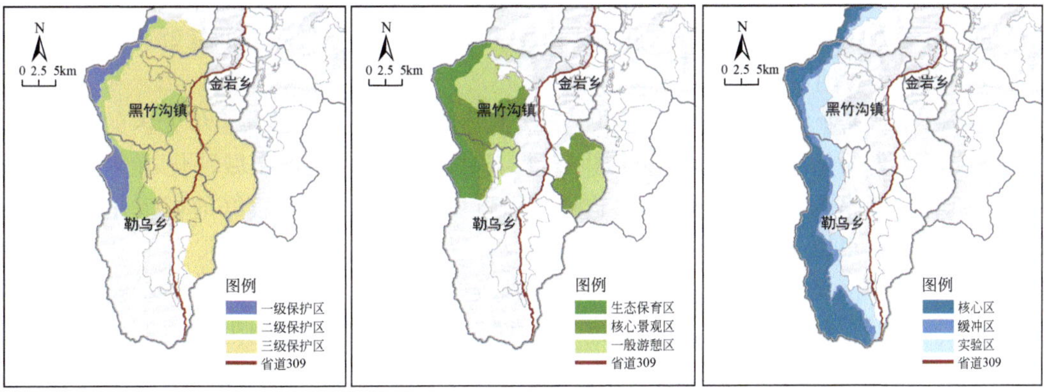

(a)省级风景名胜区　(b)国家森林公园　(c)国家级自然保护区

图 6.19　“黑竹沟-金岩-勒乌”单元的生态资源分布

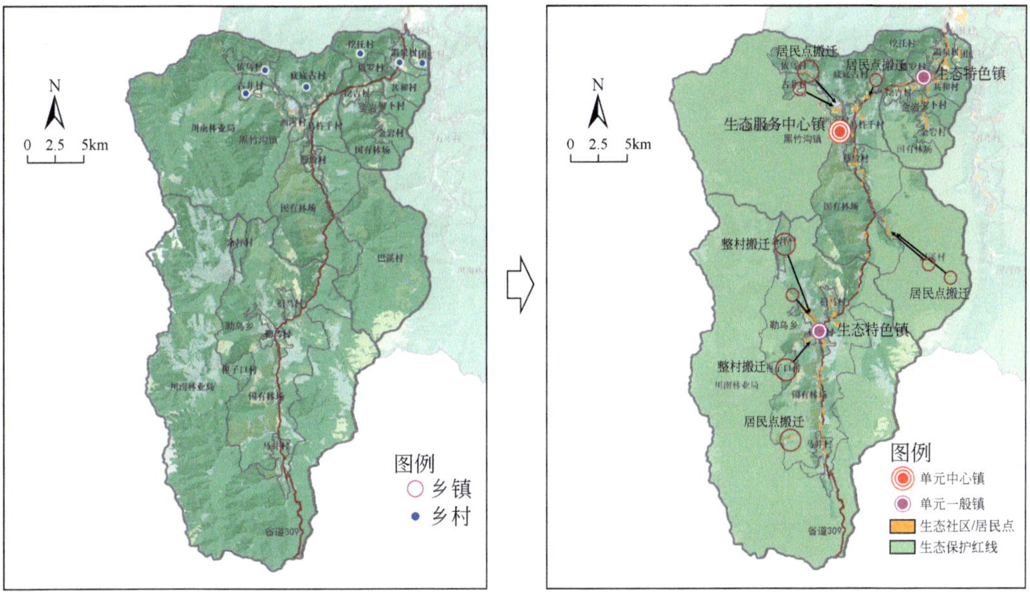

(a)土地利用现状　(b)镇村等级体系确定

图 6.20　“黑竹沟-金岩-勒乌”单元的镇村等级体系优化

6.3　镇村空间结构优化

6.3.1　总体优化趋势：集约化发展

镇村空间结构是单元内镇村规模、职能、用地等在地域空间分布的情况[364]。我国镇村数量众多，镇村空间具有乡镇规模较小，辐射带动能级较弱，空间分布分散等特征，若以单镇单村的方式进行发展，镇村空间结构往往存在“结构松散、空间低效”的问题，一定程度上阻碍了我国城乡融合发展。

受城镇化、工业化、农业现代化和生态文明建设等影响，镇村共生单元内的镇村空间结构呈现出“集约化”发展的趋势（图 6.21）。①就近集约化：在城镇化与工业化的影响下，镇村空间呈现出就近集约化的趋势。靠近城镇的乡村具有较好的城镇化条件，尤其是近郊的乡村可以通过全域城镇化建设直接纳入镇区范围[365]，或将多个乡村居民点就近归并到一个区位交通条件便利、发展基础较好的区域，扩建成为一个规模较大的乡村集聚区。同时，低效的乡村工业通过工业入园的方式，被整合到附近的工业园区进行标准化生产。②分散集约化：在农业现代化发展的影响下，为了满足机械化与规模化农业生产的需求，乡村耕地与建设用地需要适度集中，进而在空间上形成连片耕地包围多处集约化建设用地的情况，镇村空间呈现出分散集约化的趋势。③异地集约化：在生态文明建设的影响下，生态保护成为乡村发展的前提，尤其是部分位于生态环境控制区内的村庄或居民点，由于存在乡村建设与生态保护的相互制约，需要采取生态移民的方式将其逐步迁并到规模较大、区位较好的村庄或乡镇镇区进行集聚，镇村空间呈现出异地集约化的趋势。

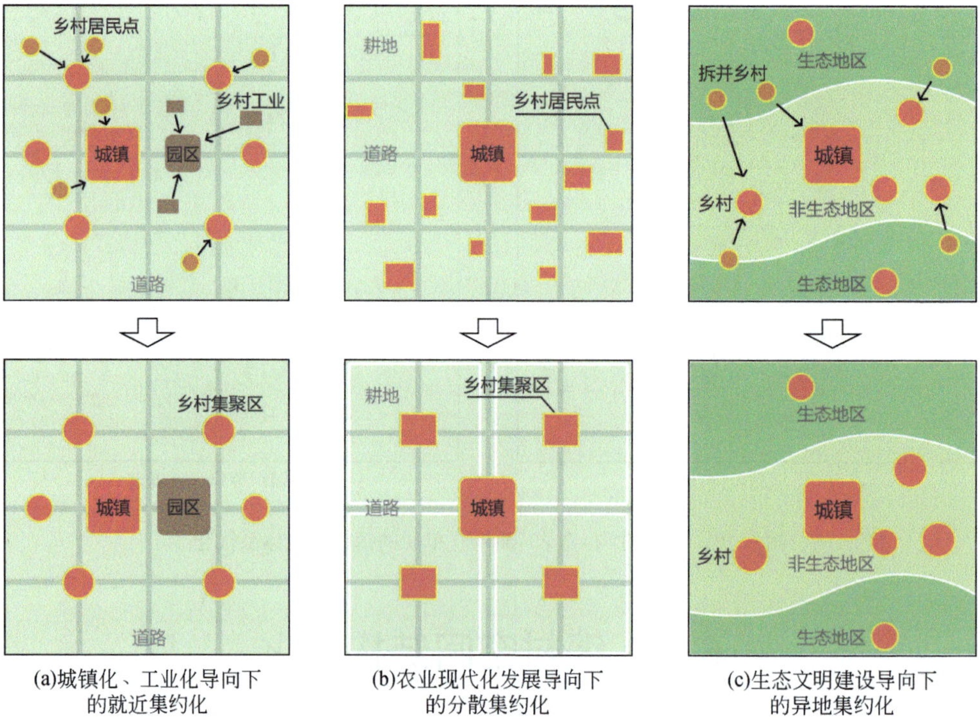

图 6.21　镇村空间集约化发展趋势示意

在不同的集约化发展模式下，各类镇村共生单元的空间结构存在差异：城镇发展主导单元内的镇村主要受城镇化和工业化发展影响，将围绕优势城镇、产业园区、发展廊道等集中布置镇村建设空间，形成“中心发散型”的空间结构；农业生产主导单元内的镇村主要受农业现代化的影响，将基于现代农耕半径集中布局农业空间与居住空间，形成“区域集中型”的空间结构；生态保育主导单元内的镇村则主要受生态文明建设的影响，在生态保护的前提下，根据生态移民和生态旅游、生态农业发展的需求适度集聚并连线发展，形成“多点串联型”的空间结构。接下来，本研究对上述三类镇村共生单元的镇村空间结构做详细阐述。

6.3.2 城镇发展主导单元：中心发散型

城镇发展主导单元内的镇村在城镇化、工业化发展的影响下，中心镇与产业园区的社会经济规模和空间规模不断增大，发展成为区域内的商贸服务中心和产业服务中心，进一步中心镇与产业园区依托交通干道形成城乡发展廊道，带动周边镇村发展[366,367]：①在城镇化的驱动下，中心镇不断加大各类经济要素投入，提升公共服务设施和基础设施服务水平，在单元中形成社会、经济、文化的商贸服务中心。②在工业化的驱动下，产业园区不断整合其他低效产业，通过“工业入园”的方式集聚生产要素，扩大园区自身规模，同时吸纳周边镇村居民就业，在单元中形成产业服务中心。③中心镇和产业园区发展到一定规模以后，将突破现有行政区划的限制，结合区域性交通干道形成城乡发展走廊，逐渐辐射带动周边乡镇和新型农村社区的经济产业发展，形成一定的腹地范围。腹地范围内的镇村则围绕中心镇、产业园区、发展廊道等集中布置村镇建设空间。

最终，城镇发展单元内便形成“中心发散型”的镇村空间结构（图 6.22）。其中，对于城镇化与工业化双轮驱动的城镇发展单元而言，根据产业园区与中心镇的黏合关系，这种中心发散型的空间结构存在复合单中心和分离多中心两种亚模式。

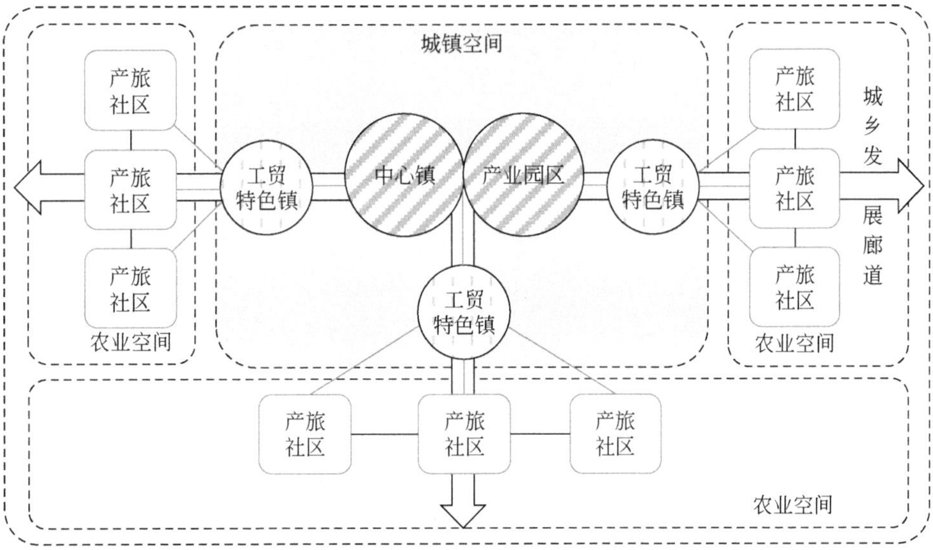

图 6.22 城镇发展主导单元的“中心发散型”镇村空间结构模式示意

以“郫筒–德源”城镇发展主导单元为例，空间结构的优化应通过城镇化、工业化发展提升中心镇和产业园区的承载能力和辐射带动能力，围绕镇区、园区形成带动乡村发展的综合服务中心。具体而言，将中心镇郫筒街道的城区范围作为城镇化带动乡村发展的综合服务核心，吸引乡村人口跨乡镇向城市集聚。将德源街道的现代工业港南片区作为园区带动乡村发展的产业服务中心，吸引本地农村剩余劳动力就近务工。将德源街道和新经济产业园作为促进城乡产业融合发展的产镇融合中心，实现乡村产业结构转型。同时，打通城乡要素流通瓶颈，完善并提升城乡道路交通网络，加强城镇与乡村之间的联系，依托成灌高速、成灌路和郫彭路构建三条城乡发展廊道。最终，单元内形成“一核两心三廊道”的镇村空间结构（图 6. 23）。

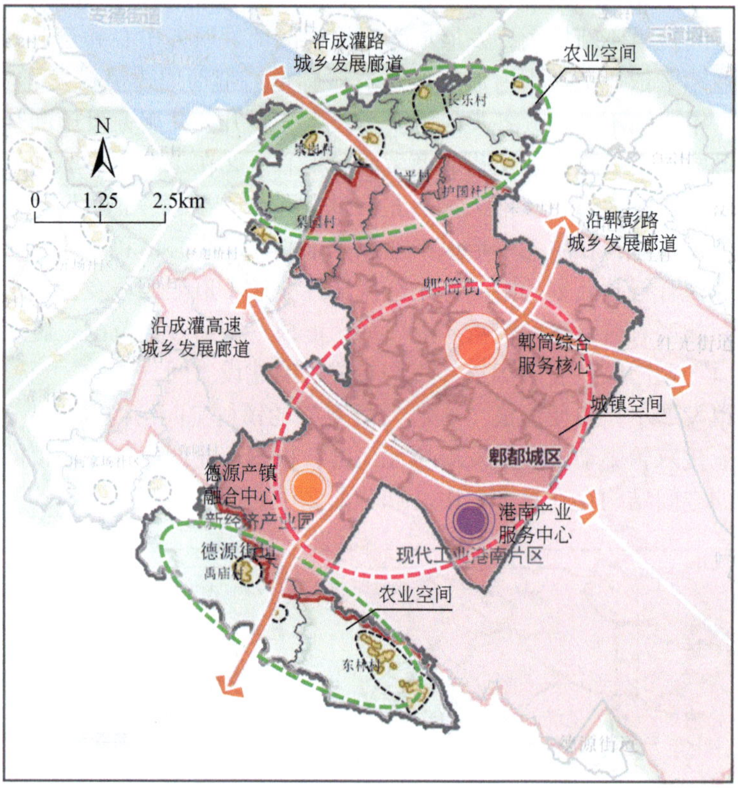

图 6. 23　郫都区“郫筒–德源”单元的镇村空间结构

6. 3. 3　农业生产主导单元：区域集中型

农业生产单元内的镇村空间结构优化主要与农业产业体系现代化转型和生产经营方式转变有关[334]，随着农业技术、农业工具的革新以及“以工带农”“资本下乡”等政策引导，单元内的耕地空间、产业配套、居住空间等将呈现出集中布局的趋势：①耕地资源集中。传统家庭联产承包责任制下分散式、小规模的耕作方式逐渐被规模化、机械化的现代生产方式所取代。农业公司、农民合作社、种田大户等现代农业经营主体通过土地流转的方式将农民手上的土地整合到一起，形成相对集中的生产空间。在这样的情况下，小规模、分散化的农用土地逐渐在一定的区域范围内集聚，形成规模化、连片化的现代农业园区和农业基地。②产业配套集中。为了进一步提升农业的附加价值，农业产业链需要不断拉长，在农业生产集中的地区往往结合中心镇、一般镇的镇区布局农业科研中心、农业加工基地、农商服务中心、物流配送基地等，为农业生产提供技术支撑、加工仓储、销售配送等服务。③居住空间集中。对于农业生产单元内的居住空间而言，由于流转土地的农民不再受土地的束缚，农村的“职-住”“人-地”空间关系发生改变[353]，大大减弱了耕作半径对农民活动范围的影响，部分农村人口转移到就近的城镇定居与就业。其次，根据“生产方式决定生活方式”的基本原理，随着现代耕作半径的扩大，“农地-居住地”的空间距离进一步扩大，农业生产单元内部的居住空间也将适应农业规模化、现代化发展趋势在更大的范围内进行集聚，形成集约化的新型农村社区。新型农村社区耕作半径以内的居民点向社区迁并，耕作半径以外的居民点则保留或与其他居民点合并形成新的农村社区。同时，集约化的布局还可以有效解决居民点布局分散存在公共服务设施配置不齐全、品质不高的问题，为乡村居民提供多样化、特色化、复合化的服务，进而进一步促进居住空间的集约化。

最终，镇村空间逐渐呈现出规模化的生产空间包围集约化的生产服务空间和居住空间的布局模式，农业生产单元内生产空间、生产服务空间、生活空间便形成“区域集中型”的空间结构（图 6. 24）。

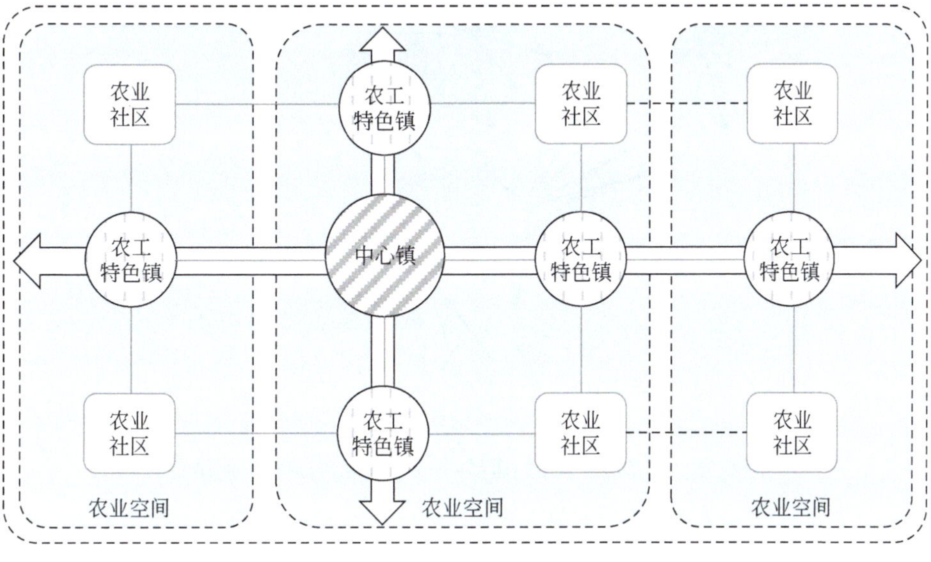

图 6. 24　农业生产主导单元的“区域集中型”镇村空间结构模式示意

“安德-唐昌-友爱”农业生产主导单元的空间结构优化应以农业现代化、川菜产业化发展为目标，通过农用地整治修复局部农田断点、碎片，促进农田集中连片、形态规整，形成高标准农耕、高效能土地、高质量产业、高品质服务的规模农业体系，促进农业标准化、精细化和智能化发展。同时，结合中心镇、一般镇的镇区形成农工、农科中心、农旅等服务中心，为农业生产提供科技研发、加工仓储、销售配送等服务，促进农业产业链拉长。具体而言，在安德街道依托镇区和川菜产业园形成农工综合服务核心；在友爱镇依托电子信息智慧科技园和镇区分别形成农科研发中心和农科旅服务中心；在安德街道结合农业种植、农耕博览和红色文化体验形成农文旅服务中心；利用唐元场、新民场和三元场场区配套农产品初加工、小型冷链物流等设施，形成农工服务点。另外，沿徐堰河、清水河、柏条河等单元内的三条水系打造川菜农业发展廊道、清水河科创廊道和农文旅发展廊道，促进乡村连线成片发展。最终，单元内形成“一核三心三基地、三廊多片”的空间结构（图 6.25）。

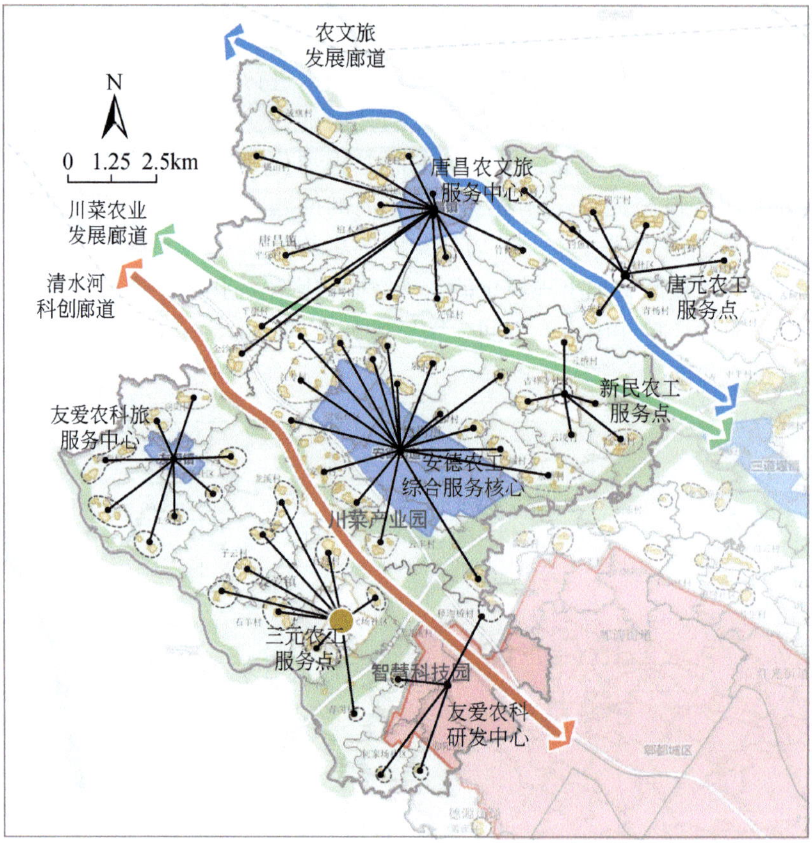

图 6.25　郫都区“安德-唐昌-友爱”单元的镇村空间结构

6.3.4　生态保育主导单元：多点串联型

生态保育单元内的镇村空间结构则在生态移民、生态旅游和生态农业的共同作用下，在区位条件较好、旅游和农业资源富集的地区形成不同功能的空间节点。各节点之间通过主要交通干线、旅游专线以及特色产业发展廊道等进行串联形成发展合力，在空间上便形成“多点串联型”的结构：①生态保育单元内的空间功能根据生态资源保护的重要程度可以分为严格管控的生态管控区和可以适度开发的生态发展区两类。在生态管控区内，如自然保护区的核心区、国家公园的核心保护区等原则上禁止人为活动，该区域内的村庄居民点需要按照生态移民的要求有序拆并到管控区以外的邻近村庄、异地村庄、镇区，或选择区位条件、资源条件较好的位置新建集中安置点，如依托国道、省道、农场、景区等进行聚集。同时，由于生态保育单元受地形约束较大，农业农村现代化发展总体上要以“大分散、小聚居”的模式为主，这便在空间上形成一个个规模适中的生活服务节点。②在生态发展区内，资本与要素的投入首先考虑资源本底条件较好的乡村发展生态旅游和生态农业，形成一个个生态产业服务节点。其中，生态旅游方面，结合当地的乡土文化、自然风光等优势资源植入不同的旅游体验项目，通过景观的打造和旅游服务设施的配置，形成单元内的生态旅游服务节点；生态农业方面，结合当地特色种植业、畜禽业的发展建设有机蔬菜种植基地和绿色循环农业园区，配套有机食品加工、绿色食品包装等设施，形成单元内的生态农业服务节点。③各个节点之间通过主要交通干线、旅游专线、生态游线等相互串联、化散为整，形成独具特色的生态发展廊道。

最终，生态保育主导单元内的镇村空间形成多个生活服务节点、生态产业节点并存，相互之间有机串联、连点成线的“多点串联型”空间结构（图 6.26）。

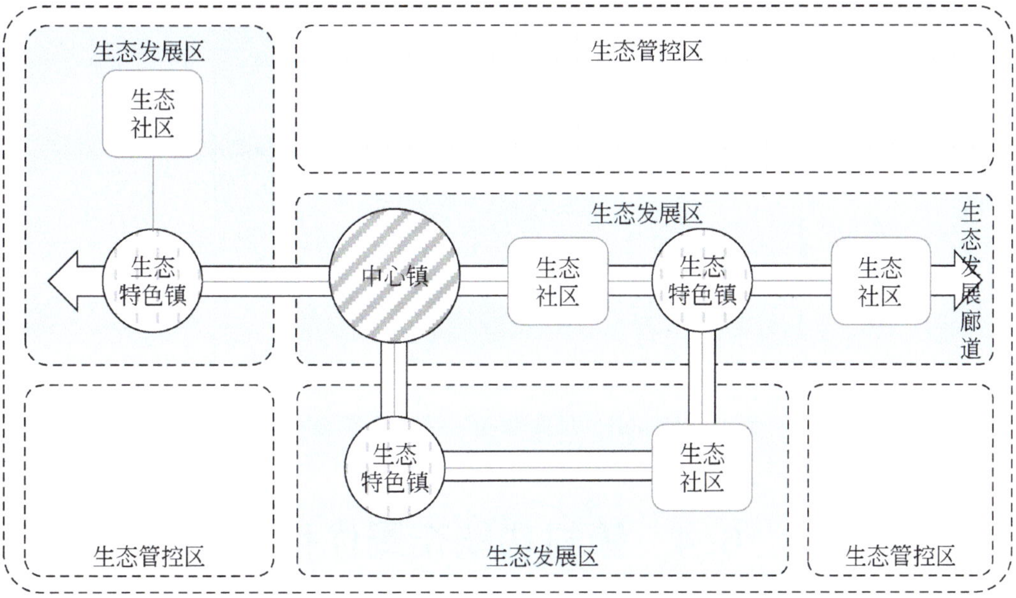

图 6.26　生态保育主导单元的“多点串联型”镇村空间结构模式示意

“黑竹沟-金岩-勒乌”生态保育主导单元内的黑竹沟风景名胜区、森林公园、自然保护区是重要的生态管控区域，乡村发展需要在生态保护的基础上适当发展生态旅游。黑竹沟镇作为单元中心镇，应加大旅游服务设施的投入，为单元内的生态旅游产业发展提供旅游集散、接待服务、购物食宿等功能，在空间上形成生态农旅服务核心。勒乌乡、金岩乡作为单元内的一般镇，应围绕生态循环农业或乡村休闲旅游产业形成生态农旅服务中心。同时，除了旅游服务以外，黑竹沟镇、勒乌乡、金岩乡还要结合自身的种植业、养殖业等农业基础，引导传统种植业向高附加值的有机农产品加工流通环节延伸，在镇区建设农产品加工基地和冷链物流基地。对于紧邻生态保护区域的古井村、依乌村、余坪村等，可以结合拆迁后保留的村庄建设用地置换为旅游服务用地，提供游览接待、文化体验、购物娱乐等功能，在空间上形成多个生态旅游服务节点。同时，完善单元内的交通设施，串联各景区、服务核心和服务点形成官料河、三叉河、巴溪河和母举河生态特色产业带，实现整体价值最大化。最终，单元内形成“一核两心多点、一轴三廊多片”的空间结构(图6.27)。

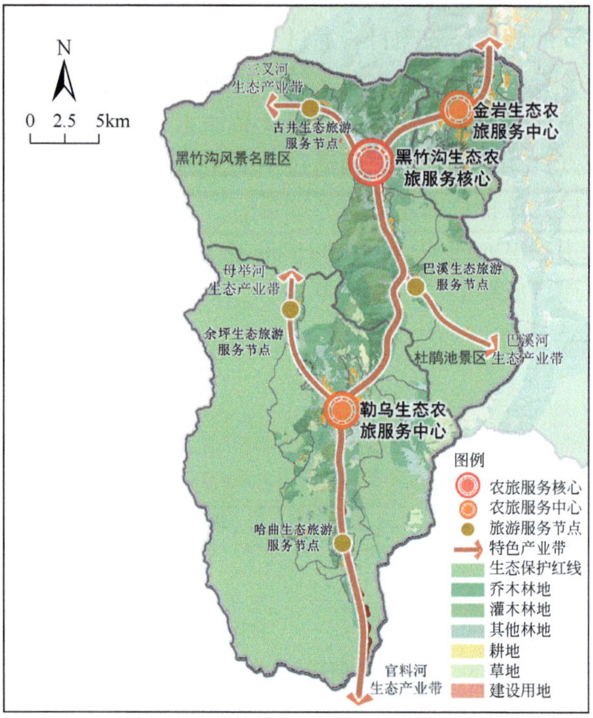

图6.27　峨边彝族自治县“黑竹沟-金岩-勒乌”单元的镇村空间结构

6.4　镇村功能布局优化

6.4.1　总体优化趋势：融合化发展

镇村功能布局是生活居住、农业生产、乡村旅游、生态保护等功能在空间上的具体位置，功能区的分布与规模是否合适对镇村产业的发展至关重要。我国现行镇村功能布局常常仅考虑自身镇域范围内的功能分区是否合理，而忽视了与周边乡镇功能的衔接。一方面，单个乡镇能整合的资源较小，功能区划分往往过于零碎，生产要素难以形成集聚规模效应。另一方面，单个乡镇的经济、产业体量有限，难以为镇村发展提供持久的动力。由此便导致镇村功能布局存在“功能零碎、缺乏整合”的问题，给城乡融合发展带来了困难。

在城乡融合发展的背景下，镇村共生单元内各乡镇之间的功能联系被加强，镇村功能布局将呈现出多镇“融合化”的发展趋势，根据融合方式的不同，可以分为互补式融合、协作式融合两种（图 6.28）。①互补式融合：强调城乡之间的功能互补，乡村功能围绕园区生产与城镇居民的多元需求布局服务配套、休闲娱乐、康养度假等功能，在城乡之间形成“园区-配套”“居住-休闲”“工作-娱乐”等功能互补关系。②协作式融合：强调乡镇之间的分工协作，根据工业、农业、旅游业等全产业链的不同环节在镇与镇之间、镇与村之间构建“研发-生产-加工-销售”“观光-接待-集散”等功能协作关系。

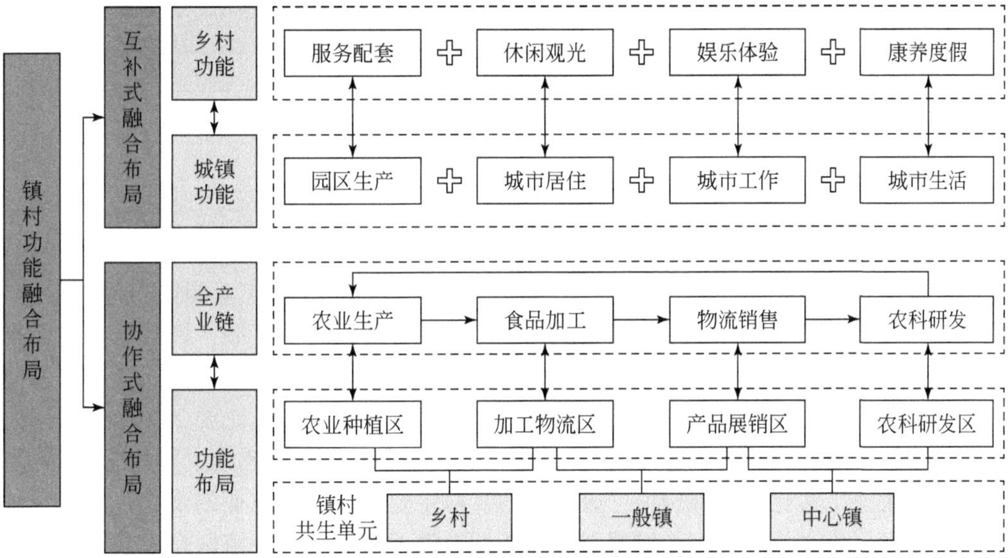

图 6.28　镇村功能融合布局示意

其中，城镇发展主导单元内的乡村发展水平较高，城乡差距较小，应重点按照互补式融合方式进行功能布局。农业生产主导单元和生态保育主导单元内的城乡差距较大，应重点按照协作式融合方式进行功能布局。在上述镇村功能融合布局的发展趋势下，城镇发展主导单元、农业生产主导单元和生态保育主导单元将打破乡镇界线，在单元内部分别形成“产城景村”融合“产加研销”融合和“农林景村”融合的跨镇功能体系。

6.4.2　城镇发展主导单元：产城景村融合

城镇发展单元内的乡村地区应按照城乡互补的融合方式，重点围绕城镇空间拓展、园区服务配套和都市旅游等内容，优化布局都市扩展区、产村协同区、都市农业区和农业种植区等四类功能区，实现产业园区、城镇镇区、农旅景区和乡村社区的融合发展，形成“产城景村”融合的功能格局（图 6.29）。

其中，都市扩展区是未来城镇空间拓展的区域，主要位于中心镇镇区外围，该区域内

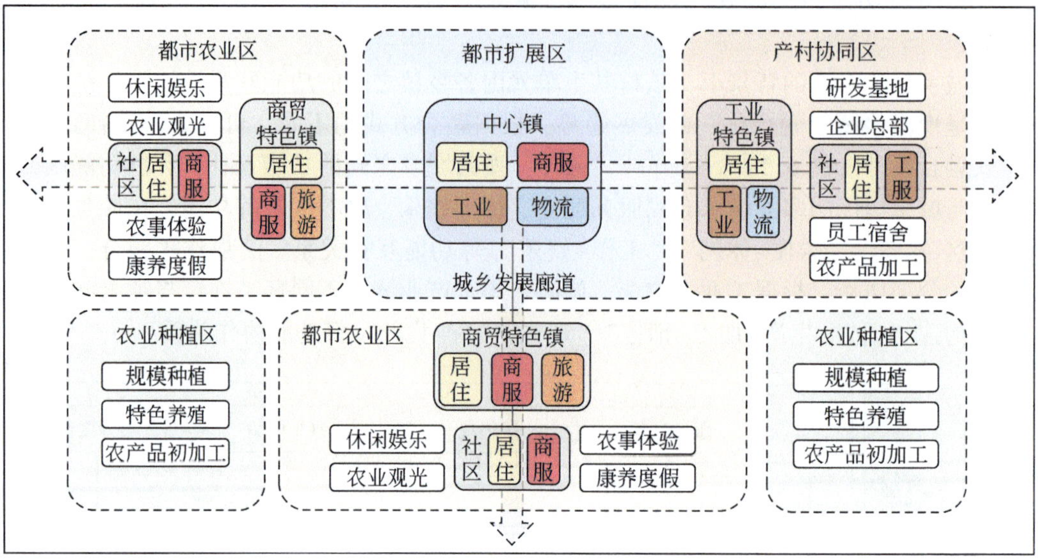

图 6.29 城镇发展主导单元“产城景村”融合的镇村功能布局模式示意

的乡村主要通过全域城镇化直接被纳入城镇；产村协同区是围绕工业园区布局研发基地、企业总部、员工宿舍和农产品加工等生产性、生活性服务设施的区域，该区域主要位于工业园区附近，乡村主要通过与园区形成良性互动的产村融合模式而进行发展；都市农业区主要是在农业生产的基础上，利用良好的农业景观、生态环境和文化要素，为城镇居民提供休闲娱乐、农业观光、农事体验、康养度假等功能的区域，该区域主要位于城镇近郊，具有良好的生态、文化和景观价值，区域内的乡村主要通过挖掘农业的观光、体验、游憩等非农功能发展农文旅产业，与城镇形成功能互补的关系；农业种植区是以农业种植、农业生产为主的区域，主要位于远郊的乡村地区，该区域内的乡村要结合气候、光照、土壤等条件选择适宜种植的粮食、蔬菜、瓜果等。

以“郫筒-德源”单元为例，乡村通过城区与港南电子信息产业园区带动，发展成为集科创旅游、文化旅游、都市农业于一体的都市近郊功能单元，与城镇、园区形成城乡互补、产村协同的功能布局。首先，将位于城区附近的梨园村、太平村和濂溪村的部分区域作为城镇发展的预留区域，直接划入城区进行城镇化发展。其次，单元北部的乡村采取城乡功能互补的形式，依托蜀国鹃都、袁隆平种业硅谷和科创林盘等观光农业资源重点发展乡村都市旅游，通过“农业+”的方式植入虚拟现实（VR）情景旅游、沉浸式民俗体验、乡村节庆活动、田园总部、会议会展、养生度假等功能，形成濂溪都市农旅区和梨园科创旅游区。另外，单元南部的乡村采取产村功能协同的形式，延续清水河科创走廊发展格局，将德源城区、港南电子信息产业园、新经济产业园的科创动能导入乡村，植入企业总部、农创研发、人才公寓等功能，完善产业园区的配套服务功能，形成德源产村科创协同区。最终，单元内部自北向南形成都市农旅、科创旅游、都市扩展和产村协同四大功能格局（图 6.30）。

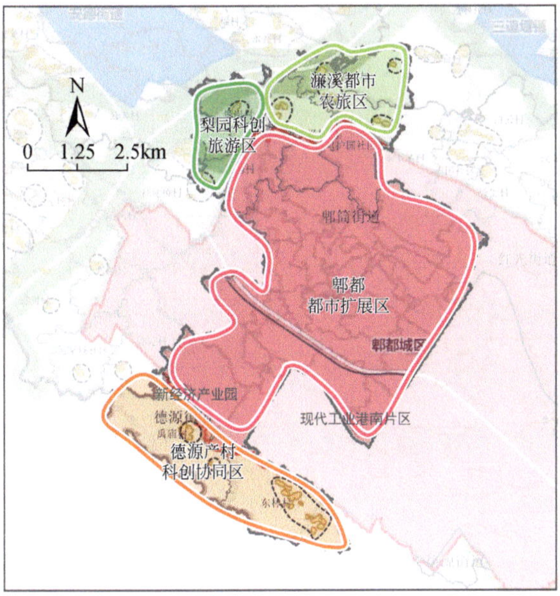

功能区名称	功能定位
郫都都市扩展区	作为未来城镇建设用地拓展的区域，依托郫筒街道、德源街道城区和产业园区进行城镇化发展
濂溪都市农旅区	依托蜀国鹃都、农业观光，发展乡村都市旅游
梨园科创旅游区	依托袁隆平种业硅谷、科创林盘资源，发展乡村科创旅游
德源产村科创协同区	依托德源科创中心、港南电子信息产业园、新经济产业园推动产村协同发展，通过乡村功能的建设完善产业园区的配套服务功能

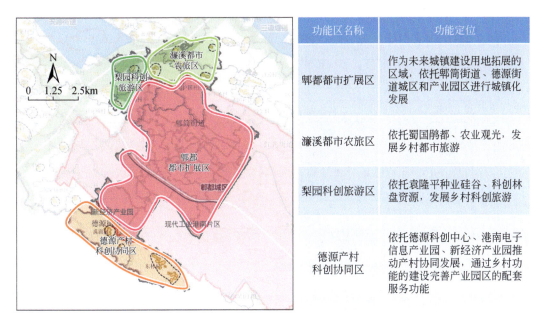

图 6.30 郫都区“郫筒-德源”单元的镇村功能布局

6.4.3 农业生产主导单元：产加研销融合

农业生产单元内的乡村地区应按照城乡协作的融合方式，重点围绕农业规模化、产业化和特色化发展理念，延伸产业链，优化布局农科研发区、加工物流区、规模农业区和特色农业区四类功能区，实现农业生产、农业加工、农科研发和农产品销售的多环节产业协作，在单元内形成“产加研销”融合的功能格局（图 6.31）。

其中，农科研发区是为农业生产提供品种研发、种植技术、苗木中试等前端服务的区域，加工物流区是为农业生产提供精深加工、物流运输、产品展销等后端服务的区域，农科研发区和加工物流区主要结合交通节点、中心镇、一般镇镇区进行布置，通过建设研发基地、加工园区、展销市场等涉农企业支撑农业现代化发展。规模农业区是以粮食作物规模化生产为主的区域，主要位于农业资源较好、耕地集中连片分布的平坝地区，该地区的乡村通过加大土地流转、土地整治和设备投入等力度形成规模量产的“大农业”发展模式，以现代农业园区作为乡村发展的主阵地，提高农业生产效率与生产产量，进而实现农业转型升级。同时，规模农业区内的镇区要为规模农业提供农产品加工和物流运输服务，可以结合新型农村社区布局直接服务种养殖业的农产品初加工、电子商务等。特色农业区是发展特色农业和特色旅游的区域，主要位于具有特色发展资源或由地形地貌影响导致农业规模化发展受限的地区，该地区内的乡村通过将农业空间与文化资源、生态资源融合，发展特色种植与农业旅游，促进乡村产业发展的特色化与多元化[279]，进而提升农业的衍生价值和非农价值。

以“安德-唐昌-友爱”单元为例，乡村以安德川菜产业园为核心，推动农业规模化

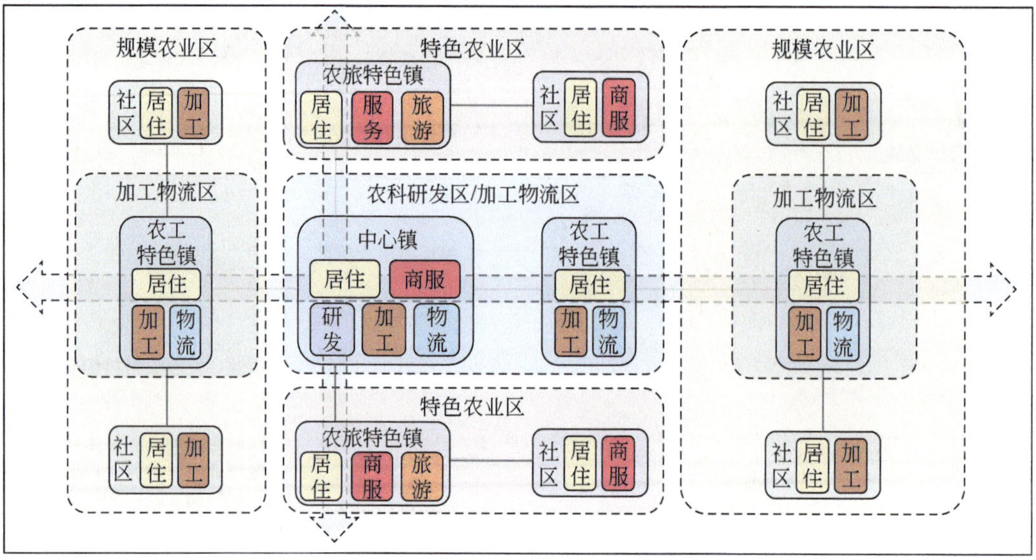

图 6.31 农业生产主导单元“产加研销”融合的镇村功能布局模式示意

和产业化发展，促进乡村产业由农业种植向前后端产业链延伸，形成集粮油蔬菜种植、特色苗木种植、农产品加工、物流销售、农科研发等于一体的功能布局。首先，以粮油作物、经济作物为基础建设韭菜种植加工基地、精品都市菜园、有机农产品基地等规模农业基地，在安德街道和唐昌镇内打造高效农业种植区。其次，以安德川菜产业园为载体促进农业升级，形成川菜全产业链体系，通过镇村之间“川菜+”模式的协同与分工，在安德街道内建设农产品精深加工基地、商贸物流基地，完善农产品加工、销售、物流环节。再次，延续清水河科创走廊，基于花卉苗木、特色林盘、历史文化、高校科创机构等在友爱镇自西向东形成花卉园艺科创区、农旅科创区和农科研发区。另外，依托战旗村引领全国振兴改革经验，以红色文化和川菜为主题植入特色消费、文博展览等功能，形成以红色研学、川菜文旅为主题的农文旅示范区。最终，单元内部形成高效农业种植、农产品加工与商贸物流、农科研发等六大功能分区（图 6.32）。

6.4.4 生态保育主导单元：农林景村融合

生态保育单元重点围绕生态产业化和产业生态化发展理念，协调好保护与发展的关系，优化布局生态涵养区、生态旅游区、生态农业区和生态农旅融合区四类功能区。通过不同功能区之间的有机联系与相互支撑，实现城镇镇区、旅游景区、农业园区和乡村社区的融合发展，形成“农林景村”融合的功能格局（图 6.33）。

其中，生态涵养区承担生态资源保护的功能区，主要位于风景名胜区、国家公园、湿地公园等自然保护地所处的区域，对维系区域生态安全有重要作用。规划中需要通过底线管控、生态修复、生态移民等方式减少人为活动的影响，锚固生态本底，构建山水林田湖草沙生命共同体。生态旅游区是集生态观光、民俗体验、文化创意、度假养生、旅游接待

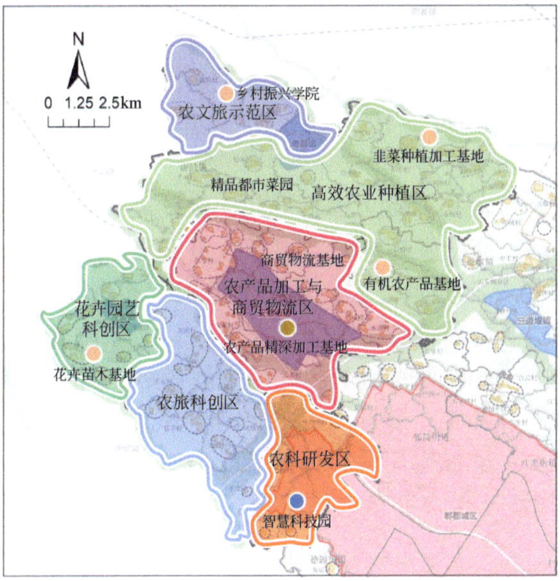

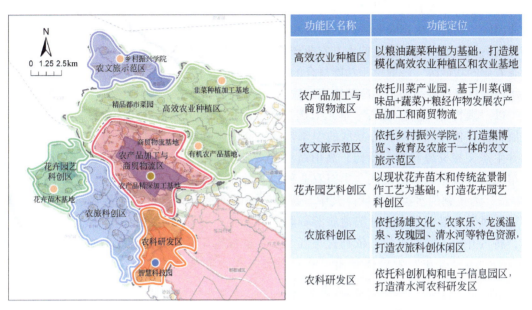

功能区名称	功能定位
高效农业种植区	以粮油蔬菜种植为基础，打造规模化高效农业种植区和农业基地
农产品加工与商贸物流区	依托川菜产业园，基于川菜(调味品+蔬菜)+粮经作物发展农产品加工和商贸物流
农文旅示范区	依托乡村振兴学院，打造集博览、教育及农旅于一体的农文旅示范区
花卉园艺科创区	以现状花卉苗木和传统盆景制作工艺为基础，打造花卉园艺科创区
农旅科创区	依托扬雄文化、农家乐、龙溪温泉、玫瑰园、清水河等特色资源，打造农旅科创休闲区
农科研发区	依托科创机构和电子信息园区，打造清水河农科研发区

图 6.32 郫都区“安德–唐昌–友爱”单元的镇村功能布局

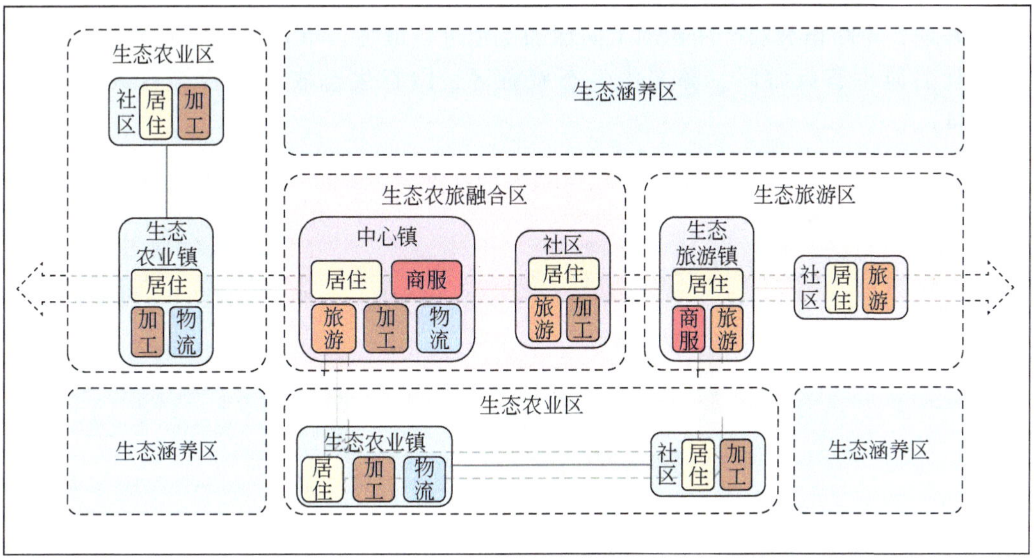

图 6.33 生态保育主导单元“农林景村”融合的镇村功能布局模式示意

等多功能于一体的功能区，主要位于自然风光优美和民俗风情独特的区域，该区域内的乡村应按照“景村融合”“景村共建”的形式把村庄既作为村民的居住空间，又作为游览的旅游空间。通过乡村旅游资源整合和乡村景观环境改善，实现以旅兴农、以农兴旅的发展路径[368]。生态农业区是以绿色、有机农业为特色，发展优质粮油、大豆蔬菜、特色水果、现代林业的区域，主要位于耕地、园地相对集中的浅丘、深丘和低山地区，该地区内的乡村可以通过进排水系统改造、沟坑开挖、田埂加固、稻田平整等技术对农用地进行提质增效工程改造，建设有机蔬果种植基地和有机畜禽养殖基地，形成具有绿色品牌效应的生态农业园区。同时，生态农业区内的镇区和较大规模的农村社区为农业发展提供农产品加工和物流集散功能，进一步延伸生态农业产业链条。生态农旅融合区是同时兼具生态旅游和生态农业的功能区，一般位于功能复合的中心镇附近，中心镇镇区既要承担旅游服务，也要承担绿色有机食品加工、冷链物流运输的功能。

以“黑竹沟-金岩-勒乌”单元为例，乡村紧扣“致力绿色崛起，建设美丽峨边”的发展目标，依托黑竹沟核心景区的引擎带动，充分发挥地磁、温泉、负氧离子、彝族文化等生态文旅资源和高山蜂药、高山蔬菜等农业资源优势，发展生态旅游和生态农业，在单元内形成生态旅游发展、生态农业种植、种养循环示范、生态农旅、文旅融合等以“生态”为主题的多类功能区。其中，黑竹沟镇的西侧和东侧为生态旅游区，分别依托黑竹沟风景名胜区和大小杜鹃池旅游资源进行发展。黑竹沟镇的北侧为彝文化生态旅游区，将古井村、底底古村、依乌村等五个乡村进行连片发展，打造以小凉山彝族文化为特点的“五朵金花”农旅体验园。单元中部区域为生态农旅融合区，沿官料河流域形成“药-蜂-竹”产业示范带，利用黑竹沟旅游百里文化长廊景观形成黑竹沟景区后花园。勒乌乡东南侧结合勒乌高山彝家蜂药现代农业园，形成高山种养循环示范区，大力发展中药材种植和养蜂业，打造“高山蜂药”生态农业品牌。金岩乡则结合自身产业基础，围绕玉米、土豆等粮食作为发展生态农业、有机农业，同时建设农产品加工与冷链物流基地，不断拓展农产品初加工向深加工迈进。最终，单元内部形成黑竹沟生态旅游区、杜鹃池生态旅游区、彝文化生态旅游区、山谷生态农旅融合等六大功能分区（图 6.34）。

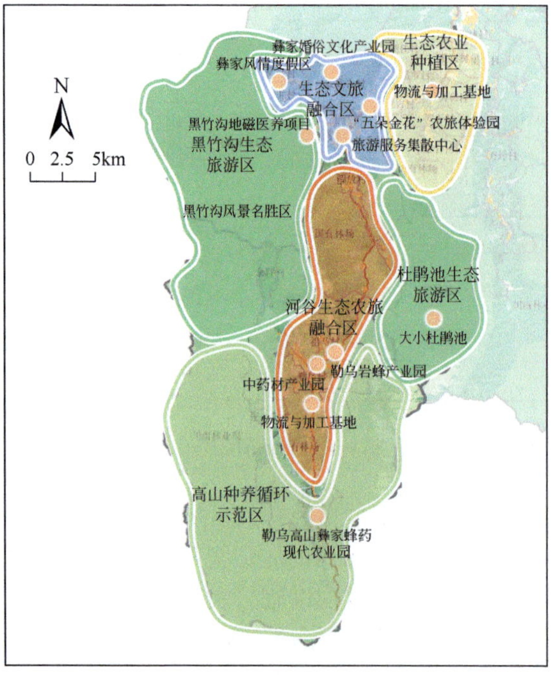

功能区名称	功能定位
彝文化生态旅游区	以彝族文化为特点，发展文化生态旅游，重点打造“五朵金花”：原始风情——古井村、门户彝寨——底底古村、云上天池——依乌村、民族工艺——西河村、彝药基地——马杆千村
山谷生态农旅融合区	沿官料河流域形成“药-蜂-竹”产业示范带，凸现黑竹沟旅游百里文化长廊景观，形成黑竹沟景区后花园
黑竹沟生态旅游区	依托黑竹沟风景名胜区发展生态旅游
杜鹃池生态旅游区	对大小杜鹃池在内的南部景区进行整体打造，完善旅游配套服务设施，打造杜鹃池爱情文化片区
生态农业种植区	以玉米、土豆种植为基础发展生态农业、有机农业，拓展农产品加工业
高山种养循环示范区	利用高山生态资源，种植中药材，发展养蜂业，打造“高山蜂药”生态农业品牌

图 6.34　峨边彝族自治县“黑竹沟-金岩-勒乌”单元的镇村功能布局

6.5 镇村设施配套优化

6.5.1 总体优化趋势：协同化发展

2011 年，“十二五”规划纲要提出促进基础设施城乡公共服务、社会管理一体化，2016 年，“十三五”规划纲要提出推动城镇公共服务向农村延伸，逐步实现城乡基本公共服务制度并轨、标准统一。公共服务设施和基础服务设施作为社会发展的“福利”体系，其均等化配置对缩小乡村与城镇生活质量的差距，推动城乡融合发展具有重要支撑作用[369]。值得注意的是，“均等化”不是平均主义，也不是简单、机械的全覆盖，而是指全民都能享受到较高水平的公共服务。然而，我国现行镇村设施配套仍然存在“平均化”布置的情况，针对镇域范围内所有的乡村盲目采用地毯式的布局方式，不但没有缩小城乡区域间基本公共服务的差距，反而带来了镇村设施“建设品质不高、利用效率低下”等问题。

针对上述问题，借鉴已有研究[177]，本研究认为未来镇村共生单元内的公服设施配置应从平均配置走向协同配置的发展趋势，根据协同方式的差别可以分为“分类协同”和“跨区协同”两种：①对不同类型的公服设施采取差异化的配置标准，根据居民的设施需求差异，公服设施的类型按照使用频率和需求等级可以分为两类：一类是高频次、低等级的公服设施；另一类是低频次、高等级的公共服务设施[370]。高频次、低等级的公服设施强调“保量”，保证居民在出行成本较小的情况下可以获得服务；低频次、高等级的公共服务设施强调“保质”，可以参照城市设施的配置标准进行配置，提高该类设施的运行效率和服务水平。例如，医疗、教育等部分大型设施的配置需要保证足够的规模，这便可以通过适当提高出行消耗成本，在镇村地区减少布置的数量，同时提高人均服务水平来达到城乡同等服务水平的效果[371]。②相邻距离较小、交通联系紧密、生活习惯相似的村与村之间，没有必要按照行政区划机械地布置同类设施，可以考虑多村集中设置的方式进行“合设”。对于镇区周边的乡村，不用自成一体的建设独立、完整的公服体系，可以通过“共享”的方式直接使用镇区内的设施。对于城区边缘的乡村，则可以利用便捷的城乡交通，通过“借用”城中的公服设施为其提供服务。这样，既缩小了城乡公共服务设施水平的差距，又在一定程度上节约了公共资源。

基于上述公服设施协同布局的理念，本研究引入生活圈理论[372]，按照单元内部“乡村——一般镇—中心镇”三个层级，构建日常、扩展、高级三种类型的生活圈（图 6.35），形成镇村共生单元的生活服务设施系统。其中，日常生活圈按照“均等化”原则配置保障型设施，满足居民的基本生活需求和老人、幼儿的福利设施需求，例如商店、幼儿园、小型健身场所、门诊点等；扩展生活圈按照“集聚化”原则配置提升型设施，除基本生活需求以外，满足居民的基础教育、医疗和养老需求，配套幼儿园、小学、初中、卫生院、敬老院、菜市场等；高级生活圈按照“共享化”原则配置品质型设施，注重个性化、专业化的服务需求，例如高中、综合医院、文化活动中心、体育活动中心等。

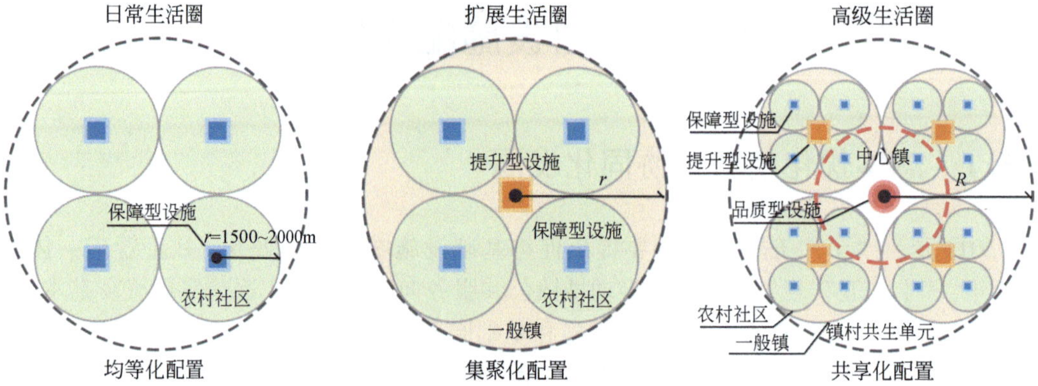

图 6.35 镇村共生单元的公服设施协同配置模式示意

虽然，镇村公服设施呈现出协同配置的总体趋势，但对于不同类型的镇村共生单元而言，由于城镇化、工业化发展水平存在差异，其生活服务需求不同。同时，由于不同类型单元的产业种类不一样，产业服务类设施的配置也应有所不同。因此，还需要对不同类型镇村共生单元的设施配置差异开展进一步的探讨，进而构建不同类型单元“生活服务设施有区别，产业服务设施有侧重”的服务设施体系[149]，以实现镇村设施的精准化配置。

6.5.2 城镇发展主导单元：高标准生活设施与工贸配套设施

城镇发展单元是县域范围内城镇化水平最高、人口最密集的区域，对公共服务设施的品质和规模具有更高层次的需求。一方面，由于区域内城乡居民生活水平较高，向往美好生活的意愿更加强烈，城乡居民对生活服务的需求不再停留在“有且方便”的阶段，而开始追求个性化、差异化和品质化的服务[373]。在配置生活圈的服务设施时，可以在相关规范基础上，以上限或适度超前的标准配置一些高质量、高品质设施。同时，还可以将中心镇高级生活圈的部分优质设施下沉到一般镇和新型农村社区。另一方面，城镇发展单元经济规模较大，对县域资源和产业的集聚能力较强，未来能吸纳更多的乡村人口流入，对设施规模的需求也就越大。因此，设施的配置还需要结合未来人口流入的趋势适当预留部分空间。例如，《重庆市城乡公共服务设施规划标准》（DB 50/T543—2014）中将乡镇综合文化站根据规划服务人口的规模分为大型、中型和小型三类①，即便如此，对于城镇发展单元内部分规划人口未达到规模的乡镇，也可以在综合考虑未来发展趋势的基础上，按照“适度超前”和“适度预留”的原则，配置大型乡镇综合文化站。又如，街道（乡镇）菜市场的建筑面积配置标准为 80～120$m^2/10^3$ 人，对于城镇发展单元内的乡镇，建议按照上限 120$m^2/10^3$ 人进行配置。

在产业服务设施方面，要围绕全产业链的组织逻辑对不同等级的镇村进行设施配套，

① 按照《重庆市城乡公共服务设施规划标准》（DB 50/T543—2014）的配置标准，按照镇域范围内常住规划人口<3 万人、3 万～5 万人、≥5 万人，分别配置小型、中型、大型乡镇综合文化站。

进而有效服务于单元内的产业发展。全产业链模式是以产业链条中的核心产业为龙头，通过与上、下游产业的协同合作以及有效整合形成的一个完整的产业链系统[374]。城镇发展主导单元的产业设施应围绕园区工业、商贸服务业建设全产业链服务体系，将产业链的不同环节与不同等级的镇村相关联，对应“原料采购—加工制造—市场营销—物流运输—总部管理—研发中试”的全产业链配置相应的服务设施[352-376]（图 6.36）。其中，新型农村社区为工贸产业提供原材料供给和生活配套服务，应配置原材料堆场、原材料初加工基地、企业员工宿舍、园区配套商业等设施；一般镇主要在生产、展销和物流环节提供专业化服务，配置加工工厂、物流基地、小型会展等设施；中心镇将为工贸发展提供信息服务、技术服务、投融资服务、市场营销服务和总部管理服务等，配置工业园区、专业市场、物流运输中心、企业研发中心、中试基地、企业总部等设施。最终，通过城乡产业设施的联动共享，实现农业农村现代化与新型工业化、新型城镇化、信息化同步发展[153]。

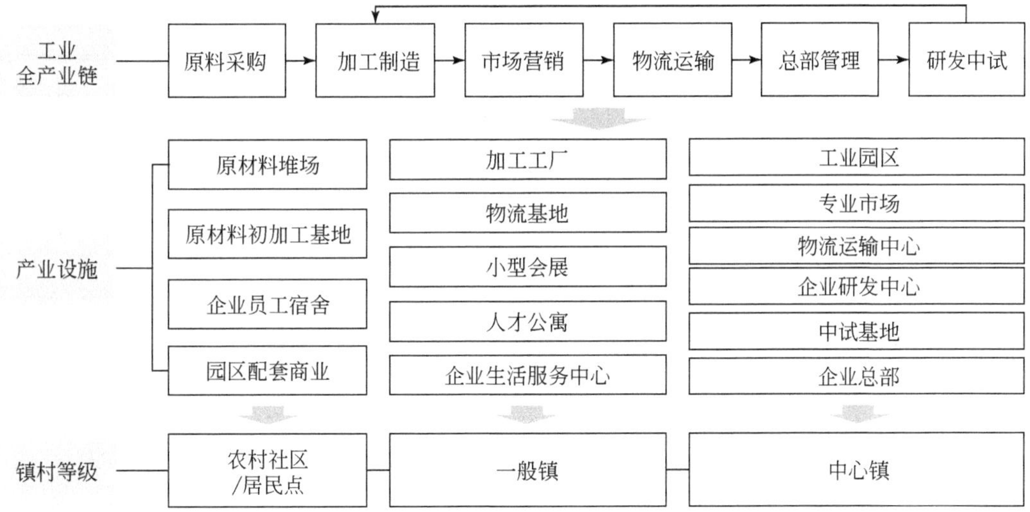

图 6.36　城镇发展主导单元的产业服务设施配置示意

6.5.3　农业生产主导单元：中标准生活设施与农业配套设施

对于农业生产单元而言，虽然耕地资源的相对集中促进了农业现代化发展，但由于成渝地区地处内陆，农产品加工、农业科技创新等涉农企业相比于东南沿海地区起步较晚，导致部分乡镇的城镇化水平仍然不高。因此，在配置生活圈的服务设施时，可以按照相关规范标准的中间值进行配置。

在产业服务设施方面，2019 年《国务院关于促进乡村产业振兴的指导意见》提出“引导农业企业与农民合作社、农户联合建设原料基地、加工车间等，实现加工在镇、基地在村、增收在户。支持镇（乡）发展劳动密集型产业，引导有条件的村建设农工贸专业村。”农业生产单元内的镇村要围绕“产—加—研—销”的农业产业链环节[128,377]，配置相应的产业服务设施（图 6.37）。其中，新型农村社区应配备现代化农业生产的设施和适用于农产品初加工的相关设施，具体包括小型农机具停放室、粮食晾晒场、小型粮食储存库、农产品初加工基地等；一般镇应提供农业物资购买、农产品集中加工等服务，配置农机具交易市场、大型粮食储存库、烘干塔车间、农产品精深加工车间、冷链物流基地、农业技术培训点等设施；中心镇承担农业关键技术研究、农业品牌推广、农产品市场销售等功能，配置农产品精深加工工厂、冷链物流中心、农产品销售展示中心、农业科技研发中心、农业生产技能培训中心等设施。

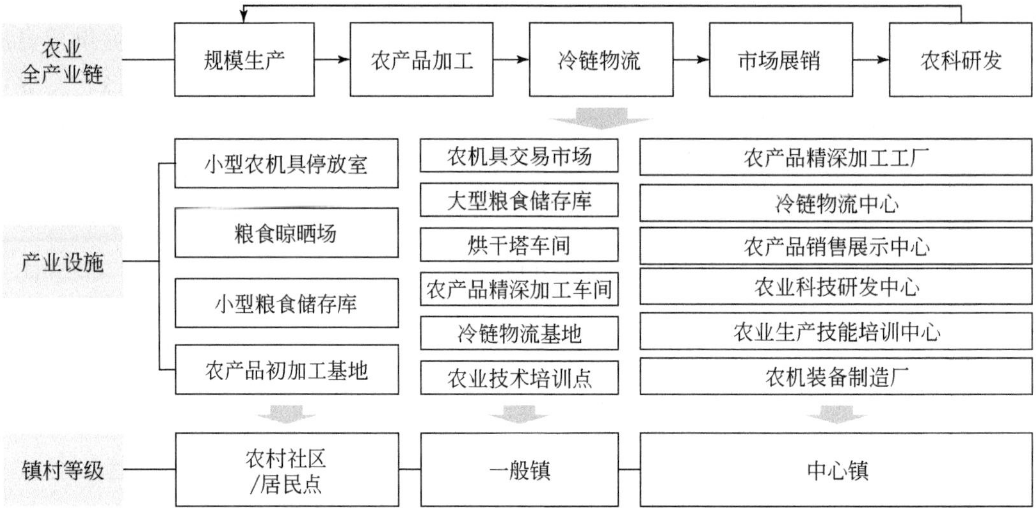

图 6.37　农业生产主导单元的产业服务设施配置示意

6.5.4　生态保育主导单元：低标准生活设施与生态产业设施

对于生态保育单元而言，单元内的乡镇是县域范围内城镇化水平最低、人口最稀疏、人口流出最严重的区域。该区域内的生活圈服务设施配置应以“保量”为主，“保质”为辅，实现较低水平的基本公共服务设施在镇村之间的全覆盖。因此，设施配置的标准可以按照相关规范标准的较低值执行。

在产业服务设施方面，要围绕生态农业和生态旅游进行产业设施布局，形成“有机种植—绿色加工—冷链物流—绿色销售”和“生态游览—科普教育—旅游服务—旅游集散”的生态农旅全产业链设施系统[374,378,379]（图 6.38）。其中，新型农村社区以服务有机种植和旅游体验为主，配置小型农机具停放室、生态农产品储存库、乡村旅游管理点、生态游乐项目、文化体验项目等设施；一般镇以服务农产品绿色初加工、冷链物流和旅游服务、中转为主，配置农产品绿色初加工基地、有机果蔬冷链仓库、电子商务和直销平台，以及游客服务中心、餐饮住宿、生态科普馆等设施；中心镇主要服务农产品绿色加工、绿色营销以及旅游接待、集散等功能，配置农产品绿色精深加工工厂、绿色食品展销市场、物流基地，以及游客集散中心、星级酒店、旅游专线等设施。

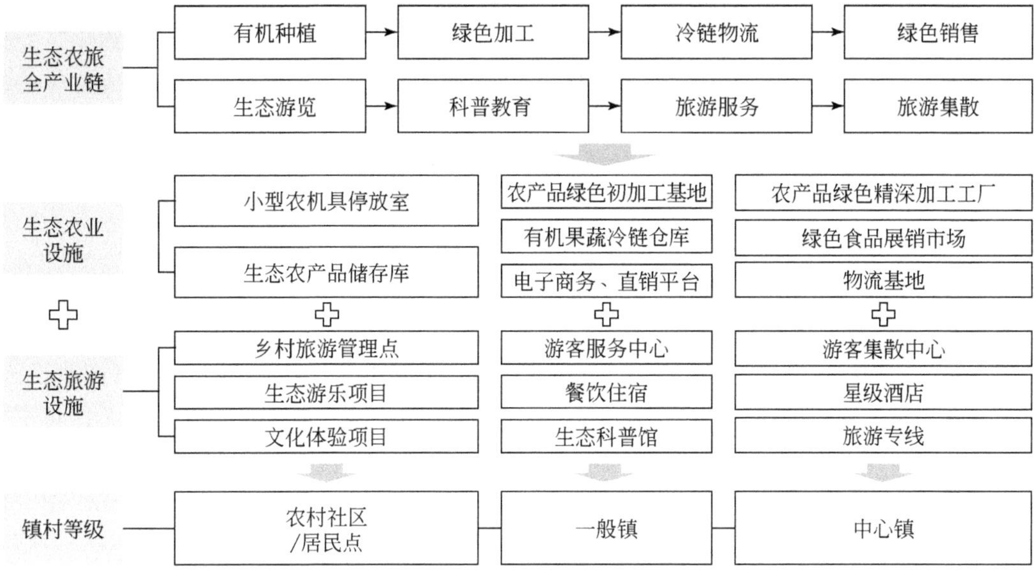

图 6.38　生态保育主导单元的产业服务设施配置示意

6.6　本章小结

本章重点开展了单元尺度的镇村空间格局优化方法的研究，针对城镇发展主导型、农业生产主导型、生态保育主导型三种不同类型镇村共生单元，从镇村发展路径和镇村空间要素两个方面，探讨了不同类型单元的镇村空间格局优化方法。

首先，对于镇村发展路径的研究而言，提出了城镇发展主导单元、农业生产主导型、生态保育主导型三种不同类型单元的镇村多元化发展路径。其中，城镇发展主导单元内的镇村应按照“以城带乡”和“城乡互补”的方式进行发展。通过强镇扩权和提质扩容做大做强中心城镇，带动周边乡村发展，通过乡村多元价值挖掘、乡村复合功能培育和非农产业发展推动乡村非农转型，融入城乡发展格局。农业生产主导单元内的镇村应按照“农业规模化”和“农业产业化”的方式进行发展。通过耕地保护和土地整治整合农地资源，推进农业规模化发展，通过产业链条延伸和区域产业协作，促进农业现代化发展。生态保育主导单元内的镇村应按照“绿色发展”和“择优发展”的方式进行发展。通过乡村有序拆并和生态价值转化大力发展绿色经济，通过试点先行和择优发展分步带动全域振兴。

其次，对于镇村空间要素的优化而言，以郫都区“郫筒-德源”单元、郫都区“安德-唐昌-友爱”单元、峨边彝族自治县“黑竹沟-金岩-勒乌”单元三个不同类型的镇村共生单元为例，针对不同类型的镇村单元，从镇村等级体系、空间结构、功能布局和设施配套等四个方面提出了镇村空间格局的总体发展趋势和差异化优化方法。等级体系方面，提出“扁平化”总体发展趋势，取消中心村、建设新型农村社区，形成“镇村共生单元—中心镇（非必须）——一般镇—新型农村社区/农村居民点”的四级镇村等级体系。其中，在城镇发展主导单元内形成“综合服务中心镇—工贸特色镇—产旅社区”，在农业生产主导单元内形成“三农服务中心镇—农工特色镇—农业社区”，在生态保育主导单元内形成“生态服务中心镇—生态特色镇—生态社区”。空间结构方面，提出“集约化”总体发展趋势，对建设用地与耕地进行适度集中。其中，在城镇发展主导单元内形成“中心发散型”的空间结构，在农业生产主导单元内形成“区域集中型”的空间结构，在生态保育主导单元内形成“多点串联型”的空间结构。功能布局方面，提出“融合化”总体发展趋势，通过城乡之间的功能互补和分工协作，整体考虑城乡功能的融合布局。其中，在城镇发展主导单元、农业生产主导单元和生态保育主导单元内分别形成“产城景村”融合、“产加研销”融合、“农林景村”融合的功能布局。设施配套方面，提出“协同化”总体发展趋势，通过分类协同和跨区协同两种方式，构建日常、扩展、高级三种类型的生活圈。其中，城镇发展主导单元内的镇村按照高标准配置生活设施并完善工贸产业设施，农业生产主导单元内的镇村按照中标准配置生活设施并完善农业产业设施，生态保育主导单元内的镇村按照低标准配置生活设施并完善生态产业设施。

本章的研究结论可以为地方政府制定精细化的镇村发展政策提供建议。首先，围绕提升镇村共生单元整体发展水平的目标，出台相应的协调政策对单元内的产业发展、设施配套、资源配置等提供专项支持，强化单元内各乡镇之间的工作联动，推进单元协作发展。其次，针对不同类型的镇村共生单元，制定差异化的镇村发展政策，精准施策促进单元内的镇村发展。对于城镇发展单元，要出台相应政策重点支持中心镇高品质服务设施建设、园区工业化建设、乡村非农产业发展等，提升城镇带动乡村发展的能力，完善城乡互补的功能建设；对于农业生产单元，要出台相应政策重点支持土地连片整治、涉农企业发展、农业配套设施建设等，为农业规模化、农业产业化发展提供有利条件；对于生态保育单元，要出台相应政策重点支持乡村居民点建设、绿色产业培育、示范点建设等，为乡村有序拆并与绿色产业转型提供有力保障。

第7章 结 论

回顾研究过程，本研究从现行镇村发展的问题与趋势出发，借鉴共生理论的发展逻辑，将其引入到城乡融合发展的研究之中，尝试建立城乡融合共生理论。在此基础上，从区域、县域、单元三个尺度构建了"城乡融合共生模式判别—镇村共生单元划定—镇村空间格局优化"的多尺度县域镇村空间格局研究框架，不同尺度对应的研究内容和承担的重点任务各不相同。从不同尺度的研究内容和研究结论来看，区域范围内县域可以划分为城乡一体型、差异协调型、收缩重构型等不同类型的城乡融合共生模式，县域范围内的镇村共生单元可以划分为城镇发展单元、农业生产单元和生态保育单元等多种类型。不同城乡融合共生模式的县域对应的镇村共生单元类型各不相同，不同类型镇村共生单元对应的镇村发展路径和镇村空间格局的优化方法也不一样。这样，镇村空间格局优化的研究便在区域、县域、单元三个空间尺度之间建立起有效的纵向传导机制（图7.1），有利于推动不同尺度的镇村空间发展内容逐级细化，对不同类型县域、不同类型单元内的镇村提供差异化、多元化的方法指导，最终实现因地制宜的城乡融合发展。

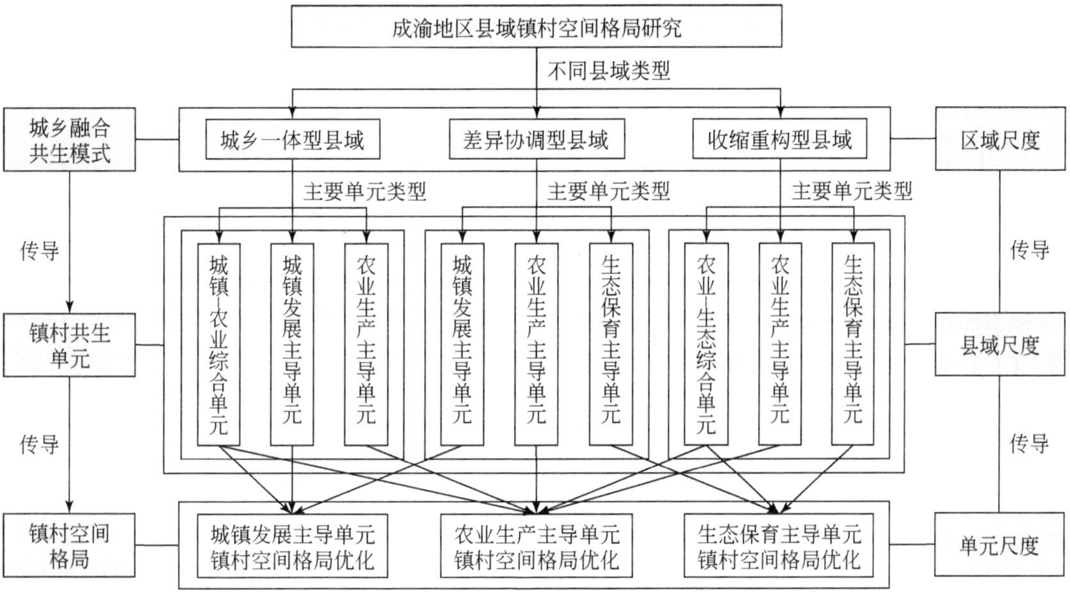

图7.1 成渝地区镇村空间格局优化的"区域—县域—单元"纵向传导机制

7.1 主要研究结论

本研究从城乡融合共生模式判别、镇村共生单元划定和镇村空间格局优化三个方面开展了县域镇村空间格局优化的研究，并以成渝地区为例进行了实证，取得以下主要结论。

1）县域城乡融合共生模式可以分为城乡一体型、差异协调型和收缩重构生三类，成渝地区以差异协调型和收缩重构型为主，其中收缩重构型占比最大

本研究运用BP神经网络模型对成渝地区各县域的城乡融合发展动力进行了评价，根据评价结果提炼出城乡一体型、差异协调型和收缩重构型三种类型的城乡融合共生模式，并制定了城乡融合共生模式的分类标准。进一步，基于分类标准对成渝132个县（市、区）的城乡融合共生模式进行了判别，从判别结果来看，城乡一体型县（市、区）为14个，占10.6%，差异协调型县（市、区）为38个，占28.8%，收缩重构型县（市、区）为80个，占60.6%。这说明成渝地区的城乡融合共生模式以差异协调型和收缩重构型为主，其中，收缩重构型的县域比重最大。另外，城乡一体型的县域主要位于成都都市圈、重庆都市圈和宜泸内自城镇密集区等区域，差异协调型的县域主要位于成渝地区的中部腹地区域，收缩重构型的县域主要位于成渝双城的外围地区。

2）镇村共生单元可以分为功能综合型和功能主导型两大类，成渝地区以功能主导型为主，并在单元类型、单元规模和数量、单元模式三个方面存在明显的共性特征和差异特征

根据本研究的研究结论，镇村共生单元的类型可以分为功能综合型和功能主导型两大类，城镇-农业综合型、城镇-生态综合型、农业-生态综合型、城镇发展主导型、农业生产主导型和生态保育主导型六小类。通过对重庆市永川区、垫江县、忠县，成都市郫都区、简阳市和乐山市峨边彝族自治县六个典型县域的镇村共生单元划定实证研究，成渝地区的镇村共生单元在单元类型、单元数量与规模、单元模式三个方面存在明显的共性特征和差异特征：

单元类型方面，6个县（市、区）的123个乡镇中，综合型乡镇数量总计25个，占比为21%，主导型乡镇数量总计98个，占比为79%，这说明成渝地区的镇村共生单元以功能主导型为主，功能综合型为辅。同时，不同类型县域之间的单元类型存在差异，城乡一体型县域以“城镇-农业综合型”“城镇发展主导型”“农业生产主导型”单元为主。差异协调型县域以“城镇发展主导型”“农业生产主导型”“生态保育主导型”单元为主。收缩重构型县域以“农业-生态综合型”“农业生产主导型”“生态保育主导型”单元为主。

单元数量与规模方面，根据6个典型县域的分析结果，重庆地区县域内的镇村共生单元数量为10~14个，四川地区为4~9个，可以得出，受地形因素与四川行政区划改革工作的影响，重庆一个县域内的单元数量以10~14个为宜，四川以4~7个为宜，特殊情况可适当增减；同时，根据六个典型县域的分析结果，单元内的乡镇评价数量在2.5~3.7，这说明除特殊情况外，每个单元内的乡镇数量以2~4个为宜。

单元模式方面，镇村共生单元可以分为多中心、单中心、并列式和独立式四种类型。

其中，多中心模式主要适用于社会经济发展水平较高的单元；单中心模式是单元的基本空间模式，适用于所有单元；并列模式主要适用于社会经济发展水平较低的单元；独立模式适用于受地理区位、地形地貌影响较大的单元。

3）镇村共生单元根据类型不同，存在“以城带乡和城乡互补”“农业规模化和农业产业化”“绿色发展和择优发展”等三种不同的发展路径；不同类型单元的镇村空间格局既存在扁平化、集约化、融合化、协同化的共性发展趋势，也存在差异发展需求

本研究针对城镇发展主导型、农业生产主导型、生态保育主导型等三种镇村单元提出了差异化的镇村空间格局优化方法，并以郸都区“郸筒-德源”单元、郸都区“安德-唐昌-友爱”单元和峨边彝族自治县“黑竹沟-金岩-勒乌”单元等三个不同类型的典型镇村共生单元为例进行了实证。镇村发展路径方面，城镇发展主导单元内的镇村可以通过“以城带乡”和“城乡互补”的方式进行发展，农业生产主导单元内的镇村可以通过“农业规模化”和“农业产业化”的方式进行发展，生态保育主导单元内的镇村可以通过“绿色发展”和“择优发展”的方式进行发展。

镇村空间格局方面，从等级体系、空间结构、功能布局和设施配套等四个层面对不同类型单元的镇村空间格局优化方法进行了研究。研究结果发现，不同类型单元的镇村空间格局既存在扁平化、集约化、融合化、协同化等共性化发展趋势，也存在差异化发展需求：等级体系上，按照“扁平化”总体趋势进行优化，在城镇发展主导单元内形成“综合服务中心镇—工贸特色镇—产旅社区”，在农业生产主导单元内形成“三农服务中心镇—农工特色镇—农业社区”，在生态保育主导单元内形成“生态服务中心镇—生态特色镇—生态社区”。空间结构上，按照“集约化”总体趋势进行优化，在城镇发展主导单元、农业生产主导单元和生态保育主导单元内分别形成“中心发散型”“区域集中型”和“多点串联型”的空间结构。功能布局上，按照“融合化”总体趋势进行优化，在城镇发展主导单元、农业生产主导单元和生态保育主导单元内分别形成“产城景村”融合“产加研销”融合“农林景村”融合的功能布局。设施配套上，按照“协同化”总体趋势进行优化，城镇发展主导单元内按照高标准配置生活设施并完善工贸产业设施，在农业生产主导单元内按照中标准配置生活设施并完善农业产业设施，在生态保育主导单元内按照低标准配置生活设施并完善生态产业设施。

7.2　研究创新

本研究的创新点大致有三个：第一是构建城乡融合共生理论，以此为基础提出“城乡融合共生模式判别—镇村共生单元划定—镇村空间格局优化”多尺度镇村空间格局研究框架；第二是提出基于 BP 神经网络模型的城乡融合发展动力探测与城乡融合共生模式判别的技术方法；第三是集成创新“单元类型划分—单元中心确定—单元范围划定”的镇村共生单元划定技术方法，提出基于共生单元的镇村空间格局优化方法。

1）构建城乡融合共生理论，提出“城乡融合共生模式判别—镇村共生单元划定—镇村空间格局优化”多尺度镇村空间格局研究框架，实现了不同空间尺度镇村发展内容的纵向传导，丰富了镇村空间重构理论体系

本书借鉴共生理论的发展逻辑，尝试从共生系统、共生模式、共生单元和共生空间四个方面建立城乡融合共生理论。以此为基础，从区域尺度、县域尺度和单元尺度构建了“城乡融合共生模式判别—镇村共生单元划定—镇村空间格局优化”多尺度镇村空间格局研究框架。该理论框架形成了不同空间尺度镇村发展的纵向传导机制，可以有效指导镇村发展内容的逐级细化。该理论框架适用于不同类型县域、不同类型单元的镇村发展，可以满足我国镇村发展的地区差异和类型差异需求。上述理论方法的创新对丰富和完善我国城乡融合背景下的县域镇村空间重构理论体系具有重要的理论意义。

2）提出基于BP神经网络模型的城乡融合发展动力探测与城乡融合共生模式判别的技术方法，提高了动力识别的准确性和城乡融合共生模式划分的科学性

本书从内、外动力两个子系统搭建了城乡融合发展动力框架，建立了县域城乡融合发展动力评价指标体系。在此基础上，将城镇化、工业化、区域政策、乡村要素集聚水平、自然地形条件、乡村资源禀赋等外部、内部动力因素与城乡融合发展水平相关联，运用BP神经网络模型对成渝地区132个县（市、区）的城乡融合发展动力进行评价，得到每个县域的发展动力水平。进一步，基于各个县域的城乡融合发展动力评价结果，提炼出城乡一体型、差异协调型和收缩重构型三种不同类型的城乡融合共生模式，明确了成渝地区132个县（市、区）的城乡融合共生模式的类型。由于BP神经网络模型相比传统的统计学分析方法具有更高的准确性和灵敏性，本研究构建的动力探测和类型判别技术方法，提高了城乡融合发展动力识别的准确性和城乡融合共生模式划分的科学性，研究结论对于成渝地区因地制宜地开展城乡融合发展的工作具有更强的指导意义。

3）运用多源数据集成创新“单元类型划分—单元中心确定—单元范围划定”的镇村共生单元划定技术方法，提出一套基于共生单元的镇村空间格局优化方法，为我国开展乡镇连片规划提供了技术方法与理论方法的指导

本书剖析了镇村空间的“主导功能-等级结构-邻近网络”多重融合共生关系，以此为视角，采用土地利用调查数据、社会经济统计数据、高德POI数据、夜间灯光数据、百度慧眼OD分析数据、中国联通手机信令数据等多源数据，运用GIS叠加分析、空间引力模型、OD出行模型等分析方法和模型，通过功能适宜性评价、场所中心与网络节点识别、网络联系测度等研究，从“单元类型划分—单元中心确定—单元范围划定”三个环节集成创新了镇村共生单元的划定技术方法，形成一套具有系统性、普适性、推广性的技术流程。同时，本研究从镇村等级体系、空间结构、功能布局和设施配套等方面提出一套基于共生单元的镇村空间格局优化方法。上述镇村单元划定技术方法和镇村空间格局优化方法可以为我国各地未来开展“多镇连片规划”提供指导。

7.3 研究展望

县域镇村空间格局的研究是一个长期、复杂的社会系统工程，需要不断创新理论方法与技术方法，解决新时代背景下出现的新问题。本研究以成渝地区为例，基于城乡融合发展的背景，尝试构建城乡融合共生理论，从“城乡融合共生模式判别—镇村共生单元划定—镇村空间格局优化”三个方面探讨了县域镇村空间格局的优化方法。虽然，本研究的研究成果丰富了我国镇村空间发展的理论视角和技术框架，为我国城乡融合发展和镇村空间优化提供了理论指导与方法借鉴，但是，本研究在以下方面还有待进一步深入。

1）城乡发展动力评价的指标优化

城乡融合发展动力是判别城乡融合共生模式的基础，动力识别结果的科学性与准确性对镇村发展路径和镇村空间格局的优化起着至关重要的作用。本研究在已有研究的基础上，提出了城乡融合发展的内外动力系统，并综合考虑数据获取和量化的情况，从城镇化、工业化、区域政策、乡村要素集聚水平、自然地形条件、乡村资源禀赋 6 个方面选取了共 18 个指标，构建了县域城乡融合发展的动力评价指标体系。然而，城乡融合发展是一个非常复杂的系统，发展动力的实际影响因素并不是上述 18 个指标能完全涵盖的。基于此，未来的研究中还需要拓宽数据获取的渠道，提升相关数据获取的深度和广度，建立更加全面的评价指标体系，同时结合地区实际情况因地制宜地对评价指标体系进行增补与调整，尽可能客观、完整、真实地反映城乡融合发展的复杂动力情况。

2）镇村共生单元划定的尺度细化

以“镇村共生单元”为基本单位优化镇村空间格局是解决单镇、单村发展弊端的重要手段，有利于破解镇村“单打独斗”存在发展单元过小、资源难以整合、要素衔接不畅等难题。本研究基于镇村空间“功能–等级–网络”的融合共生关系，利用土地利用数据、社会经济统计数据、高德 POI、手机信令数据等多源数据，构建了一套乡镇级“镇村共生单元”划定的技术方法，具有很好的推广价值。然而，在实际的镇村发展过程中，并不是只有乡镇层面才需要打破行政区划的阻碍，乡村层面仍然需要结合资源条件和产业类型进行抱团发展。因此，未来的研究还需要拓展村级层面研究数据的获取方式，延续本研究乡镇级镇村共生单元的划定思路，进一步开展乡村级单元的划定，实现更因地制宜、更精细化的镇村空间格局。

3）单元类型完善与空间要素丰富

根据本研究的研究结论，镇村共生单元的类型可以分为功能综合型和功能主导型两大类，城镇–农业综合型、城镇–生态综合型、农业–生态综合型、城镇发展主导型、农业生产主导型和生态保育主导型六小类。目前，本研究仅对功能主导型的三种单元的镇村发展路径和镇村空间格局进行了研究，并提出功能综合型单元的发展路径与空间优化可参照执行。因此，为了更加全面、直接地指导不同类型的镇村发展与空间优化，未来的研究可以针对功能综合型单元的镇村发展问题做进一步完善研究。另外，在镇村空间格局的优化方面，本研究遵循“有限求解”“有效求解”的原则，为了突出研究重点，仅探讨了等级体系、空间结构、功能布局和设施配套等四个方面的空间格局优化内容。然而，在镇村发展的实践过程中，镇村空间格局的内容涉及人口、用地、产业、交通、公服、市政等方方面面。因此，未来的研究可以在当前文章提出的四类空间要素的基础上，不断纳入人口规模、用地布局、交通设施、市政设施等其他多项要素，有序健全镇村空间格局的内容体系，提升学术研究对镇村发展实践的指导价值。

综上所述，笔者在未来的研究中会立足于本研究的成果与展望继续进行下一步的探索，以期为城乡关系转型期的县域镇村空间发展提供更多的基础理论研究和技术方法借鉴。

参考文献

[1] 张克俊，杜婵．从城乡统筹、城乡一体化到城乡融合发展：继承与升华［J］．农村经济，2019，(11)：19-26.

[2] 张京祥，崔功豪．新时期县域规划的基本理念［J］．城市规划，2000，24（9）：47-50.

[3] 高相铎，陈天，孟兆阳．“乡村人”视角的城乡关系转型及规划策略——基于天津典型村庄的生活体验式调查［J］．城市规划，2018，42（8）：29-35.

[4] 赵毅，陈超，许珊珊．特色田园乡村引领下的县域乡村振兴路径探析——以江苏省溧阳市为例［J］．城市规划，2020，44（11）：106-116.

[5] 赵毅，徐宁，刘蕾．县域单元乡村振兴规划的编制探索与实践——以日照市东港区乡村振兴规划为例［J］．上海城市规划，2021，(2)：49-56.

[6] 刘彦随．中国新时代城乡融合与乡村振兴［J］．地理学报，2018，73（4）：637-650.

[7] 龙花楼，屠爽爽．论乡村重构［J］．地理学报，2017，72（4）：563-576.

[8] 龙花楼．论土地整治与乡村空间重构［J］．地理学报，2013，68（8）：1019-1028.

[9] 单建树，罗震东．集聚与裂变——淘宝村、镇空间分布特征与演化趋势研究［J］．上海城市规划，2017，(2)：98-104.

[10] 关中美，杨贵庆，职晓晓．基于社会网络分析法的乡村聚落空间网络结构优化研究——以中原经济区X乡为例［J］．现代城市研究，2021，36（4）：123-130.

[11] 解永庆，张婷，曾鹏．省级国土空间规划中主体功能区细化方法初探［J］．城市规划，2021，45（4）：9-15，23.

[12] 陈勇，周俊，钱家潍．浙江省县市全域规划的演进与创新——从城镇体系规划、县市域总体规划到国土空间规划［J］．城市规划，2020，44（S1）：5-9，25.

[13] 陈志诚，樊尘禹．城市层面国土空间规划体系改革实践与思考——以厦门市为例［J］．城市规划，2020，44（2）：59-67.

[14] 汪鑫．“市级”国土空间总体规划编制内容与深度研究——基于空间治理的视角［J］．城市规划，2021，45（5）：76-82.

[15] 张立，李雯骐，张尚武．国土空间规划背景下建构乡村规划体系的思考——兼议村庄规划的管控约束与发展导向［J］．城市规划学刊，2021（6）：70-77.

[16] 赵民，陈晨，周晔，等．论城乡关系的历史演进及我国先发地区的政策选择——对苏州城乡一体化实践的研究［J］．城市规划学刊，2016，(6)：22-30.

[17] 吴梦笛，陈晨，赵民．城乡关系演进与治理策略的东亚经验及借鉴［J］．现代城市研究，2017，32（1）：6-17.

[18] 杨志恒．城乡融合发展的理论溯源、内涵与机制分析［J］．地理与地理信息科学，2019，35（4）：111-116.

[19] 周佳宁，邹伟，秦富仓．等值化理念下中国城乡融合多维审视及影响因素［J］．地理研究，2020，39（8）：1836-1851.

[20] 陈晨，赵民，徐素．我国先发地区统筹城乡发展的政策选择与实施路径——对苏州城乡发展一体化

实践（2008-2016）的研究［J］．现代城市研究，2018，33（12）：96-102.
［21］李敢．城乡一体化的“实践逻辑”与“实践过程”［J］．城市规划，2021，45（3）：109-114，120.
［22］赵秋成，孙佳伶，杨秀凌．中国城乡联动发展：基于现实城乡关系的理论研究［J］．东北财经大学学报，2018（4）：63-70.
［23］段德罡，张志敏．城乡一体化空间共生发展模式研究——以陕西省蔡家坡地区为例［J］．城乡建设，2012，（2）：32-34.
［24］叶红，李贝宁．群落化视角下的珠三角地区乡村群规划［J］．上海城市规划，2016，（4）：22-28.
［25］陈建滨，高梦薇，付洋，等．基于城乡融合理念的新型镇村发展路径研究——以成都城乡融合发展单元为例［J］．城市规划，2020，44（8）：120-128，136.
［26］王军良．乡村振兴背景下的城乡融合编制单元的发展路径研究以台前县为例［J］．中华建设，2020，（7）：84-88.
［27］朱静怡，陈华臻，薛刚，等．国土空间规划背景下乡村地理单元划分探究——以杭州市富阳区为例［J］．城市发展研究，2021，28（4）：28-36.
［28］龙嘉骞，仝德，冯长春．基于多源数据的广东省乡村聚落发展格局与类型划分研究［J］．规划师，2022，38（10）：133-138.
［29］李裕瑞，刘彦随，龙花楼．黄淮海地区乡村发展格局与类型［J］．地理研究，2011，30（9）：1637-1647.
［30］苏思信，王永生，刘彦随．京津冀地区乡村发展格局演化规律与发展路径［J］．地理研究，2022，41（8）：2171-2183.
［31］周苗苗，廖和平，李涛，等．脱贫县乡村发展水平测度及空间格局研究——以重庆市城口县为例［J］. 西南大学学报（自然科学版），2022，44（5）：23-34.
［32］苗毅，宋金平，修方睿，等．基于耦合关系的县域乡村发展格局与优化——以寒亭区为例［J］．人文地理，2021，36（1）：165-173.
［33］张常新．县域镇村空间重构研究［D］．杭州：浙江大学，2015.
［34］席广亮，甄峰，翟青，等．新型城镇化引导下的西部地区县域城乡空间重构研究——以青海省都兰县为例［J］．城市发展研究，2012，19（6）：12-17.
［35］李凯，刘涛，曹广忠．城市群空间集聚和扩散的特征与机制——以长三角城市群、武汉城市群和成渝城市群为例［J］．城市规划，2016，40（2）：18-26，60.
［36］孙斌栋，华杰媛，李琬，等．中国城市群空间结构的演化与影响因素——基于人口分布的形态单中心——多中心视角［J］．地理科学进展，2017，36（10）：1294-1303.
［37］白雪秋，聂志红，黄俊立，等．乡村振兴与中国特色城乡融合发展［M］．北京：国家行政学院出版社，2018.
［38］Lewis W A. Economic development with unlimited supplies of labour［J］. The Manchester School，1954，22（2）：139-191.
［39］张桂文．二元转型及其动态演进下的刘易斯转折点讨论［J］．中国人口科学，2012（4）：59-67，112.
［40］游猎，陈晨，赵民．跨越我国城乡发展的刘易斯拐点——“机器换人”现象引发的理论研究及政策思考［J］．城市规划，2017，41（6）：9-17.
［41］Ranis G，Fei J C. A theory of economic development［J］. American Economic Review，1961，51（4）：533-565.
［42］陈晨．我国城镇化发展中的人口流动研究——特征分析与理论诠释［D］．上海：同济大学，2015.
［43］Tödling F，Stöhr W. Spatial equity：some antitheses to current regional development doctrine［J］. Papers

and Proceedings of the Regional Science Association, 1977, 38 (1): 33-53.
[44] Preston D A. Rural-urban and inter-settlement interaction: theory and analytical structure [J]. Area, 1975, 7 (3): 171-174.
[45] 赵民, 方辰昊, 陈晨. "城乡发展一体化" 的内涵与评价指标体系建构——暨若干特大城市实证研究 [J]. 城市规划学刊, 2018, (2): 11-18.
[46] Veneri P, Ruiz V. Urban-to-rural population growth linkages: evidence from OECD TL3 regions [R]. OECD Regional Development Working Papers, 2013, (3): 13-15.
[47] 郭志刚, 刘伟. 城乡融合视角下的美国乡村发展借鉴研究——克莱姆森地区城乡体系引介 [J]. 上海城市规划, 2020, (5): 117-123.
[48] 茅锐, 林显一. 在乡村振兴中促进城乡融合发展——来自主要发达国家的经验启示 [J]. 国际经济评论, 2022, (1): 155-173, 8.
[49] 李文荣, 陈建伟. 城乡等值化的理论剖析及实践启示 [J]. 城市问题, 2012, (1): 22-25, 29.
[50] 吴碧波. 国外城镇化经验借鉴及对中国农村地区的启示 [J]. 世界农业, 2017, (2): 164-171.
[51] 毕宇珠, 苟天来, 张骞之, 等. 战后德国城乡等值化发展模式及其启示——以巴伐利亚州为例 [J]. 生态经济, 2012, 28 (5): 99-102, 106.
[52] 易鑫. 德国的乡村规划及其法规建设 [J]. 国际城市规划, 2010, 25 (2): 11-16.
[53] 钱玲燕, 干靓, 张立, 等. 德国乡村的功能重构与内生型发展 [J]. 国际城市规划, 2020, 35 (5): 6-13.
[54] 李晴. 东亚韩国、日本 "新村" 建设的特色与启示 [J]. 上海城市规划, 2012, (1): 89-94.
[55] 金钟范. 韩国小城镇发展政策实践与启示 [J]. 中国农村经济, 2004, (3): 74-78, 80.
[56] 李莉, 张宗毅. 韩国农业机械化扶持政策的历史及进展 [J]. 世界农业, 2017, (5): 111-116.
[57] 石磊. 寻求 "另类" 发展的范式——韩国新村运动与中国乡村建设 [J]. 社会学研究, 2004, 19 (4): 39-49.
[58] 张立, 李雯骐, 白郁欣. 应对收缩的日韩乡村社会政策与经验启示 [J]. 国际城市规划, 2022, 37 (3): 1-9.
[59] 白郁欣, 畅晗, 张立. 韩国的小城镇政策、规划建设及对我国的启示 [J]. 小城镇建设, 2020, 38 (12): 59-66.
[60] 徐素. 日本的城乡发展演进、乡村治理状况及借鉴意义 [J]. 上海城市规划, 2018, (1): 63-71.
[61] 卢尚书. 日本町村合并整合用地制度研究——以长野县安昙野市为例 [J]. 规划师, 2020, 36 (S2): 109-116.
[62] 黄经南, 贺耀庭. 乡村振兴: 东亚经验及其启示 [C] //面向高质量发展的空间治理. 2020 中国城市规划年会论文集 (11 城乡治理与政策研究). 北京: 中国建筑工业出版社, 2021.
[63] 李亮, 谈明洪. 日本町村聚落演变特征分析 [J]. 中国科学院大学学报, 2020, 37 (6): 767-774.
[64] 焦必方. 日本农村城市化进程及其特点——基于日本市町村结构变化的研究与分析 [J]. 复旦学报 (社会科学版), 2017, 59 (2): 162-172.
[65] 曲文俏, 陈磊. 日本的造村运动及其对中国新农村建设的启示 [J]. 世界农业, 2006, (7): 8-11.
[66] 刘平. 日本的创意农业与新农村建设 [J]. 现代日本经济, 2009, (3): 56-64.
[67] 王士君, 冯章献, 刘大平, 等. 中心地理论创新与发展的基本视角和框架 [J]. 地理科学进展, 2012, 31 (10): 1256-1263.
[68] 陆大道. 关于 "点-轴" 空间结构系统的形成机理分析 [J]. 地理科学, 2002, 22 (1): 1-6.
[69] 汪宇明. 核心-边缘理论在区域旅游规划中的运用 [J]. 经济地理, 2002, 22 (3): 372-375.
[70] 刘易斯·芒福德. 城市发展史: 起源、演变与前景 [M]. 倪文彦, 宋俊岭, 译. 北京: 中国建筑

工业出版社，1989.
[71] 张伟．试论城乡协调发展及其规划［J］．城市规划，2005，29（1）：79-83.
[72] 玛塔・岛乐-巴扎地，孔洞一．城乡融合的营造实验——德国国际建筑展图林根州“未来城市化乡村”项目［J］．国际城市规划，2020，35（5）：53-60.
[73] 帕特里克・格迪斯．进化中的城市［M］．李浩，吴俊莲，叶冬青，等译．北京：中国建筑工业出版社，2012.
[74] 彭建，陈云谦，胡智超，等．城市腹地定量识别研究进展与展望［J］．地理科学进展，2016，35（1）：14-24.
[75] 张沛，张中华，孙海军．城乡一体化研究的国际进展及典型国家发展经验［J］．国际城市规划，2014，29（1）：42-49.
[76] 岸根卓郎．迈向21世纪的国土规划：城市融合系统设计［M］．高文琛，译．北京：科学出版社，1985.
[77] 张晨，肖大威，黄翼．广州市美丽乡村空间分异特征及其影响因素［J］．热带地理，2020，40（3）：551-561.
[78] Barkley D L, Henry M S. Rural industrial development：to cluster or not to cluster?［J］. Review of Agricultural Economics，1997，19（2）：308-325.
[79] Zheliazkov G, Zaimova D, Genchev E, et al. Cluster development in rural areas［J］. Economics of Agriculture，2015，1（62）：73-94.
[80] 叶红，唐双，彭月洋，等．城乡等值：新时代背景下的乡村发展新路径［J］．城市规划学刊，2021，（3）：44-49.
[81] 郑国，叶裕民．中国城乡关系的阶段性与统筹发展模式研究［J］．中国人民大学学报，2009，23（6）：87-92.
[82] 杜国明，刘美．基于要素视角的城乡关系演化理论分析［J］．地理科学进展，2021，40（8）：1298-1309.
[83] 刘荣增．城乡统筹理论的演进与展望［J］．郑州大学学报（哲学社会科学版），2008，41（4）：63-67.
[84] 武廷海．建立新型城乡关系走新型城镇化道路——新马克思主义视野中的中国城镇化［J］．城市规划，2013，37（11）：9-19.
[85] 张海朋，何仁伟，李光勤，等．大都市区城乡融合系统耦合协调度时空演化及其影响因素——以环首都地区为例［J］．经济地理，2020，40（11）：56-67.
[86] 李玉恒，黄惠倩，王晟业．基于乡村经济韧性的传统农区城乡融合发展路径研究——以河北省典型县域为例［J］．经济地理，2021，41（8）：28-33，44.
[87] 赵群毅．城乡关系的战略转型与新时期城乡一体化规划探讨［J］．城市规划学刊，2009，（6）：47-52.
[88] 赵四东，杨永春，万里，等．中国西部河谷型城市城乡统筹模式研究——以兰州市为例［J］．城市规划，2012，36（6）：9-16.
[89] 赵秋成，孙佳伶，杨秀凌．中国城乡联动发展：基于现实城乡关系的理论研究［J］．东北财经大学学报，2018，（4）：63-70.
[90] 杜姣．城乡关系的实践类型与乡村振兴的分类实践［J］．探索，2020，（1）：142-153.
[91] 岳文泽，钟鹏宇，甄延临，等．从城乡统筹走向城乡融合：缘起与实践［J］．苏州大学学报（哲学社会科学版），2021，42（4）：52-61.
[92] 施德浩，陈前虎，陈浩．生态文明的浙江实践：创建类规划的模式演进与治理创新［J］．城市规划

学刊, 2021, (6): 53-60.
[93] 刘润生, 余建忠, 刘煜如, 等. 浙江美丽城镇建设的蝶变之路——以湖州市织里镇为例 [C] //面向高质量发展的空间治理. 2020 中国城市规划年会论文集 (18 小城镇规划). 北京: 中国建筑工业出版社, 2021.
[94] 周明生, 李宗尧. 由城乡统筹走向城乡融合——基于江苏实践的对中国城镇化道路的思考 [J]. 中国名城, 2011, (9): 12-19.
[95] 程俊杰, 刘志彪. 中国工业化道路中的江苏模式: 背景、特色及其演进 [J]. 江苏社会科学, 2012, (1): 245-251.
[96] 刘彬, 华晔, 杨忠伟, 等. 城乡一体化背景下苏州乡村空间发展透视 [J]. 城市规划, 2020, 44 (9): 106-112.
[97] 黄水木. 中国沿海发达地区城乡协调发展模式与调控机制研究——以福建省泉州市为例 [D]. 福州: 福建师范大学, 2007.
[98] 范凌云. 社会空间视角下苏南乡村城镇化历程与特征分析——以苏州市为例 [J]. 城市规划学刊, 2015, (4): 27-35.
[99] 陈雪, 王海滔, 雷诚. 苏州城镇空间演进特征及主体能动机制研究 [C] //共享与品质. 2018 中国城市规划年会论文集 (16 区域规划与城市经济). 北京: 中国建筑工业出版社, 2018.
[100] 张伟, 闾海, 胡剑双, 等. 新时代省域尺度城乡融合发展路径思考——基于江苏实践案例分析 [J]. 城市规划, 2021, 45 (12): 17-26.
[101] 肖文韬, 宋小敏. 论空心村成因及对策 [J]. 农业经济, 1999 (9): 16-17.
[102] 唐燕. 村庄布点规划中的文化反思——以嘉兴凤桥镇村庄布点规划为例 [J]. 规划师, 2006, 22 (4): 49-52.
[103] 万晔, 司徒群, 朱彤, 等. 云南傣族农村聚落分类体系与建设整治途径研究 [J]. 经济地理, 2002, 22 (S1): 58-62.
[104] 范玉春. 交通与人口聚落——阳朔县人口迁移与分布的个案分析 [J]. 广西师范大学学报 (哲学社会科学版), 2003, 39 (2): 121-128.
[105] 夏健, 王勇. 农村土地制度创新对农村聚落形态演化的影响分析——以江苏省苏州市为例 [J]. 安徽农业科学, 2008, 36 (5): 2116-2118.
[106] 郭楠, 杨大禹. 对外交通在山区聚落格局演变中的影响 [J]. 小城镇建设, 2010, (11): 100-103.
[107] 李红波, 张小林, 吴江国, 等. 欠发达地区聚落景观空间分布特征及其影响因子分析——以安徽省宿州地区为例 [J]. 地理科学, 2012, 32 (6): 711-716.
[108] 蒋永甫, 宁西. 乡村振兴战略: 主题转换、动力机制与实践路径——基于文献综述的分析 [J]. 湖北行政学院学报, 2018, (3): 83-88.
[109] 张富刚, 刘彦随. 中国区域农村发展动力机制及其发展模式 [J]. 地理学报, 2008, 63 (2): 115-122.
[110] 陈昕昕. 农村内生发展动力与城乡融合发展 [J]. 农业经济, 2018, (12): 35-37.
[111] 龙花楼, 李婷婷, 邹健. 我国乡村转型发展动力机制与优化对策的典型分析 [J]. 经济地理, 2011, 31 (12): 2080-2085.
[112] 祁新华, 朱宇, 周燕萍. 乡村劳动力迁移的"双拉力"模型及其就地城镇化效应——基于中国东南沿海三个地区的实证研究 [J]. 地理科学, 2012, 32 (1): 25-30.
[113] 李和平, 贺彦卿, 付鹏, 等. 农业型乡村聚落空间重构动力机制与空间响应模式研究 [J]. 城市规划学刊, 2021, (1): 36-43.

[114] 李旭，崔皓，李和平，等．近40年我国村镇聚落发展规律研究综述与展望——基于城乡规划学与地理学比较的视角［J］．城市规划学刊，2020，(6)：79-86.
[115] 李红波，张小林，吴江国，等．苏南地区乡村聚落空间格局及其驱动机制［J］．地理科学，2014，34（4)：438-446.
[116] 李智，张小林，李红波，等．江苏典型县域城乡聚落规模体系的演化路径及驱动机制［J］．地理学报，2018，73（12)：2392-2408.
[117] 李鑫，马晓冬，Khuong Manh-ha，等．城乡融合导向下乡村发展动力机制［J］．自然资源学报，2020，35（8)：1926-1939.
[118] 李红波，张小林，吴启焰，等．发达地区乡村聚落空间重构的特征与机理研究——以苏南为例［J］．自然资源学报，2015，30（4)：591-603.
[119] 闵婕，杨庆媛．三峡库区乡村聚落空间演变及驱动机制——以重庆万州区为例［J］．山地学报，2016，34（1)：100-109.
[120] 谢鑫，李和平，李聪聪，等．基于BP神经网络的城乡融合发展动力识别与路径研究——以我国东、中、西部共72个典型区县为例［J］．规划师，2022，38（10)：109-116.
[121] 付鹏，肖竞，赵之齐，等．基于机器学习的乡村聚落“空间—动力”耦合机制解析方法研究——以江苏溧阳市为例［J］．西部人居环境学刊，2022，37（4)：1-9.
[122] 李和平，池小燕，肖竞，等．县域城乡融合发展单元的构建与发展路径研究［J］．规划师，2022，38（10)：101-108.
[123] 郑玉梁，李竹颖，杨潇．公园城市理念下的城乡融合发展单元发展路径研究——以成都市为例［J］．城乡规划，2019，(1)：73-78.
[124] 叶红，陈可．适应新时期珠三角发展需求的村庄规划编制体系［J］．新建筑，2016，(4)：28-32.
[125] 蒋万芳，袁南华．县域乡村建设规划试点编制方法研究——以广东省广州市增城区为例［J］．小城镇建设，2016，(6)：33-39，52.
[126] 吕雄鹰．上海及邻沪地区城镇圈公共交通一体化发展思考［J］．交通与港航，2018，5（4)：26-32.
[127] 杨贵庆．城乡共构视角下的乡村振兴多元路径探索［J］．规划师，2019，35（11)：5-10.
[128] 马琰，连皓，雷振东，等．西咸城乡融合发展试验区融合发展路径与策略［J］．规划师，2021，37（9)：61-67.
[129] 马琰，刘县英，雷振东，等．西咸城乡融合发展试验区规划策略［J］．规划师，2021，37（5)：32-37.
[130] 张京祥，张小林，张伟．试论乡村聚落体系的规划组织［J］．人文地理，2002，17（1)：85-88，96.
[131] 金兆森，张晖等．村镇规划［M］．2版．南京：东南大学出版社，2005.
[132] 陈有川，尹宏玲，孙博．撤村并点中保留村庄选择的新思路及其应用［J］．规划师，2009，25（9)：102-105.
[133] 覃永晖，彭保发，王晶．镇村体系网络化规划研究——以常德市桃源县木塘垸乡为例［J］．经济地理，2014，34（9)：56-62.
[134] 刘彦随．中国乡村振兴规划的基础理论与方法论［J］．地理学报，2020，75（6)：1120-1133.
[135] 黄亚平，郑有旭，谭江迪，等．空间生产语境下的村镇聚落体系认知与规划路径［J］．城市规划学刊，2022，(3)：29-36.
[136] 何灵聪．城乡统筹视角下的我国镇村体系规划进展与展望［J］．规划师，2012，28（5)：5-9.
[137] 卢峰，杨晋苏，曹风晓．景观融合视角下建设用地适宜性评价的方法构建及实践探索［J］．中国

园林，2021，37（1）：38-43.
[138] 刘豪兴．农村社会学［M］．北京：中国人民大学出版社，2015.
[139] 王玉虎，张娟．乡村振兴战略下的县域城镇化发展再认识［J］．城市发展研究，2018，25（5）：1-6.
[140] 陈宏胜，李志刚，王兴平．中央—地方视角下中国城乡二元结构的建构——“一五计划”到“十二五规划”中国城乡演变分析［J］．国际城市规划，2016，31（6）：62-67，88.
[141] 蒲向军，刘秋鸣，谢波．城乡要素驱动下我国城乡关系的历史分期与特征［J］．规划师，2018，34（11）：81-87.
[142] 张秋仪，张杨，杨培峰，等．我国城乡融合发展演化过程及福州实践［J］．规划师，2021，37（5）：25-31.
[143] 王伟，吴志强．基于制度分析的我国人口城镇化演变与城乡关系转型［J］．城市规划学刊，2007，（4）：39-46.
[144] 胡滨，薛晖，曾九利，等．成都城乡统筹规划编制的理念、实践及经验启示［J］．规划师，2009，25（8）：26-30.
[145] 钱紫华．直辖以来重庆市城乡统筹规划实践历程与展望［J］．规划师，2014，30（8）：88-93.
[146] 谢恒．成渝统筹城乡国家综合配套改革试验区发展研究［D］．沈阳：辽宁大学，2014.
[147] 陈越．农村新型社区空间发展特征与模式简析——以成都郫县为例［J］．上海城市规划，2015，（4）：41-49，55.
[148] 郭焕成，韩非．中国乡村旅游发展综述［J］．地理科学进展，2010，29（12）：1597-1605.
[149] 黄亚平，朱雷洲，郑加伟，等．华中地区田园综合体类型谱系及规划策略［J］．规划师，2021，37（2）：13-20.
[150] 范凌云．城乡关系视角下城镇密集地区乡村规划演进及反思——以苏州地区为例［J］．城市规划学刊，2015，（6）：106-113.
[151] 罗彦，杜枫，邱凯付．协同理论下的城乡统筹规划编制［J］．规划师，2013，29（12）：12-16.
[152] 王飞虎，陈满光，刘丽绮．城乡融合发展试验区存在问题及应对策略［J］．规划师，2021，37（5）：12-18.
[153] 苏小庆，王颂吉，白永秀．新型城镇化与乡村振兴联动：现实背景、理论逻辑与实现路径［J］．天津社会科学，2020，（3）：96-102.
[154] 崔功豪，徐英时．县域城镇体系规划的若干问题［J］．城市规划，2001，25（7）：25-27.
[155] 吴雷，雷振东，马琰，等．西安都市区城乡要素流动与城郊乡村地区空间治理路径研究［J］．规划师，2022，38（6）：57-63.
[156] 申明锐，张京祥．新型城镇化背景下的中国乡村转型与复兴［J］．城市规划，2015，39（1）：30-34，63.
[157] 申明锐，沈建法，张京祥，等．比较视野下中国乡村认知的再辨析：当代价值与乡村复兴［J］．人文地理，2015，30（6）：53-59.
[158] 房艳刚，刘继生．基于多功能理论的中国乡村发展多元化探讨——超越“现代化”发展范式［J］．地理学报，2015，70（2）：257-270.
[159] 何子张，邬晓锋．村庄规划的困境与突破：重构乡村国土空间详细规划体系［J］．北京规划建设，2023，（1）：49-53.
[160] 钱紫华，辜元，熊兮．产城景融合发展下重庆乡村地区的规划探索［J］．上海城市规划，2020，（4）：52-56.
[161] 杨贵庆，关中美．基于生产力生产关系理论的乡村空间布局优化［J］．西部人居环境学刊，2018，

33（1）：1-6.
［162］万成伟，杨贵庆．式微的山地乡村——公共服务设施需求意愿特征、问题、趋势与规划响应［J］．城市规划，2020，44（12）：77-86，102.
［163］华晨，高宁，乔治·阿勒特．从村庄建设到地区发展——乡村集群发展模式［J］．浙江大学学报（人文社会科学版），2012，42（3）：131-138.
［164］郭志富．县域尺度城乡地域系统空间整合研究——以河南省巩义市为例［D］．开封：河南大学，2015.
［165］刘彦随，周扬，李玉恒．中国乡村地域系统与乡村振兴战略［J］．地理学报，2019，74（12）：2511-2528.
［166］袁莉．基于系统观的中国特色城乡融合发展［J］．农村经济，2020，（12）：1-8.
［167］段锴丰，施建刚，吴光东，等．城乡融合系统：理论阐释、结构解析及运行机制分析［J］．人文地理，2023，38（3）：1-10，68.
［168］许洁，秦海田．基于超系统论的城乡空间协同发展模式［J］．城市管理与科技，2010，12（4）：33-35.
［169］赫尔曼·哈肯．协同学：大自然构成的奥秘［M］．上海：上海译文出版社，2005.
［170］王维国．协调发展的理论与方法研究［D］．大连：东北财经大学，1998.
［171］孟昭华．关于协同学理论和方法的哲学依据与社会应用的探讨［J］．系统辩证学学报，1997，5（2）：32-35.
［172］郑圣峰．城乡统筹视角下的山地城乡空间协同发展论——以涪陵为例［D］．重庆：重庆大学，2017.
［173］熊君．统筹城乡发展的理论渊源［J］．中国集体经济，2008，（18）：32-33.
［174］郭翔宇，颜华．统筹城乡发展：理论、机制、对策［M］．北京：中国农业出版社，2007.
［175］祝春敏，张衔春，单卓然，等．新时期我国协同规划的理论体系构建［J］．规划师，2013，29（12）：5-11.
［176］杨忍，刘彦随，龙花楼．中国环渤海地区人口—土地—产业非农化转型协同演化特征［J］．地理研究，2015，34（3）：475-486.
［177］耿健，张兵，王宏远．村镇公共服务设施的“协同配置”——探索规划方法的改进［J］．城市规划学刊，2013，（4）：88-93.
［178］Quispel A. Some theoretical aspects of symbiosis［J］. Antoine van Leeuwenhoek，1951，17（1）：69-80.
［179］Scott G D. Plant Symbiosis［M］. London：Edward Arnold，1969.
［180］Margulis L. Origin of Eukaryotic Cell［M］. New Haven：Yale University press，1970.
［181］Margulis L. Symbiosis in Cell Evolution［M］. New York：W. H. Freeman and Company，1981.
［182］Douglas A E. Symbiotic Interactions［M］. Oxford：Oxford University Press，1994.
［183］陈锦赐．以环境共生观营造共生城乡景观环境［J］．城市发展研究，2004，11（6）：1-10，40.
［184］仇保兴．“共生”理念与生态城市［J］．城市规划，2013，37（9）：9-16，50.
［185］胡守钧．社会共生论［M］．2 版．上海：复旦大学出版社，2012.
［186］苏国勋，张旅平，夏光．全球化：文化冲突与共生［M］．北京：社会科学文献出版社，2006.
［187］袁纯清．金融共生理论与城市商业银行改革［M］．北京：商务印书馆，2002.
［188］黑川纪章．新共生思想［M］．覃力，杨熹微，慕春暖，等译．北京：中国建筑工业出版社，2009.
［189］黑川纪章．共生城市［J］．建筑学报，2001，（4）：7-12.
［190］曲亮，郝云宏．基于共生理论的城乡统筹机理研究［J］．农业现代化研究，2004，25（5）：

371-374.
[191] 陈绍愿，张虹鸥，林建平，等．城市共生：发生条件、行为模式与基本效应［J］．城市问题，2005，(2)：9-12.
[192] 赵英丽．城乡统筹规划的理论基础与内容分析［J］．城市规划学刊，2006（1)：32-38.
[193] 刘荣增．共生理论及其在我国区域协调发展中的运用［J］．工业技术经济，2006，25（3)：19-21.
[194] 刘荣增，齐建文．豫鲁苏城乡统筹度比较研究——基于共生理论的视角［J］．城市问题，2009，(8)：53-58.
[195] 刘荣增，王淑华，齐建文．基于共生理论的河南省城乡统筹空间差异研究［J］．地域研究与开发，2012，31（4)：19-22，28.
[196] 朱俊成．基于共生理论的区域多中心协同发展研究［J］．经济地理，2010，30（8)：1272-1277.
[197] 赵曼丽．我国县域农村公共服务协同供给研究——以共生理论为分析框架［D］．武汉：华中师范大学，2013.
[198] 李铁生．基于共生理论的城乡统筹机理研究——访浙江工商大学教授、经济学博士郝云宏［J］．经济师，2005，(6)：6-7.
[199] 武小龙．城乡"共生式"发展研究［D］．南京：南京农业大学，2015.
[200] 杨忍，陈燕纯，龚建周．转型视阈下珠三角地区乡村发展过程及地域模式梳理［J］．地理研究，2019，38（3)：725-740.
[201] 耿慧志，李开明．国土空间规划体系下乡村地区全域空间管控策略——基于上海市的经验分析［J］．城市规划学刊，2020，(4)：58-66.
[202] 张旭．基于共生理论的城市可持续发展研究［D］．哈尔滨：东北农业大学，2004.
[203] 袁纯清．共生理论——兼论小型经济［M］．北京：经济科学出版社，1998.
[204] 袁纯清．共生理论及其对小型经济的应用研究（上）［J］．改革，1998，(2)：100-104.
[205] 屠爽爽，龙花楼，李婷婷，等．中国村镇建设和农村发展的机理与模式研究［J］．经济地理，2015，35（12)：141-147，160.
[206] 冯旭，王凯．市域乡村振兴战略的空间规划与实施路径——以贵州省铜仁市为例［J］．城市规划，2022，46（6)：77-89，112.
[207] 郄瑞卿．基于景观生态学的农村居民点用地演变及影响因素分析——以吉林省磐石市为例［J］．安徽农业科学，2012，40（29)：14345-14347，14368.
[208] 周洁，卢青，田晓玉，等．基于GIS的巩义市农村居民点景观格局时空演变研究［J］．河南农业大学学报，2011，45（4)：472-476，481.
[209] 彭鹏．湖南农村聚居模式的演变趋势及调控研究［D］．上海：华东师范大学，2008.
[210] 舒帮荣，黄琪，刘友兆，等．基于变权的城镇用地扩展生态适宜性空间模糊评价——以江苏省太仓市为例［J］．自然资源学报，2012，27（3)：402-412.
[211] 彭金玉，鲁先锋．积极发挥政府在新农村建设中的作用探究［C］//"构建和谐社会与深化行政管理体制改革"研讨会暨中国行政管理学会2007年年会论文集，2007.
[212] 仇方道，杨国霞．苏北地区农村城镇化发展机制研究——以江苏省沭阳县为例［J］．国土与自然资源研究，2006，(4)：7-9.
[213] 张晨，肖大威．从"外源动力"到"内源动力"——二战后欧洲乡村发展动力的研究、实践及启示［J］．国际城市规划，2020，35（6)：45-51.
[214] 董阳，王娟．从"国家的视角"到"社会建构的视角"——新型城镇化问题研究综述［J］．城市发展研究，2014，21（3)：8-14，34.

[215] 林永新. 乡村治理视角下半城镇化地区的农村工业化——基于珠三角、苏南、温州的比较研究 [J]. 城市规划学刊, 2015 (3): 101-110.
[216] 赵毅, 张飞, 李瑞勤. 快速城镇化地区乡村振兴路径探析——以江苏苏南地区为例 [J]. 城市规划学刊, 2018 (2): 98-105.
[217] 张敏, 顾朝林. 农村城市化: "苏南模式"与"珠江模式"比较研究 [J]. 经济地理, 2002, 22 (4): 482-486.
[218] 李婷婷, 龙花楼, 王艳飞. 中国农村宅基地闲置程度及其成因分析 [J]. 中国土地科学, 2019, 33 (12): 64-71.
[219] 王祯, 杨贵庆. 培育乡村内生发展动力的实践及经验启示——以德国巴登—符腾堡州 Achkarren 村为例 [J]. 上海城市规划, 2017, (1): 108-114.
[220] 龙花楼, 屠爽爽. 乡村重构的理论认知 [J]. 地理科学进展, 2018, 37 (5): 581-590.
[221] 熊鹰, 黄利华, 邹芳, 等. 基于县域尺度乡村地域多功能空间分异特征及类型划分——以湖南省为例 [J]. 经济地理, 2021, 41 (6): 162-170.
[222] 王艳飞, 刘彦随, 李玉恒. 乡村转型发展格局与驱动机制的区域性分析 [J]. 经济地理, 2016, 36 (5): 135-142.
[223] 黄亚平, 林小如. 欠发达山区县域新型城镇化路径模式探讨——以湖北省为例 [J]. 城市规划, 2013, 37 (7): 17-22.
[224] 裴进堂. 河南省乡村内核系统与外缘系统发展协调度及空间格局——基于 18 个省辖市数据分析 [J]. 中国农业资源与区划, 2020, 41 (5): 215-222.
[225] 马历, 龙花楼, 戈大专, 等. 中国农区城乡协同发展与乡村振兴途径 [J]. 经济地理, 2018, 38 (4): 37-44.
[226] 尹海伟, 孔繁花, 罗震东, 等. 基于潜力-约束模型的冀中南区域建设用地适宜性评价 [J]. 应用生态学报, 2013, 24 (8): 2274-2280.
[227] 刘柯. 基于主成分分析的 BP 神经网络在城市建成区面积预测中的应用——以北京市为例 [J]. 地理科学进展, 2007, 26 (6): 129-137.
[228] 李涛, 廖和平, 杨伟, 等. 重庆市"土地、人口、产业"城镇化质量的时空分异及耦合协调性 [J]. 经济地理, 2015, 35 (5): 65-71.
[229] 张茜茜, 廖和平, 巫芯宇, 等. 乡村振兴背景下的"人、地、业"转型空间差异及影响因素分析——以重庆市渝北区为例 [J]. 西南大学学报 (自然科学版), 2019, 41 (4): 1-9.
[230] 刘浩, 张毅, 郑文升. 城市土地集约利用与区域城市化的时空耦合协调发展评价——以环渤海地区城市为例 [J]. 地理研究, 2011, 30 (10): 1805-1817.
[231] 李婷婷, 龙花楼. 基于转型与协调视角的乡村发展分析——以山东省为例 [J]. 地理科学进展, 2014, 33 (4): 531-541.
[232] 张栩晨, 赵民. 城市规划中的"耦合研究"溯源及误区辨析 [J]. 城市规划, 2022, 46 (6): 37-47, 102.
[233] 戴柳燕, 周国华, 何兰. 乡村吸引力的概念及其形成机制 [J]. 经济地理, 2019, 39 (8): 177-184.
[234] 黄亚平, 林小如. 欠发达山区县域新型城镇化动力机制探讨——以湖北省为例 [J]. 城市规划学刊, 2012, (4): 44-50.
[235] 乔晶. 大都市地区镇村关系重构研究——以武汉市为例 [D]. 武汉: 华中科技大学, 2019.
[236] 沈中健, 曾坚, 任兰红. 2002—2017 年厦门市景观格局与热环境的时空耦合关系 [J]. 中国园林, 2021, 37 (3): 100-105.

[237] 胡泽文，武夷山．科技产出影响因素分析与预测研究——基于多元回归和 BP 神经网络的途径［J］．科学学研究，2012，30（7）：992-1004.
[238] 程嘉蔚，徐佳，王艺玲，等．基于 BP 神经网络的仓内稻谷温度预测模型［J］．现代电子技术，2021，44（19）：178-182.
[239] 何旭，杨海娟，王晓雅．乡村农户旅游适应效果、模式及其影响因素——以西安市和咸阳市 17 个案例村为例［J］．地理研究，2019，38（9）：2330-2345.
[240] 唐林楠，刘玉，潘瑜春，等．基于 BP 模型和 Ward 法的北京市平谷区乡村地域功能评价与分区［J］．地理科学，2016，36（10）：1514-1521.
[241] 王黎明，李旭，曹彬，等．基于 BP 神经网络的线路绝缘子表面泄漏电流预测［J］．高压电器，2020，56（2）：69-76.
[242] 赵海月，赫曦滢．列斐伏尔"空间三元辩证法"的辨识与建构［J］．吉林大学社会科学学报，2012，52（2）：22-27.
[243] 鲁宝．空间生产的知识：列斐伏尔晚期思想研究［M］．北京：北京师范大学出版社，2021.
[244] 李平星，陈雯，孙伟．经济发达地区乡村地域多功能空间分异及影响因素——以江苏省为例［J］．地理学报，2014，69（6）：797-807.
[245] 刘玉，刘彦随，郭丽英．乡村地域多功能的内涵及其政策启示［J］．人文地理，2011，26（6）：103-106，132.
[246] 王颖，刘学良，魏旭红，等．区域空间规划的方法和实践初探——从"三生空间"到"三区三线"［J］．城市规划学刊，2018，244（4）：65-74.
[247] 陶岸君，王兴平．面向协同规划的县域空间功能分区实践研究——以安徽省郎溪县为例［J］．城市规划，2016，40（11）：101-112.
[248] 瓦尔特·克里斯塔勒，德国南部中心地原理［M］．常正文，王兴中，译．北京：商务印书馆，2010.
[249] 王士君，廉超，赵梓渝．从中心地到城市网络——中国城镇体系研究的理论转变［J］．地理研究，2019，38（1）：64-74.
[250] 陆大道．区位论及区域研究方法［M］．北京：科学出版社，1988.
[251] 晏龙旭，王德，张尚武，等．国际大都市中心体系规划的经验与借鉴——基于五个案例城市的研究［J］．国际城市规划，2022，37（2）：88-96.
[252] 王士君，冯章献，张石磊．经济地域系统理论视角下的中心地及其扩散域［J］．地理科学，2010，30（6）：803-809.
[253] 晏龙旭．流空间结构性影响的理论分析［J］．城市规划学刊，2021，（5）：32-39.
[254] Camagni R P, Salone C. Network urban structures in northern Italy：elements for a theoretical framework［J］．Urban Studies，1993，30（6）：1053-1064.
[255] Batten D F. Network cities：creative urban agglomerations for the 21st century［J］．Urban Studies，1995，32（2）：313-327.
[256] Castells M. The Rise of the Network Society［M］．Massachusetts and Oxford：Blackwell，1996.
[257] 席广亮，甄峰．基于大数据的城市规划评估思路与方法探讨［J］．城市规划学刊，2017，（1）：56-62.
[258] 唐子来，李涛．长三角地区和长江中游地区的城市体系比较研究：基于企业关联网络的分析方法［J］．城市规划学刊，2014（2）：24-31.
[259] 赵渺希，魏冀明，吴康．京津冀城市群的功能联系及其复杂网络演化［J］．城市规划学刊，2014，（1）：46-52.

［260］程遥，王理. 流动空间语境下的中心地理论再思考——以山东省域城市网络为例［J］. 经济地理，2017，37（12）：25-33.
［261］Dematteis G. Globalization and regional integration：the case of the Italian urban system［J］. GeoJournal，1997，43（4）：331-338.
［262］张艺帅，赵民，程遥. 面向新时代的城市体系发展研究及其规划启示——基于“网络关联”与“地域邻近”的视角［J］. 城市规划，2021，45（5）：9-20.
［263］张艺帅，赵民，王启轩，等.“场所空间”与“流动空间”双重视角的“大湾区”发展研究——以粤港澳大湾区为例［J］. 城市规划学刊，2018，（4）：24-33.
［264］樊杰，蒋子龙，陈东. 空间布局协同规划的科学基础与实践策略［J］. 城市规划，2014，38（1）：16-25，40.
［265］陈小良，樊杰，孙威，等. 地域功能识别的研究现状与思考［J］. 地理与地理信息科学，2013，29（2）：72-79.
［266］周岚，施嘉泓，崔曙平，等. 新时代大国空间治理的构想——刍议中国新型城镇化区域协调发展路径［J］. 城市规划，2018，42（1）：20-25，34.
［267］汪云，郑金，夏巍，等. 国土空间规划体系下市级全域功能区体系研究——以武汉市为例［J］. 规划师，2022，38（6）：101-108.
［268］何英彬，陈佑启，杨鹏，等. 国外基于 GIS 土地适宜性评价研究进展及展望［J］. 地理科学进展，2009，28（6）：898-904.
［269］Fan J，Tao A，Ren Q. On the time background，scientific intensions，goal orientation，and policy framework of major function oriented planning in China［J］. Journal of Resources and Ecology，2010，1（4）：289-299.
［270］杨忍，张菁，陈燕纯. 基于功能视角的广州都市边缘区乡村发展类型分化及其动力机制［J］. 地理科学，2021，41（2）：232-242.
［271］马世发，艾彬，念沛豪. 基于主体功能空间引导的城市增长形态模拟［J］. 城市规划，2019，43（9）：78-85.
［272］徐海龙，尹海伟，孔繁花，等. 基于潜力—约束和 SLEUTH 模型松散耦合的南京城市扩展模拟［J］. 地理研究，2017，36（3）：529-540.
［273］程晋南，赵庚星，李红，等. 基于 RS 和 GIS 的土地生态环境状况评价及其动态变化［J］. 农业工程学报，2008，24（11）：83-88.
［274］朱琳，王铁霖，夏丹. 四川省县域乡村地域功能类型识别及乡村振兴路径研究［J］. 热带地理，2021，41（4）：870-880.
［275］陈永林，谢炳庚. 江南丘陵区乡村聚落空间演化及重构——以赣南地区为例［J］. 地理研究，2016，35（1）：184-194.
［276］吴艳娟，杨艳昭，杨玲，等. 基于“三生空间”的城市国土空间开发建设适宜性评价——以宁波市为例［J］. 资源科学，2016，38（11）：2072-2081.
［277］刘彦随，张紫雯，王介勇. 中国农业地域分异与现代农业区划方案［J］. 地理学报，2018，73（2）：203-218.
［278］李平星，陈诚，陈江龙. 乡村地域多功能时空格局演变及影响因素研究——以江苏省为例［J］. 地理科学，2015，35（7）：845-851.
［279］钱慧，裴新生，秦军，等. 系统思维下国土空间规划中的农业空间规划研究［J］. 城市规划学刊，2021，（3）：74-81.
［280］尹俊，安頔，刘昆轶，等. 从“多规合一”到构建空间规划体系——基于江西省鹰潭市试点工作

的思考［J］. 城市规划学刊，2017，(S2)：162-167.
［281］赵广英，李晨. 生态文明体制下“三区三线”管控体系建构［J］. 规划师，2020，36（9）：77-83.
［282］赵广英，宋聚生. “三区三线”划定中的规划逻辑思辨［J］. 城市发展研究，2020，27（8）：13-19，58.
［283］黄叶君. 体制改革与规划整合——对国内“三规合一”的观察与思考［J］. 现代城市研究，2012，27（2）：10-14.
［284］余军，易峥. 综合性空间规划编制探索——以重庆市城乡规划编制改革试点为例［J］. 规划师，2009，25（10）：90-93.
［285］张永姣，曹鸿. 基于“主体功能”的新型村镇建设模式优选及聚落体系重构——藉由“图底关系理论”的探索［J］. 人文地理，2015，30（6）：83-88.
［286］杨保军，陈鹏，董珂，等. 生态文明背景下的国土空间规划体系构建［J］. 城市规划学刊，2019，(4)：16-23.
［287］彭冲，陈乐一，韩峰. 新型城镇化与土地集约利用的时空演变及关系［J］. 地理研究，2014，33（11）：2005-2020.
［288］陈明. 中国城镇化发展质量研究评述［J］. 规划师，2012，28（7）：5-10.
［289］乔杰，洪亮平，王莹. 全面发展视角下的乡村规划［J］. 城市规划，2017，41（1）：45-54，108.
［290］张利国，王占岐，魏超，等. 基于村域多功能视角的乡村振兴策略——以鄂西郧阳山区为例［J］. 资源科学，2019，41（9）：1703-1713.
［291］雒占福，张永锋，蒋慧敏，等. 晋中城市群县域可达性及经济联系格局研究［J］. 资源开发与市场，2021，37（2）：168-172.
［292］李哲睿，甄峰，黄刚，等. 基于多源数据的城镇中心性测度及规划应用——以常州为例［J］. 城市规划学刊，2019，(3)：111-118.
［293］陈世莉，陈浩辉，李郇. 夜间灯光数据在不同尺度对社会经济活动的预测［J］. 地理科学，2020，40（9）：1476-1483.
［294］雷依凡，路春燕，苏颖，等. 基于多源夜间灯光数据的城市活力与城市扩张耦合关系研究——以海峡西岸城市群为例［J］. 人文地理，2022，37（2）：119-131.
［295］沈洁. 中国城市集中的度量及其空间分异特征——基于 DMSP-OLS 夜间灯光数据［J］. 经济地理，2021，41（5）：46-56.
［296］池娇，焦利民，董婷，等. 基于 POI 数据的城市功能区定量识别及其可视化［J］. 测绘地理信息，2016，41（2）：68-73.
［297］郭恒梅，马晓冬. 基于夜间灯光数据的淮海经济区经济空间格局演化及中心性测度［J］. 地理与地理信息科学，2020，36（2）：34-40，125.
［298］宿瑞，王成，唐宁，等. 区域镇村社区空间网络结构特征及其优化策略［J］. 地理科学进展，2018，37（5）：688-697.
［299］戴维·诺克，杨松. 社会网络分析［M］. 2 版. 李兰，译. 上海：上海人民出版社，2012.
［300］李涛，程遥，张伊娜，等. 城市网络研究的理论、方法与实践［J］. 城市规划学刊，2017，(6)：43-49.
［301］Limtanakool N，Dijst M，Schwanen T. A theoretical framework and methodology for characterising national urban systems on the basis of flows of people：empirical evidence for France and Germany［J］. Urban Studies，2007，44（11）：2123-2145.
［302］王垚，钮心毅，宋小冬. 基于城际出行的长三角城市群空间组织特征［J］. 城市规划，2021，

45 (11): 43-53.
[303] 冷炳荣, 李继珍, 王英, 等. 基于手机信令数据的重庆与周边地区区域联系模式识别 [J]. 城市发展研究, 2022, 29 (6): 65-73, 2.
[304] 覃永晖, 彭保发, 王晶. 网络形镇村体系等级结构的实证研究 [J]. 经济地理, 2016, 36 (7): 84-90.
[305] 何丹, 杨犇. 高速铁路对沿线地区城市腹地的影响研究——以皖北地区为例 [J]. 城市规划学刊, 2011, (4): 66-74.
[306] 钮心毅, 岳雨峰. 移动定位大数据支持乡村规划研究: 进展、困难和展望 [J]. 城乡规划, 2020, (2): 67-75.
[307] 李星月, 陈濛. 大数据背景下同城化量化分析方法及温岭市实践 [J]. 规划师, 2016, 32 (2): 83-88.
[308] 钮心毅, 王垚, 丁亮. 利用手机信令数据测度城镇体系的等级结构 [J]. 规划师, 2017, 33 (1): 50-56.
[309] Wheeler J O, Mitchelson R L. Information flows among major metropolitan areas in the United States [J]. Annals of The Association of American Geographers, 1989, 79 (4): 523-543.
[310] 肖莉. 基于土地要素的城市近郊乡镇"产城乡"一体化路径探索 [J]. 规划师, 2021, 37 (S1): 93-97.
[311] 郑德高, 闫岩, 朱郁郁. 分层城镇化和分区城镇化: 模式、动力与发展策略 [J]. 城市规划学刊, 2013, (6): 26-32.
[312] 周敏, 林凯旋, 王勇, 等. 新型城镇化建设: 战略转向与实施路径 [J]. 规划师, 2021, 37 (1): 21-28.
[313] 武小龙, 谭清美. 新苏南模式: 乡村振兴的一个解释框架 [J]. 华中农业大学学报 (社会科学版), 2019, (2): 18-26, 163-164.
[314] 雷诚, 孙萌忆, 丁邹洲, 等. 产镇融合演化路径及规划策略探讨——江苏省小城镇发展40年 [J]. 城市规划学刊, 2020, (1): 93-101.
[315] 孟谦, 吴雅馨, 吴军. 广州市村级工业园存量工业用地临时更新路径重构 [J]. 规划师, 2022, 38 (7): 100-108.
[316] 周新年, 杨锦坤, 王世福, 等. 从桑基鱼塘到工业园区的嬗变——广东顺德的案例分析 [J]. 城市规划, 2018, 42 (12): 33-42.
[317] 李广斌, 王勇, 谷人旭. 农地制度变革与乡村集中居住模式演进——以苏南为例 [J]. 城市规划, 2019, 43 (1): 109-116.
[318] Holmes J. Impulses towards a multifunctional transition in rural Australia: gaps in the research agenda [J]. Journal of Rural Studies, 2006, 22 (2): 142-160.
[319] 张京祥, 申明锐, 赵晨. 乡村复兴: 生产主义和后生产主义下的中国乡村转型 [J]. 国际城市规划, 2014, 29 (5): 1-7.
[320] 林若琪, 蔡运龙. 转型期乡村多功能性及景观重塑 [J]. 人文地理, 2012, 27 (2): 45-49.
[321] 杨亚妮. 我国乡村建设实践的价值反思与路径优化 [J]. 城市规划学刊, 2021, (4): 112-118.
[322] 朱启臻, 赵晨鸣, 龚春明, 等. 留住美丽乡村——乡村存在的价值 [M]. 北京: 北京大学出版社, 2014: 49-63.
[323] 王国恩, 杨康, 毛志强. 展现乡村价值的社区营造——日本魅力乡村建设的经验 [J]. 城市发展研究, 2016, 23 (1): 13-18.
[324] 闾海, 顾萌, 葛大永. 要素流动视角下的苏南地区乡村振兴策略探讨 [J]. 规划师, 2018,

34（12）：140-146.
[325] 袁媛．田园综合体目标导向下乡村旅游区规划建设——以思良江乡村旅游区规划（2017—2021）为例［J］．规划师，2017，33（12）：136-143.
[326] 牟宗莉，彭峰，刘胜尧，等．“共生”理论下的田园综合体规划策略——以嘉兴市秀洲区省级田园综合体为例［J］．规划师，2019，35（23）：35-39.
[327] 吴少英，杨柳．乡村规划 3.0 时代的田园综合体规划——以《唐河县桐寨铺镇福星田园综合体总体规划》为例［J］．规划师，2018，34（8）：29-35.
[328] 周敏．新型城乡关系下田园综合体价值内涵与运行机制［J］．规划师，2018，34（8）：5-11.
[329] 曹晓腾，雷振东，屈雯．农业现代化背景下的镇域镇村体系空间优化研究——以陕西省龙池镇为例［J］．小城镇建设，2020，38（7）：27-35.
[330] 杜锐．城乡统筹视角下农业发达地区城镇化路径探索［J］．小城镇建设，2013，（4）：48-52.
[331] 董慰，周楚颜，夏雷．人口收缩背景下明尼苏达州乡村可持续发展路径对我国东北地区的启示［J］．国际城市规划，2022，37（3）：17-25.
[332] 胡俊．规划的变革与变革的规划——上海城市规划与土地利用规划“两规合一”的实践与思考［J］．城市规划，2010，34（6）：20-25.
[333] 宗锦耀，李树君，李增杰，等．美国农产品加工业现状及启示［J］．农村工作通讯，2014，（20）：60-62.
[334] 屈雯，雷振东，宋帅振，等．基于在地性的西部农业生产型村庄规划编制探索——以陕西敬母寺村为例［J］．规划师，2021，37（17）：45-51.
[335] 张乐益，张静，吕冬敏，等．基于“两山”理念的浙江乡村规划实践［J］．上海城市规划，2021，（3）：109-114.
[336] 高慧智．生态资本化：城乡融合的第三次循环［J］．城市规划，2022，46（7）：35-45.
[337] 赵民，游猎，陈晨．论农村人居空间的“精明收缩”导向和规划策略［J］．城市规划，2015，39（7）：9-18，24.
[338] 杨晓光，余建忠，赵华勤．从“千万工程”到“美丽乡村”浙江省乡村规划的实践与探索［M］．北京：商务印书馆，2018.
[339] 王雨村，王影影，屠黄桔．精明收缩理论视角下苏南乡村空间发展策略［J］．规划师，2017，33（1）：39-44.
[340] 宋小冬，吕迪．村庄布点规划方法探讨［J］．城市规划学刊，2010，190（5）：65-71.
[341] 游猎．农村人居空间的“收缩”和“精明收缩”之道——实证分析、理论解释与价值选择［J］．城市规划，2018，42（2）：61-69.
[342] 郑书剑．从空间管制到增长管理应对村镇人口收缩——基于对英格兰城乡发展和规划体系的研究［J］．国际城市规划，2022，37（3）：10-16.
[343] 汪晖，王兰兰，陶然．土地发展权转移与交易的中国地方试验——背景、模式、挑战与突破［J］．城市规划，2011，35（7）：9-13，19.
[344] 兰菁，饶叶玲，徐珊，等．重庆地票实践的时空格局和制度演变研究［C］//活力城乡 美好人居．2019 中国城市规划年会论文集（12 城乡治理与政策研究）．北京：中国建筑工业出版社，2019.
[345] 张俊杰，蔡克光，蔡云楠．全域风景化视角下都市村庄空间布局探讨——以广州村庄规划为例［J］．城市发展研究，2016，23（5）：56-62.
[346] 张晓红．美丽乡村建设的再认识与实践思考——以浙江为例［J］．乡村规划建设，2016，（1）：49-54.
[347] 曹象明，周若祁．黄土高塬沟壑区小流域村镇体系空间分布特征及引导策略——以陕西省淳化县

为例［J］. 人文地理, 2008, 23（5）: 53-56.
［348］陶小兰. 城乡统筹发展背景下县域镇村体系规划探讨——以广西扶绥县为例［J］. 规划师, 2012, 28（5）: 25-29.
［349］胡滨, 邱建, 曾九利, 等. 产城一体单元规划方法及其应用——以四川省成都天府新区为例［J］. 城市规划, 2013, 37（8）: 79-83.
［350］邬轶群, 王竹, 于慧芳, 等. 乡村“产居一体”的演进机制与空间图谱解析——以浙江碧门村为例［J］. 地理研究, 2022, 41（2）: 325-340.
［351］王海滔, 陈雪, 雷诚. 苏南城镇产镇融合发展模式及策略研究——以昆山市千灯镇为例［J］. 现代城市研究, 2017, 32（5）: 82-89.
［352］向乔玉, 吕斌. 产城融合背景下产业园区模块空间建设体系规划引导［J］. 规划师, 2014, 30（6）: 17-24.
［353］张晓荣, 杨辉. 现代农业生产方式下的乡村基本聚居单元构建研究［J］. 规划师, 2021, 37（24）: 5-12.
［354］吴振方. 农业适度规模经营: 缘由、路径与前景［J］. 农村经济, 2019（1）: 29-36.
［355］杨春, 谭少华, 岳翰, 等. 农业结构转型对乡村景观与居民满意度的影响——以重庆九岭村为例［J］. 南方建筑, 2022（3）: 88-97.
［356］李敏瑞, 张昊冉. 持续推进基于生态产业化与产业生态化理念的乡村振兴［J］. 中国农业资源与区划, 2022, 43（4）: 31-37.
［357］陈阳, 闫雯, 周韵. 发达地区生态县非集中建设区空间治理模式研究——以上海崇明、湖州安吉为例［C］//面向高质量发展的空间治理. 2020 中国城市规划年会论文集（11 城乡治理与政策研究）. 北京: 中国建筑工业出版社, 2021.
［358］罗其友, 伦闰琪, 杨亚东, 等. 我国乡村振兴若干问题思考［J］. 中国农业资源与区划, 2019, 40（2）: 1-7.
［359］于立. 中国生态城镇发展目标和实施措施初探［J］. 国际城市规划, 2009, 24（6）: 102-107.
［360］樊杰, 王强, 周侃, 等. 我国山地城镇化空间组织模式初探［J］. 城市规划, 2013, 37（5）: 9-15.
［361］厉华笑, 杨飞, 裘国平. 基于目标导向的特色小镇规划创新思考——结合浙江省特色小镇规划实践［J］. 小城镇建设, 2016,（3）: 42-48.
［362］董越, 华晨. 基于经济、建设、生态平衡关系的乡村类型分类及发展策略［J］. 规划师, 2017, 33（1）: 128-133.
［363］李华莹. 生态优先理念下的小城镇规划策略——以南宁市那马镇为例［J］. 规划师, 2014, 30（S2）: 199-202.
［364］马亚利, 李贵才, 刘青, 等. 快速城市化背景下乡村聚落空间结构变迁研究评述［J］. 城市发展研究, 2014, 21（3）: 55-60.
［365］陶岸君, 王兴平, 王海卉. 新型城镇化背景下发达地区村庄布点规划方法［J］. 规划师, 2016, 32（1）: 83-88.
［366］周艺, 戚智勇. 基于中心地理论的乡村聚落发展模式及规划探析［J］. 华中建筑, 2016, 34（5）: 111-114.
［367］史春云, 张捷, 尤海梅, 等. 四川省旅游区域核心—边缘空间格局演变［J］. 地理学报, 2007, 62（6）: 631-639.
［368］黄源成, 许少亮, 陶勇. “景村融合”视角下传统村落更新的空间策略探索——以钟腾榜眼府文化景区概念规划设计为例［J］. 小城镇建设, 2018,（3）: 23-31.
［369］严玲, 陶特立, 刘铭, 等.《县（市）域城乡统筹规划中的公共服务设施与基础设施规划研究》项

目介绍［J］. 江苏城市规划, 2017, (7): 30-32.
［370］赵万民, 冯矛, 李雅兰. 村镇公共服务设施协同共享配置方法［J］. 规划师, 2017, 33 (3): 78-83.
［371］杨新海, 洪亘伟, 赵剑锋. 城乡一体化背景下苏州村镇公共服务设施配置研究［J］. 城市规划学刊, 2013, (3): 22-27.
［372］孙德芳, 沈山, 武廷海. 生活圈理论视角下的县域公共服务设施配置研究——以江苏省邳州市为例［J］. 规划师, 2012, 28 (8): 68-72.
［373］张京祥, 葛志兵, 罗震东, 等. 城乡基本公共服务设施布局均等化研究——以常州市教育设施为例［J］. 城市规划, 2012, 36 (2): 9-15.
［374］李甜. 全产业链模式推动乡村全域旅游发展路径［J］. 农业经济, 2018, (12): 49-50.
［375］黄建中, 黄亮, 周有军. 价值链空间关联视角下的产城融合规划研究——以西宁市南川片区整合规划为例［J］. 城市规划, 2017, 41 (10): 9-16.
［376］曾振, 周剑峰, 肖时禹. 产城融合背景下传统工业园区的转型与重构［J］. 规划师, 2013, 29 (12): 46-50.
［377］沈大炜, 林志强, 陆佳. 农业全产业链引导下的现代农业科技园规划策略——以广西兴业农业科技园的规划实践为例［J］. 规划师, 2016, 32 (S1): 46-50.
［378］吴绒, 梁琦. 生态约束、大数据嵌入与绿色农业全产业链协同［J］. 江苏农业科学, 2022, 50 (5): 234-241.
［379］姜春燕, 刘在森, 孙敏. 全产业链模式推动我国乡村全域旅游发展研究［J］. 中国农业资源与区划, 2017, 38 (8): 193-197.

后　记

本书依托国家“十三五”重点研发计划“绿色宜居村镇技术创新”重点专项项目“村镇聚落空间重构数字化模拟及评价模型（2018YFD1100300）”开展研究，是该项目的重要研究成果之一。该项目研究得到诸多领导、专家、学者的指导和帮助，特别是中国农村技术开发中心王峻处长、北京大学冯长春教授、国务院发展研究中心刘云中研究员、天津大学曾坚教授、重庆师范大学冯维波教授、江苏省规划设计集团袁锦富首席规划总监、中国城市规划设计研究院副院长张圣海教授级高级工程师、中山大学杨忍教授、重庆市规划设计研究院卢涛教授级高级工程师、大连理工大学李宏男教授、山东建筑大学崔东旭教授、哈尔滨工业大学宋聚生教授、王耀武教授、华南师范大学刘云刚教授、广州市规划编制研究中心吕传廷教授等，他们在项目推进过程中为本书研究开拓了视野和思路。在本书写作过程中，同济大学赵民教授，重庆大学李旭教授、谭少华教授、肖竞副教授、左力副教授、谭文勇副教授、韩贵峰教授、孙忠伟副教授、蒋文副教授等多位老师提出了宝贵的意见建议，在此一并表示衷心地感谢！

城乡融合发展和乡村振兴是一个长期、复杂的系统工程，镇村空间格局的研究需要不断创新理论与技术方法，以解决新时代背景下出现的新问题和新矛盾。本书只是阶段性研究成果，希望为从事镇村规划研究的同行提供理论、方法和实践参考。书中的不足与疏漏也恳切希望得到专家和读者的批评与指正。

谢　鑫

2024 年 3 月